视听剪辑工厂

SHITING JIANJI GONGCHANG

主　编　房玉鑫
副主编　岳　蕾　田　燕
冯桢桢　范一媚
张翼鹏

合肥工业大学出版社

图书在版编目(CIP)数据

视听剪辑工厂/房玉鑫主编. —合肥:合肥工业大学出版社,2023.10
ISBN 978-7-5650-6300-8

Ⅰ.①视…　Ⅱ.①房…　Ⅲ.①视频编辑软件　Ⅳ.①TP317.53

中国国家版本馆 CIP 数据核字(2023)第 191778 号

视听剪辑工厂

房玉鑫　主编　　　责任编辑　赵　娜　郭　敬

出　版	合肥工业大学出版社	版　次	2023 年 10 月第 1 版
地　址	合肥市屯溪路 193 号	印　次	2023 年 10 月第 1 次印刷
邮　编	230009	开　本	787 毫米×1092 毫米　1/16
电　话	理工图书出版中心:0551-62903004	印　张	16.25
	营销与储运管理中心:0551-62903163	字　数	345 千字
网　址	press.hfut.edu.cn	印　刷	安徽联众印刷有限公司
E-mail	hfutpress@163.com	发　行	全国新华书店

ISBN 978-7-5650-6300-8　　　定价:48.00 元

如果有影响阅读的印装质量问题,请与出版社营销与储运管理中心联系调换。

前　言

伴随数字技术、网络技术在信息领域的广泛应用，媒介生态发生了颠覆性变革。新媒体不仅带来了全新的传播方式，而且改变了传统媒体的生产流程。随着自媒体的不断发展，越来越多的人开始投入自媒体领域的工作中，高等职业院校也纷纷开设自媒体拍摄的相关课程。为了适应行业的快速发展，一本好的专业教材是必不可少的，它可以带领读者快速地学习自媒体行业的相关知识，使读者能够在更短的时间内掌握技能操作知识，让读者快速适应行业职位，从而推动行业发展。

党的二十大报告指出："教育、科技、人才是全面建设社会主义现代化国家的基础性、战略性支撑。必须坚持科技是第一生产力、人才是第一资源、创新是第一动力，深入实施科教兴国战略、人才强国战略、创新驱动发展战略，开辟发展新领域新赛道，不断塑造发展新动能新优势。"本书顺应时代发展趋势，针对以上特点，打破了传统软件操作类教材的框架。不同于以往教材，本书侧重于打造影视全流程工厂，通俗易懂，易于初学者上手，为读者影视创作打下了良好基础。

本书以学生的知识技能需求为出发点，以理论和实践教学为主，采用拍摄实践、剪辑逻辑、音乐音响三个框架，对视频制作过程进行分步讲解和分析，致力于为读者打造一个影视全流程工厂。

本书由行业资深的一线专家与高校影视创作相关专业具有丰富教学经验的教师共同编写，既可作为高等职业院校影视多媒体技术、数字媒体艺术设计、网络直播与运营等相关专业的教材；也可作为职业教师、公司人员的培训用书；还可作为自媒体初学者的参考用书。特别感谢山东美好文化传播有限公司所给予的案例支持。

书中具有多种视频资源，读者可以扫描二维码进行学习。由于编者水平有限，书中难免存在疏漏和不妥之处，敬请广大读者批评指正。

编　者

2023年2月

目　录

第 1 章

视听概述

本章导读

全面建设社会主义现代化国家，必须坚持中国特色社会主义文化发展道路，增强文化自信，围绕举旗帜、聚民心、育新人、兴文化、展形象建设社会主义文化强国，发展面向现代化、面向世界、面向未来的，民族的科学的大众的社会主义文化，激发全民族文化创新创造活力，增强实现中华民族伟大复兴的精神力量。中国是一个影视大国，影视行业十分发达，每年有成千上万部影视作品上映。影视行业对中国经济和文化发展的作用是不言而喻的。那电影是如何制作的呢？剪辑的流程又是怎样的呢？不同的视频格式又有什么特点呢？本章将为你解答这些问题。

知识目标

了解电影的制作流程；了解分镜头脚本的具体内容；掌握电影剪辑流程；掌握常用的视频编码与视频格式。

能力目标

可以独立分析影视各要素，了解电影生产流程。

素养目标

学生通过对影视基本知识的学习，发现生活中的美，从而热爱生活。培养学生良好的职业道德、敬业精神及审美观。

思政目标

在掌握专业知识的同时，提升学生创新设计的能力，培养学生的人际沟通能力和与他人合作的能力，以及培养学生坚韧不拔的探索精神。

1.1 电影概述

1.1.1 电影的制作流程

电影是工业化和艺术化的结合体，其制作方法与其他的艺术形式有很大的不同。小说、绘画、雕刻等艺术形式都是一个人的艺术，艺术家自己就可以进行创作。但是电影却不然，电影不仅是一门综合的艺术，还是一个“合作”的艺术。在正常情况下，电影制作需要很多具有专业技能的工种在一起协同合作。弄清了这个前提，我们再来看一部电影是如何诞生的！

电影在制作过程中需要有多个具有不同分工的职责人员。我们经常见到的有制片人、编剧、导演、造型指导、摄影师、灯光师、录音师、剪辑师、作曲家、混音师、调色师等。从这些专有名词出发，我们可以一窥一部电影诞生的过程。

1. 前期准备

制片人是一部电影的先头部队，也是电影起始阶段的负责人。制片人对电影的受众群体和电影市场都有一定的分析。制片人根据这些分析，判断市场上需要什么样的电影，并以此来作为一部电影开始时的基础。

制片人在制作一部电影时，第一个任务就是去寻找一个可供拍摄的故事。这个时候我们将引入一个“电影策划”的职位。电影策划是指将一个点子孵化成简短的故事梗概的人，他是一部电影还在种子阶段的主要负责人。电影策划的主要工作，除了创作原创项目，还需要进行大量的阅读和搜集。不仅需要阅读杂志、期刊、报纸，详看各种成型剧本，还需要到处寻找可供拍摄成电影的故事。当一个方向、题材、故事被找到之后，电影诞生的第一步才刚刚开始。

当方向确定之后，下面的步骤便是组建剧本、创作剧本。在这个阶段，编剧一般会先从故事大纲写起。故事大纲是一份 5000 字左右的详细故事经过，其中体现了电影的主要情节、主要人物、摄制背景等基本元素。一般这样的故事大纲通过后，会进入分场大纲的写作阶段。这时候，编剧要与制片人、影视责任人等密切配合，翻来覆去地修改好几遍稿件。一个专业的制片人是懂得自己要什么的，而一个专业的编剧也是可以抵挡大量不靠谱的意见的，在这种既冲撞又合作的氛围下，电影剧本被写了出来。

这里值得注意的是，编剧的责任人需要根据故事梗概延展出专业的剧本，并对剧本进行修改和加工，直到它合乎拍摄要求。

在电影初稿完成之后，制片人的下一步工作就是确定影片的导演。导演的主要职责是指导现场的拍摄工作、指导演员的排练工作和决定每个镜头的拍摄方式。导演需要根据剧本用画面语言的方式讲述整个故事。所以，为了让导演更好地履行自己的职责，导演应该责无旁贷地参与整个电影创作过程。同时，这也要求导演不仅要懂得拍摄，也要对剧本和剪辑有一定的了解。

导演的第一步工作绝不是阅读剧本直接进入拍摄阶段，而是与编剧讨论剧本的初稿。导演需要充分理解故事和一些与影片相关的隐形知识。这就要求导演要去了解影片涉及的知识，补充经验。有些导演对故事有自己的理解和设想，因此要与编剧沟通，让编剧以巧妙的方式将导演的理解和设想事先加入剧本之中。

当剧本得到导演、制片人和编剧的认可后就可以定稿了。定稿后的剧本就是各个工种进行工作的蓝图。这时候制片人会根据它做出预算，并且开始组建剧组，将剧本分发给各个工种。

在制片部门中有一个工种叫作统筹。统筹会根据剧本制作两个表——“顺场表”和“分场表”。统筹要做的第一件事就是承制“顺场表”，也就是根据剧本内容，一场戏一场戏进行拆解，拆解为拍摄地点、光线、内外景、道具、演员等几个部分。当“顺场表”做完后，统筹要重新排列场戏。众所周知，电影在拍摄过程中，不是拍一个镜头就换一个场景的，而是在同一个场景下，将所有的场戏拍完。所以，统筹要做“分场表”。分场表就是把同一地点的一些戏全部都统计到一起，方便后期一起拍摄。这个阶段的工作最需要用到的软件就是Excel。分场表和顺场表都很大，也很厚，它不会直接发给每个工种，而是作为统筹工作的工具，具体制作每天的拍摄表。

在这些工作进行的过程中，还进行着另一项工作，那就是选角。选角一般由选角导演负责。在电影剧本创作的过程中，基本的角色和角色的性格特征已经确定了，这个时候，剧组会发布选角信息，确定主演。

在导演正式进入拍摄地之前，美术部门就已经进驻了拍摄地，他们的首要任务就是勘景。勘景，不同于以往的摄影棚拍摄，现在的电影一般都在真实的环境里进行拍摄。剧本中需要拍咖啡馆，就要在现实生活中找一个咖啡馆。剧本中需要的学校、医院、公共汽车、火车、图书馆等环境都需要进行前期勘察，挑选出合适的地点。

如果电影中有一个经常使用的场景，且希望这个场景有独特的作用，那么就需要进行搭景。搭景一般先由美术部门进行设计，设计得到认可之后，美术部门需要找到专业的摄影棚或者大仓库，用特定的材料进行搭景。搭景一般会耗费一定的工期，所以会提前进行。

当拍摄场景得到导演认可之后，导演会针对自己对灯光、摄影和演员的要求创作一份导演阐述并分配到各个部门，这一份导演阐述可以作为导演的创作思路，供各个部门理解。同时，导演会每天与这些部门开会，逐场分析剧本；导演也会与演员开剧本朗读会，争取将前期工作做得更好。

当这一切工作都完毕后，电影的前期准备就已经算是结束了。接下来，电影就要进入具体的拍摄阶段。

2. 中期拍摄

电影开机之后就进入了快速运转阶段。电影的拍摄是有时间限制的，拍摄设计在60天内完成，就需要在60天内完成，一天都不能多，超过的话，就是难以计算的巨额资金。所以这个阶段，统筹每天都会发放拍摄表，拍摄表上的戏要争取在这一天内拍完。因为每天都会有新的内容，所以在剧组中，还有一个跟组编剧。跟组编剧的工作，一方面是根据实际场景改戏，另一方面就是“删戏”。当实在拍不完时，要在保证主线内容不受影响的情况下，删掉一些枝枝杈杈的戏，所以一些戏份很可能在这个阶段就被删除掉了。

美术部门在开机前负责勘景，开机后负责制作影片中的所有道具。大到一座房屋，小到一张飞机票，都是美术部门精心制作的。如果剧本要求主演写了一封信，那这封信不用怀疑，多半是美术部门的同事做的。

造型部门有一个造型指导，他负责整部戏的造型，包括演员们在每场戏中穿的服装和使用的妆发造型。同时负责服装和妆发造型的还有小组长。服装组长带几个小工，妆发造型组长带几个小工，他们要保证演员每场戏的穿着具有连贯性，并且符合剧情。电影的拍摄是按照“分场表”进行的，一个演员穿同一件衣服拍的戏之间可能相差一星期之久，因此拍摄时的服装必须要做到“接戏”，不然就算是一个领带花色的变化，也会造成难以弥补的“灾难”。

摄影团队和灯光团队是密切合作的两个团队，也是和导演关系最直接的两个团队。但是这两个团队通常会有些矛盾，摄影对灯光有要求，灯光同样对摄影也有要求。如果碰到两个对艺术创作皆有自身追求的摄影师和灯光师，那么拍摄现场可能会有很多时间在架灯和复拍。这就需要导演好好的协调，让两个团队发挥作用，完成自己的艺术构想。

执行导演负责帮助导演进行拍摄，场记负责记录下每一场的拍摄内容，他们都发挥着不容替代的作用。

做了这样的分析之后，你可能会觉得摄制组一点都不美好，它看起来像一台大机器，每个人都是运转的一个螺丝钉，一点也不像电影给人的感觉——梦幻、充满了浪漫。但是，其实在剧组当中，一直充斥着这样一股创作的热情：上至导演，下至杂务人员，都能意识到自己是创作团队中的一员。这种热情感染着每一个人，使各个工种之间都产生了一种自然而真挚的情感。于是，电影拍摄就在这种紧锣密鼓当中，有条不紊地进行着直到结束。

3. 后期阶段

有人可能会说，拍摄电影是一场战争，到后期阶段就可以休息一下了。其实，这种说法并非没有道理，后期阶段要比前期两个阶段放松一点，但是依然很重要，稍有不慎也会出现灾难性的场面。

后期阶段主要分为四个部分：剪辑、作曲、混音和调色（有些可能有特效）。

虽然剪辑工作是后期阶段的重头戏，但其实在影片拍摄过程中，剪辑工作就已经开始了。剪辑师也是需要跟组的，他们要做的就是粗剪，把每日的素材进行挑选，粗剪成符合剧本的样式。每天拍摄完成的素材会被送到剪辑师的工作室，剪辑师会对各个镜头进行剪接，有时候导演、制片人或者投资人都会对这种粗剪的情节进行审查。这个时候，制片人会叫上灯光师和摄影师等对拍摄的内容进行观看，同时找到自身的问题，以期在后面的拍摄中进行修正。

虽然表面上看剪辑师似乎只是技术性的，但其实他是在进行影片的第三次艺术创作。一个优秀的剪辑师可以在一部电影的创作过程中起一定的作用。十全十美的剧本毕竟是没有的，因为一部影片的主要内容是运动，而运动是无法精确地加以预见或控制的，只有运动本身被固定在影像上时，才有可能对之进行精确的处理。所以，后期阶段剪辑师便开始进行精剪工作，导演在这个过程中要陪在剪辑师的身边，要求剪辑师达成自己的目标，并且对影片发出定剪的口令。

剪辑师是不容忽视的，如果影片的基础很好，而剪辑师又比较有艺术创作力的话，他往往能够赋予影片统一的调性、某种节奏、某种戏剧力量，这些东西虽然在之前的剧本中已经有所规定，但其最后的结果往往会出人意料。

精剪完成后，电影就基本成型了。这时候，作曲家会写出全部配乐的定稿，并且根据视频的长度剪出合适的长度。

作曲家完成的音乐声带与剪辑师完成的定剪视频都会发送到一个叫作混音的部门。在这个部门中，以前录制的同期声的声带、音乐以及附加音响效果的声带都会被合成在一条声带上。这时我们看到的影片就基本上接近成熟的影片了，会有音乐催情的效果，会有音响加重的效果。

完成的影片要进行最后一项工作——调色。调色师会把素材中不统一的格调和上下场戏不一样的效果进行调理，达成一致。这时，影片中的人脸色也变好看了，物体也多了质感。调色工作还会帮助导演完成自己的风格处理。有些电影是偏粉色，有的电影是偏蓝色，这些都是在调色阶段做到的。

完成以上工作之后，往往大家都可以松一口气了，因为这部电影就这样诞生了。

1.1.2　分镜头脚本

分镜头脚本是我们创作影片必不可少的前期准备。分镜头脚本是摄影师进行拍摄、剪辑师进行后期制作的依据和蓝图，是演员和所有创作人员领会导演意图、理解剧本内容、进行再创作的依据，也是影片长度和经费预算的参考。

简单来说，没有分镜头脚本就是盲目地瞎拍，摄影师和剪辑师也会很迷茫，可能会出现虽然拍了一大堆素材，但是到后期都用不上的情况。分镜头的绘制要求如下。

(1) 充分体现导演的创作意图、创作思想和创作风格。

（2）分镜头运用必须流畅自然。

（3）画面形象必须简捷易懂。

提示

分镜头的目的是把导演的基本意图、故事情节和主人公形象大概说清楚。分镜头不需要太多的细节，细节太多反而会影响总体的认识。

（4）分镜头间的连接必须明确。

提示

一般未标明分镜头连接，但分镜头序号变化的，其连接都为切换（如溶入、溶出），这时需要在分镜头剧本上标识清楚。

（5）对话和音效等标识必须明确。

提示

对话和音效必须明确标识，而且应该标识在恰当的分镜头画面的下面。

其实分镜头也有点像漫画，一格一格的，把要表达的意思表述清晰。有同学就问了："老师，我不会画画怎么办？是不是就做不了这个工作了？"其实不然，不知道你们有没有看过周星驰的分镜头手稿（见图1-1），简直就是鬼斧神工。所以，会不会画画很重要吗？并不是，只要能够表达出你想表达的意境，哪怕是用火柴人也没有关系。

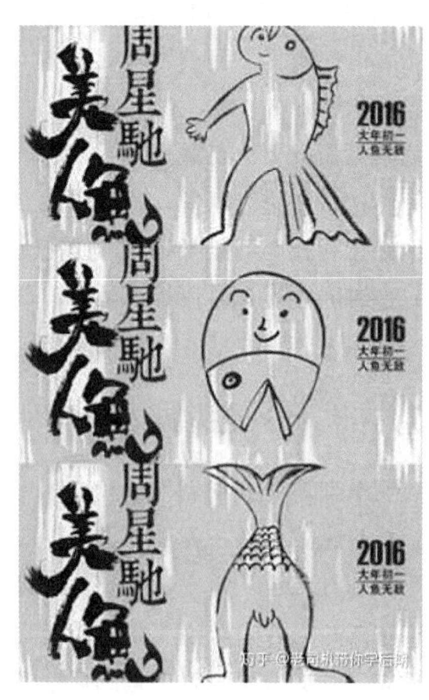

图1-1　周星弛的分镜头手稿

1.1.3　分镜头脚本的具体内容

对于后期行业来说，分镜头脚本必不可少，那么分镜头脚本都包含了哪些内容呢？下面就给大家普及一下。

分镜头脚本通常包含镜号、机号、景别、拍摄方法、技巧、时间、画面内容、解说、音响、音乐和备注等。以下内容仅做概述。

1. 镜号

镜号即镜头顺序号，按组成画面的镜头先后顺序，用数字标出。镜头是分开拍摄的，可以按照难易程度拍摄，也可以跳序号拍摄，但是剪辑要按顺序进行。

2. 机号

如果现场有多台摄像机同时进行拍摄，那么摄像机也要标出序号，以便后期编辑。若现场是单机拍摄则无须注明。

3. 景别

景别通常分为大远景、远景、大全景、全景、中景、中近景、近景、特写、大特写等。

4. 拍摄方法

表现远距离景物和人物，展示巨大空间的用大远景、远景；表现事件全貌，能看清人的全部动作，以环境衬托人物的用大全景、全景；表现人物膝部以上的活动，使人既能看到环境，又能看到人的活动和人物交流的用中景、中近景；表现人物上半身，用以介绍人物，展示人物的面部表情变化，突出人物情绪的用近景；集中表现细节的用特写、大特写。

5. 技巧

摄像机拍摄时镜头的运动技巧，如推、拉、摇、移、跟等；镜头画面的组合技巧，如分割画面和键控画面等；镜头间的组接技巧，如切换、淡入、淡出、叠化等。

6. 时间

时间指镜头画面的时间，用以表明该镜头的长短，一般时间以秒表示。

7. 画面内容

画面内容指用文字阐述所拍摄的具体画面。为了说明方便，推、拉、摇、移、跟等拍摄技巧也可以在这一栏与具体画面结合在一起加以说明。有时这一栏也包括画面的组合技巧，如画面分割为两个部分或键控出某种图像等。

8. 解说

解说指对应某一组镜头的解说词、图像等，它必须与画面密切配合、协调一致。

9. 音响

音响指镜头上使用的效果声，用以创造画面身临其境的真实感，如现场的风声、雨声、虫鸣、鸟语等。

10. 音乐

在音乐栏注明音乐的内容（歌曲名称）和音乐的起止位置，用以做情绪上的补充和深化，增强表现力。

11. 备注

为方便导演记事，有时会把拍摄外景地点、特别要求、注意事项等写在备注一栏中。

1.2 剪辑概述

1.2.1 剪辑流程

（1）合板、分场看素材。剪辑助理把每天拍摄的素材转码、合板和分场，并把分场完成的素材存储在不同标号的文件夹中，每一条素材包含来自导演、摄影师等额外的注释信息（如 OK 条、保过条、开头部分可用等信息）。剪辑师仔细查看素材，这也是他第一次看素材（注意：素材不是按一场戏中叙事的顺序拍摄的，也不是按剧本故事顺序拍摄的）。优秀的剪辑师在看素材时会注意摄像机流畅的运动以及每一条素材的细微区别，以便把最好的部分剪辑到电影中。

（2）素材装配（顺畅）。剪辑师仔细考虑一场戏所有的画面和声音素材，以最佳叙事的方式把这些素材排列顺序。例如，剪辑师可能以一个航拍伦敦市中心空镜开场，横移到白金汉宫，然后叠化到流浪汉弹吉他的手的特写。这里有多种镜头组接方案可供剪辑师来完成这个简单的序列，每一种方案都能营造出不同的氛围和讲述不同的故事。如果是大片，那么开机拍摄剪辑师便开始同步工作。剪辑师在拍摄现场附近的机房把前一天拍摄的素材顺场，以便导演和制片人随时能看。在这个阶段，剪辑师和导演会共同决定在一些剧情的关键时刻拍摄额外的镜头，以便在剪辑阶段能有更多的选择。

（3）粗剪。粗剪大概要花三个月的时间。每个剪辑师的工作方式不同，有些剪辑师独自工作，每天或者每周给导演和制片人看剪辑完的东西；有些剪辑师与导演一起工作，讨论所有剪辑细节。在粗剪阶段，所有场景都是按剧本的顺序剪的。在这个过程中，允许不断修改并尝试新的想法和各种试验。

第一稿是一个能被剪辑师、导演和制片人基本接受的粗剪版本。此时，虽然场次和段落的很多问题都被剪辑修补，但依然需要继续修改。这个版本依稀可以看到最终正片的雏形。进一步的精修就是在第一稿的基础上对它的场次比例、结构、节奏和突出重点等问题进行修改。

1.2.2 剪辑艺术

剪辑艺术是电影艺术的有机组成部分。电影的艺术创作不仅综合了多种艺术的因素，而且其创作过程具有多层次性。电影的艺术创作过程包含三个具有不同特点的阶段：第一阶段是剧本创作阶段，这一阶段用文字写出视觉、听觉的形象；第二阶段是导演拍摄阶段，这一阶段把文字形象分解成一系列不同景别、不同角度的镜头和一系列相关的声音；第三阶段是剪辑阶段，这一阶段将拍摄出来的一系列镜头创造性地重新组接成完整的银幕形象。

以法国电影导演乔治·梅里爱的作品为代表的一些早期电影，只是将舞台表演原封不动地拍摄到胶片上。直到 20 世纪初，从美国电影导演大卫·格里菲斯开始，才有意识地将内容分解成一系列不同的镜头（如用近景、特写来突出细节，用全景、远景来介绍环境），才有选择地变换镜头角度和利用短镜头的快速转换来加强节奏、营造气氛。这也使得电影具备了成为一门独立艺术的基本条件。

电影剪辑的艺术创作实际上就是镜头组接的技巧。由于电影导演在分别拍摄每个镜头时，不可能预先具体地看到一系列镜头连接后的银幕效果，再加上拍摄现场各种条件的变化以及导演和演员即兴创作等因素的影响，因此即使事先对镜头组接进行了精心的构思和周密的设计，拍摄出来的镜头和原来的设想之间也会有一定的不同。所以镜头的具体组接工作要在剪辑过程中进行。此外，这些镜头中往往又蕴藏着有利于再创作的因素，需要剪辑师运用剪辑的艺术手段去挖掘。

剪辑创作的一个内容是镜头的组接。当一系列镜头拍摄完毕后，在剪辑过程中，通过反复看片，认真推敲，往往可以改进或者再创新出更好的组接方案。影片中有些场面，特别是群众场面和战争场面，其蒙太奇结构不能在拍摄前完全确定，通常先拍摄很多备用素材，然后在剪辑台上进行筛选和组接。运用蒙太奇手段来处理演员动作的某些过程有时会有利于调整节奏、渲染气氛、增强戏剧效果。

在组接和修剪镜头时，为了使镜头转换流畅、衔接自然，需要寻找准确的剪接点。从影片总节奏出发，有时需要放弃某些剪接点、重新调整镜头的顺序，有时需要利用分剪、挖剪等方法压缩镜头的尺寸。

在电影《蓝色的花》中，青年干部伊汝与未婚妻的母亲赵大娘见面的情景，原来拍成了以下两个较长的镜头。

镜头 1：从背面拍摄伊汝进门向赵大娘跑去，镜头推成赵大娘的近景。

镜头 2：从赵大娘的中景拉成全景，伊汝入画，两人握手。

这两个镜头接起来使人感觉节奏缓慢、动作拖沓，表达不出二人见面时愉悦的情感。因此，在剪辑过程中，将镜头 1 中间过程全部剪掉，只留下一头一尾：伊汝一开始跑即转成赵大娘笑脸相迎的近景。然后插一个从本场戏后面抽调过来的伊汝反打镜头。在这三个短镜头之后接镜头 2 中两人握手。这样运用几个短镜头的快速切换，形成了明快的节奏和欢跃的气氛，突出了人物的情感。

剪辑创作的另一个内容是改动结构、压缩片长。有时，由于剧本的结构不够严谨，情节显得混乱，剧本的素材过多、篇幅冗长，因此在剪辑过程中往往需要调整场次、压缩内容，甚至删掉整场戏。很多结构松散而冗长的影片经过调整和压缩后成为了精彩的作品。20 世纪 30 年代的电影——《马路天使》拍摄完毕后，初接起来有 13 本之多。摄制组全体成员看片后一致认为满意，但是导演袁牧之果断接受了另一位导演沈西苓的建议、将影片压缩为 9 本。上映后该电影获得了广大观众的高度评价，直到今天仍不失为一部出色的影片。

在剪辑台上处理语言（如对白、旁白、独白、内心独白、解说）的节奏也是一种创作过程。影片中的对话节奏、速度并不完全由演员来决定。剪辑师在处理对话镜头时，可以剪得很紧，也可以剪得较松；可以声画平剪，也可以声画串剪。因此，剪辑师在一定程度上也可以决定对话的节奏。

在电影《天云山传奇》中，冯晴岚死前的一场戏，剪辑师在处理镜头的尺寸时考虑到病危的冯晴岚动作缓慢、说话无力、反应迟钝，有意将他的镜头剪得较松，对话的间歇也留的较长。而罗群却因为将要失去患难与共的爱妻和战友，心情及不平静，对他的镜头剪得就很紧，对话间歇很短。从银幕效果来看，这种处理是有生活依据的。准确的处理语言节奏，对刻画人物特点有着重要意义。

剪辑音响效果也是剪辑创作的重要组成部分。影片中的音响效果是多种多样、错综复杂的，常见的音响（如人物动作产生的声音、动物的声音、街道上各种交通工具的声音等）不仅可以渲染环境气氛、增强戏剧效果，还可以衬托人物的情绪和性格。运用音响效果，必须有重点、有层次、有取舍，才能起到艺术感染的作用。最简单的音响效果在剪辑处理上也存在掌握分寸的问题。

在电影《明姑娘》中，明明和赵粲一起到树林中散步时，传来阵阵鸟叫声。在导演分镜头剧本中只是笼统地提出这里有鸟叫声，而具体处理鸟叫声的音响效果，如鸟叫声从哪个画面开始，到哪个画面结束，哪里用的密些，哪里用的稀些，都必须在画面剪辑时予以安排。如果鸟叫声仅在情节需要时才出现，不需要时就突然停止，必然会给人不真实的感觉。相反的，如果画面上出现树林，鸟叫声就一直不停，那么很可能会分散观众对人物对话的注意力，甚至产生喧宾夺主的效果。这部电影的鸟叫声就处理得比较自然，使人感觉不到人为的痕迹，因而在无形中起到了衬托人物美好情绪的作用。

影片的剪辑阶段是为了最终完成导演的构思而进行的再创作过程。

1.3 视频基础

常言道："工欲善其事，必先利其器"，在正式进入软件学习之前，我们需要了解一些有关视频剪辑的基础知识和专业术语，这对我们学好后期剪辑大有裨益。

1.3.1 电视制式

电视信号的标准也称为电视制式。目前各国的电视制式不尽相同，一般国际上常用的制式有以下三种。

美国国家电视系统委员会（US National Television Systems Committee，NTSC）制。采用这种制式的国家有美国、加拿大、日本等。NTSC 制的电视系统规定每秒 30 帧或

29.97 帧图像，帧速率为 30 帧/s 和 29.97 帧/s 两种，场频分别为 60 Hz 和 59.94 Hz。

帕尔（Phase Alteration Line，PAL）制。采用这种制式的国家有中国、德国、英国和北欧一些国家。PAL 制的电视系统规定每秒 25 帧图像，帧速率为 25 帧/s，场频为 50 Hz。

塞康（Sequentiel Couleur A Memoire，SECAM）制。采用这种制式的国家有法国和东欧的一些国家。SECAM 制的电视系统规定每秒 25 帧图像，帧速率为 25 帧/s，场频为 50 Hz。

不同制式之间的具体差异，不仅在于帧速率和画面的不同，还在于信号的带宽、载频、色彩空间的转换关系等方面。目前，我国所采用的电视制式是 PAL 制，因此剪辑时应建立与 PAL 制相匹配的序列。

1.3.2　帧与帧速率

帧（frame）是电视的一个概念，就如前面所提到的，在显示设备上看到的视频都是由一幅幅静态画面组成的。我们之所以看到连续的影像，是因为人眼具有视觉暂留的特点，即当眼前的画面消失时，人眼中的画面不会立刻消失，图像还会在眼睛中继续停留一段时间。科学家通过研究发现，当每秒播放的画面数量达到 12 张以上时，人的眼睛就会明显感觉到画面的运动感。帧速率（fps）是指每秒播放的帧数。下面介绍几种常用的 fps 规格。

（1）电影：每秒 24 幅画面——24 fps。对于电影而言，严格来说应该称之为格，即每秒 24 格。

（2）PAL 制：每秒 25 幅画面——25 fps。

（3）NTSC 制：每秒 30 幅画面——30 fps。

（4）网络视频：每秒 15 幅画面——15 fps。

1.3.3　画面宽高比

画面宽高比是个比较容易理解的概念，就是指在拍摄或制作影片时，画面的宽度和高度的比值。以电视为例，画面宽高比主要有两种：16∶9 和 4∶3。从人体工程学的角度看，16∶9 的画面更接近于人眼的实际视野，因此市面上基本以 16∶9 的屏幕为主，如笔记本电脑的尺寸。

1.3.4　视频编码

在剪辑时，经常出现视频素材无法导入软件进行编辑或视频素材导入后有声音没视频等问题。一般而言，这都是素材编码的问题。说到编码有些人可能会认为，编码就是我们在日常生活中，下载电影时经常会碰到的 DVD、RMVB、WMV 等。其实这些都不能叫作编码，只能称之为视频格式。

编码其实就是一种视频的压缩标准，如我们在制作影片时输出的是 PAL 制无损 AVI

的视频，每秒的数据量为十几兆，这种大小显然不适合在网络上进行传输和播放，需要在上传前进行一定的压缩，以改变文件的大小。这里提到的压缩，其实就是一种转化编码的过程，选择一个高压缩比的编码，可以得到比较小的数据文件。现阶段视频传输中最为重要的编码标准有国际电信联盟下分管电信标准的部门（Internatial Telecommunication Union-Telecommunication Standardization sector，ITU - T）制定的 H. 261、H. 263、H. 264，运动静止图像专家组（Moving - Join Picture Experts Group，M - JPEG）和国际标准化组织（International Organization for Standardization，ISO）制定的动态图像专家组（Moving Picture Experts Group，MPEG）系列标准。在互联网上被广泛应用的编码有 Real Networks 公司的 Real Video、微软公司的 Windows Media Player、苹果公司的 QuickTime 等。

1.3.5 图像格式

我们在使用 Adobe Premier Pro（简称“Pr”）软件时经常会用到一些图片素材，下面简单介绍几种常见的图像格式。

（1）BMP：BMP 是微软公司制定的标准位图格式，以像素来描述图像，质量高，文件稍大。

（2）JPG：JPG 是国际通用的图像压缩格式，在网络上应用非常广泛，也是目前数码相机默认的生成格式。其缺点是不支持透明通道。

（3）AI：AI 由 Adobe 公司出品，是 Adobe Illustrator 的标准文件格式，为矢量图形，以路径描述图像，在 Adobe After Effects（简称“AE”）中可以保留原有的矢量信息。

（4）GIF：GIF 是网络中常用的图片格式，支持透明和动画，但由于只支持 256 色，因此很少在视频软件中使用。

（5）PNG：PNG 支持 24 位图像，是作为代替 GIF 格式而开发的图像格式，支持透明通道。

（6）PSD：PSD 是 Adobe Photoshop 的专用格式，可以很好地与 AE 或者 Pr 软件进行结合，并支持分成。

（7）TGA：TGA 被国际上的图形、图像工业广泛接受，质量高，支持透明通道。

1.3.6 视频格式

视频文件是制作影片时常用的素材，下面对一些常用的视频格式进行简单介绍。

（1）AVI：AVI 是微软公司制定的一种视频格式，是 AE 和 Pr 软件中最常见的一种输出方式。其优点是图像质量好，缺点是文件太大。

（2）RMVB：RMVB 是 Real Networks 公司主推的视频格式，可提供高压缩比，但很多后期软件不支持该格式的编辑，需经转码后使用。

（3）MPEG：MPEG 是 DVD、VCD 等常用的视频格式，应用非常广泛，但一般需转码后才能使用。

（4）MOV：MOV 是苹果机上的标准视频格式，能被大多数视频编辑软件识别，并可以提供文件容量小、质量高的视频。MOV 默认的播放器为 QuickTime Player。

（5）WMV：WMV 可提供高压缩比，在电脑上可读取，与编辑软件的兼容性比较好。

（6）FLV：FLV 是 Adobe 公司主推的网络流媒体视频格式，可提供高压缩比，但需转码后才能在编辑软件中使用。

虽然 AE 或者 Pr 软件能识别的素材较多，但导入前应注意以下问题：确定导入图片文件的色彩模式为 RGB 模式；安装包括 QuickTime 在内的多种编码器和最新的 Direct 媒体包，否则有些格式的文件不能正确地导入软件中；尽量不要使用网络下载的视频，其压缩比较大，影响影片效果；需要在软件中互相导入素材时，建议视频输出为 TGA 序列模式。

1.3.7　音频格式

音频文件也是制作影片时的常用素材，下面对一些常见的音频格式进行简单介绍。

（1）WAV：WAV 是微软公司推出的一种声音文件格式，被大多数应用程序支持。采用不同的采样率，其音质也会有所不同。

（2）MP3：MP3 是一种有损压缩的音频文件格式。其压缩主要是过滤掉人耳不太敏感的高频部分。MP3 格式的文件占用空间小，音质较好，一度成为数字音乐的代名词。

（3）WMA：WMA 是微软公司主推的一种音频压缩格式，WMA 格式的文件大小仅为 MP3 格式的一半。

1.3.8　场的概念

什么是场？伴随互联网的发展、智能手机的普及，人们接收视频画面的渠道越来越多，如电视机、影院大银幕、笔记本电脑、手机等。那么这些视频画面是如何显现出来的呢？

人们可以通过电脑显示器观看影片。这些影片之所以能够流畅地展现在我们眼前，是因为显示器的屏幕在不停地刷新。也就是电脑通过高速运转，将每秒几十幅的画面依次呈现在我们眼前。显示器以电子枪扫描的方式来显示图像。电子枪扫描时，总是从屏幕左上角的第一行开始逐行进行，扫描按 1、2、3……顺序进行，这种扫描方式称为逐行扫描。对于传统电视机而言，虽然同样采用扫描的方式显示图像，但其中的运算方式却不同。传统电视机采用扫描一行，间隔一行，然后再返回来将间隔的一行进行填补的方式，这种扫描方式称为隔行扫。平常说的视频带场，就是指隔行扫描方式。比如，PAL 制电视机的画面由 625 行组成，隔行扫描先扫描 1、3、5、7……奇数行，当所有的奇数行扫描完成后，再返回扫描 2、4、6、8……偶数行，以此组成一个完整的画面。

第2章

视觉艺术

本章导读

任何艺术都有它自身的语言表达形式，电影和电视也不例外。视觉艺术是将语言文学的剧本转换成影像元素，形成视觉感官上的一种新的非文字语言。其能更直观地表现剧本主题、情节和内容。视觉艺术是一门时空艺术，它有着无穷的魅力，它能够跨过艺术品与欣赏者之间的障碍，直接走入人的心灵。

知识目标

掌握转场的作用和方法；掌握固定性镜头与运动性镜头的组接技巧和具体运用；掌握灯光的分类和作用；掌握景别、拍摄角度的内容与应用；掌握场面调度中演员和镜头的调度方法。

能力目标

培养学生的摄影与摄像创作能力，磨炼摄影的基本功底；培养学生在视觉艺术创作中的镜头感，能在影视拍摄中灵活运用镜头语言。

素养目标

在教学中，鼓励学生敢于提问、善于提问，培养学生的创造力和想象力，不断提高学生独立解决问题的能力。

思政目标

激发学生传承中国文化的初心、真心与匠心。激励学生在学习电影的视觉艺术过程中自觉发现华夏色彩之美，用心传承中国文化，尽力讲好中国故事。教育引导学生深刻理解中华优秀传统文化的思想精华，以及其蕴含的时代价值。

2.1 镜头剪辑与组接技巧

2.1.1 镜头剪辑原则

欧内斯特·林格伦曾为剪辑技巧提出了一个理论根据：剪辑影片是把人们的注意力从一个形象转到另一个形象的方法。在剪辑影片时，应该遵循以下原则：符合剧本内容的要求；按照动作的逻辑发展；注意形象与角度转变的范围；保持一定的方向感；保持清楚的连贯性，包括保持时间上的连续性与空间上的完整性；使画面色调协调；应注意时间的安排、速度和节奏的关系以及镜头的选择等。

2.1.2 剪辑的一般流程

剪辑的一般流程包括选材、初剪、复剪、精剪、综合剪、合成等。

1. 选材

选材是把导演选中的那些场面的镜头、音响的声带及同期录音拍摄的场面连接起来，然后按照剧本的顺序把所有的场面和音响集合在一起，制作出工作样片。

2. 初剪

初剪一般是根据分镜头剧本，依照镜头的顺序、人物的动作对话等将镜头连接起来。

3. 复剪

复剪一般是再进行细致的剪辑和修正，使人物的语言、动作，影片的结构、节奏接近定型。

4. 精剪

精剪是在反复推敲的基础上再一次进行准确、细致的修正，精心处理，使语言双片定稿。

5. 综合剪

综合剪是最后的创作阶段，其是指在精剪的基础上对构成影片的有关因素进行综合性剪辑和总体调节，直至最后形成一部完整的影片。综合剪通常是由导演和摄制组主创人员共同完成的。

6. 合成

剪辑师为综合剪后的影像添加主要的辅助元素（如解说、画外音声带、音响效果、音乐）和特殊效果，并按剪辑好的工作样片制作出最后的合成片。

2.1.3 镜头轴线

1. 轴线的概念

轴线是影视工作者用以建立画面空间、形成画面空间方向感和表示被拍摄主体位置关系的基本要素。为了保证被拍摄主体在影视画面空间中相对稳定的位置和统一的运动方向，影视工作者应该在轴线的一侧区域内设置摄像机机位或安排运动，这就是处理景物关系和镜头运动时必须遵守的“轴线规则”。在遵守“轴线规则”的画面中，被拍摄主体的位置关系及运动方向是确定的，是符合观众的视觉逻辑的，否则就会产生“越轴”现象。越轴后所拍摄的画面中，被拍摄主体与原先所拍画面中的位置和方向是不一致的。一般来说，越轴前所拍画面与越轴后所拍画面无法进行组接。如果硬行组接的话，就将发生视觉接受上的混乱。

2. 轴线的方向关系

在轴线一侧所进行的镜头调度，能够保证两相组接的画面中的人物视向、被拍摄主体的动向及空间位置的统一定向。这就是我们在场面调度中所说的方向性。遵守“轴线规则”进行镜头调度，就能保证画面间相一致的方向性。虽然摄像是一种立体化、多角度的平面造型艺术，但是正确表达物体的方向是实现画面空间结构和画面构图的一个基本要求。否则，画面上被拍摄主体之间的方位关系就要发生混乱，画面内容和主题的传达就会受到干扰乃至误解。以一个保持连续运动并具有一定运动方向的物体为例。当我们遵照“轴线规则”变化拍摄角度时，在两两相连的镜头中将产生以下三种方向关系。

一是当用摄像机的平行角度或共同视轴角度时，画面中运动主体的方向将完全相同。所谓共同视轴，即两台摄像机在同一光轴上设置的拍摄角度，相连的镜头中拍摄方向不变，只有拍摄距离和画面景别的变化。实际拍摄时也可以运用摄像机的变焦距推、拉“合二为一”地完成共同视轴上的镜头调度。

二是当在轴线一侧设置两个互为反拍的摄像机机位时，画面中运动主体的方向是一致的，但其正背、远近不同。在摄像机的拍摄角度中，两相成对的反拍角度有内、外两种情况。内反拍角度是在轴线一侧两个方向相背的拍摄角度，外反拍角度则是在轴线一侧两个方向相对的拍摄角度。

三是当镜头光轴与被拍摄主体的运动方向合二为一时，在画面中无左右方向的变化，只有动体沿镜头光轴的远近变化和正背变化。实际上，在这种情况下摄像机的光轴是与轴线重合的。因为这种镜头调度所拍摄的画面运动主体无明显的方向感，所以被称为中性方向，这种镜头被称为中性镜头。中性镜头也是符合“轴线规则”的，并被经常用于分别在轴线两边拍摄的镜头（原轴线一侧镜头与越轴后一侧镜头）的组接中。

拍摄过程中，在调度摄像机镜头时，遵循“轴线规则”可以便利地理顺被拍摄主体和画面间的方向关系。

3. 轴线的变化

采用轴线的方法表现对话，优势在于能够将对话者的位置关系和剧情逻辑清晰地交代出来，但也意味着我们只能在对话者的一个侧面进行拍摄。这样必将造成机位选择的限制和背景的单调。如果对话时间比较长而且演员缺少动作，采用轴线的方法往往使对话本身冗长而单调。解决这个问题的办法是越轴，也就是将摄像机转到轴线的另一侧去拍摄。

以下介绍几种常用的越轴方法。

(1) 利用第三者的介入越轴。这里所指的第三者其实是一个用来提升影片节奏的群众演员。通过群众演员改变画面的取向，从而自然而然地越轴。

(2) 通过插入近景、特写或空镜头越轴。在两个运动的镜头中间，插入一个局部的特写或反映镜头的特写来暂时分散人的注意，减弱相反运动的冲突感，从而使镜头的越轴不被人察觉。这是一种很常用的方法。

(3) 利用摄像机的移动越轴。在拍摄对话镜头时，移动摄像机使其从轴线的一侧过渡到轴线的另一侧。

提示

此时的画面应当为双人镜头，这样观众可直观地感受方向改变的过程，从而适应轴线的变化。

(4) 利用齐轴镜头越轴。在改变轴线之前也可以反复拍摄几组齐轴镜头，即演员的正面镜头，这样做可以模糊轴线带来的方向感，为后面的越轴做好铺垫。

(5) 通过插入中性运动镜头越轴。在两个相反运动的镜头中间，插入一个运动物在画面中间纵深运动的镜头。中性运动镜头没有明显的方向性，可减弱相反运动的冲突感。

(6) 借助人物的视线越轴。例如，在车上看外面的景物是从左至右划过的画面，插入坐车人转头从左往右看的镜头，随着人物的视线镜头变成景物从右至左划过的画面，以人物视线作为契机，使相反的运动有了联系。

(7) 全景再次交代视点。当一些速度不是很快的运动物改变轴线时，可以从近景跳到大全景。等运动已改变过来后，再跳到小景别。这是纪录片剪辑的有效方法之一。

(8) 在特殊剧情或特殊表现的前提下直接越轴。现代影视在一些特殊剧情或特殊表现的前提下可以直接越轴。这种情况大多需要被拍摄主体外表具有鲜明的视觉特征，而且剧情比较特殊。例如，在现代警匪片中，前车为鲜亮的红色跑车（特征十分鲜明），后车为深暗色的警车（与前车相比特征也很明显），其追逐的一组镜头用越轴衔接，观众仍能明白其追逐关系。

2.1.4　转场

1. 场面的含义和划分依据

场面是指特定时间里，动作发生的空间位置与空间环境。它是视听作品叙事的基本载体和最小的动作单位，也是相对完整的较小的表义单位。场面是视听作品重要的造型元素。

要深入地认识和理解场面，首先要看到它是一个空间的关系，规定和制约着某一个段落的人物、情节、动作对话的构成与处理。从空间角度说，场面既可以是一个宏观的概念，包含广阔的空间环境，可以有或没有地域限制，如某一国家、民族或地区，某一虚拟的星球或超现实场景；又可以是一个微观的概念，指向具体的空间，如操场、街道、河边、厨房、车内等。同时也要看到，场面是一个时间的关系，规定和制约着某一个段落所表达的叙事、动作的时间关系。无论是纵贯大时代的历史风云，还是刹那间的激烈交锋，人物和事件总是发生在或长或短的一段封闭的时间中。

作为特定的时空单元，场面既可以是现实时空，也可以是非现实时空，甚至是交相错杂的虚拟时空。按照作用和性质的不同，场面可以分为叙述性场面、抒情性场面、氛围性场面、主观性场面、意象性场面等。多种类型的场面以不同的顺序和方式构成完整的视听作品。无论哪一种场面，都体现着视听作品中规定的情境。场面的划分通常有以下四种依据。

1）时间的转换

当时间有明显的省略、中断或者转移时，通常就意味着上一个表义单位的结束和下一个表义单位的开始。视听作品中的时间与真实的时间不同，它往往是对真实时间的一种压缩。这种压缩不仅体现在同一个蒙太奇句子内部，更多的是体现在场面的转换、段落的更迭上。一般相对明显的时间中断处，就可以是场面的转换处。我们经常在分镜头脚本中看到的关于时间的因素（如日景、夜景、某年代、某月某日、夏、秋等），一般就意味着场面和段落的转换。

2）空间的转换

同一组蒙太奇句子往往展现着同一个空间环境，如分镜头脚本中关于内景、外景、居室、沙滩等的标注。当拍摄的场景发生变化时，一般就意味着场面的转换。如果空间变了，但未进行场面的转换，就可能会引起观众接收信息上的混乱。

3）情节的转换

对于叙事性视听作品来说，情节结构一般是由内在线索发展而成的，包括开端、发展、转折、高潮、结局、尾声等过程。平叙、倒叙、插叙、闪回等情节的每一个顺延或者转折处，都会形成一个感觉的顿歇，来表示上一情节的完成和下一情节的开始。这些顿歇就是划分场面的最佳位置。

4）主题和意义的转换

对于非叙事性作品来说，段落层次的划分主要依据主题和意义。一般一个段落就是一个单一的主题，而一个场面往往表达着这一单一主题下的某一角度、某一侧面的意义。当一个相对完整的意义表述完成时，也就意味着转场的时机成熟了。

总之，场面的划分首先是内在叙事逻辑上的要求，要体现情节的发展停顿、高涨低落；同时也是外在节奏上的要求，要体现动作的跳跃和对接、高潮的形成和解决等。其内在依据与外在依据相辅相成、互为呼应，共同构成一个个清晰的段落和场面，构成作品的条理性和层次感，增强作品的吸引力和感染力。

2. 转场的作用和依据

在创作实践中我们可以看到，场面的划分、运用、组合、转换，不仅会影响视听作品的空间感觉和时间表达，而且对人物塑造、影调构成等具有重要意义，甚至影响作品的总体风格。在当代视听艺术创作中，场面构成的方式越来越灵活，场面的数量越来越丰富。对于叙事类作品而言，同一场面内可以开展和表现一场戏，也可以开展和表现多场戏。一场戏可以在同一个场面中展开，也可以在多个场面中展开。对于非叙事类作品而言，场面的转换和变化就更趋向于多元化。因为场面的视觉效果更广泛地参与到作品的叙事和造型之中，并能够有力地推动情节的发展，所以转场的作用和技巧受到越来越多的重视。

所谓转场，即场面的转换，有时是指情节段落的变化，有时是指时空关系的变化。就像文章的写作一样，一句话说完，自然要画上一个句号；一段意思告一段落，自然要另起一段。场面的转换也是内容发展到一定程度的要求。转场的本质就是转换时空和情节，其核心任务就是承上启下。

要完成好这样的转场任务就要寻找最合适的视觉心理依据。场面与场面之间既要有所区分又要有所关联，因此在转场的意图和手法上要形成既分割又连续的效果，也就是要创造心理的隔断性和视觉的连续性。所谓心理的隔断性就是要使观众有比较明确的分隔感觉，制造上一段内容的收束感和下一段内容的开启感。尤其是对于非叙事性作品（如一些电视专题片、纪录片等）而言，很少有事件、人物的贯穿和非常具体的空间概念，也很少能用情节因素来进行场面的划分。如果不能用特定的转场方式来使观众产生明确的分隔感觉，那么就很容易出现层次不清、逻辑混乱的结果。所谓视觉的连续性就是利用造型因素和叙事因素使人在视觉上感到场面与场面之间、段落与段落之间的过渡天衣无缝、流畅自然。这是视听作品剪辑中的基本要求。

在具体的转场处理中，心理的隔断性和视觉的连续性要受到作品内容的制约。在意义连接相对紧密的场面之间，要凸显视觉的连续性而缩小心理的隔断性。这就如同句子和句子之间使用逗号、句号一样，虽然有分隔作用，但从意义上看，仍处在同一个段落内。因此，要利用画面的相似性、内容的逻辑性、动作的连贯性等来减弱内容的断裂感。在意义连接相对松散的场面之间，则要减弱视觉的连续性而强调心理的隔断性。这就如同自然段和自然段之间要另起一段一样，转场强调差异性、变化性，要利用定格、突变、两极镜头等方法造成明显的“段落感”。

3. 转场的方法

转场的方法有很多种，依据手法的不同可以划分为两大类：一是使用特技手段来转场，即利用特技效果或光学技巧（如渐隐渐显、叠化、划像等）作为镜头之间的连接方式，这种转场方法叫作技巧转场；二是直接切换，即利用硬切的方式将两个镜头直接连在一起，实现自然过渡，这种转场方法叫作无技巧转场。

1）技巧转场

（1）淡出、淡入。具体方法：前一画面越来越淡直至消失，后一画面由淡渐显直至占满银幕画面，前后两个镜头并不相遇。这种转场方法又称为淡变，渐隐、渐显，渐暗、渐明。这种转场方法多出现在讲述故事时。淡出、淡入示例如图 2－1 所示。

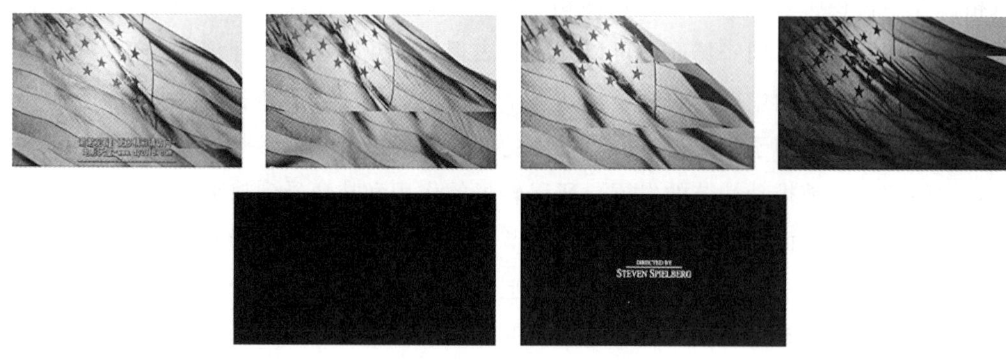

图 2－1　淡出、淡入示例

（资料来源：电影《拯救大兵瑞恩》）

（2）划出、划入。具体方法：随着一条“竖线”地划过，前一画面逐渐缩小而消失，后一画面逐渐扩大而占满银幕画面。这种转场方法又称为划像或划变。划像还有一些变种方式，如帘出、帘入，圈出、圈入等。

① 帘出、帘入：类似揭开门帘或分页挂历的动作效果。前一画面揭过去，同时后一画面从揭过的地方层层显现，如移步换景的感觉，这种转场方法场景的交代非常明确。帘出、帘入示例如图 2－2 所示。

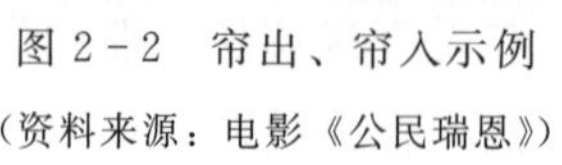

图 2－2　帘出、帘入示例

（资料来源：电影《公民瑞恩》）

② 圈出、圈入：不是用直线划，而是用圆线圈的膨胀或收缩来划。一种是膨胀，即前一画面中的某个小圆圈逐渐扩大而占满银幕画面，后一画面从圆圈内进来，并随圆圈的扩大而占满银幕画面；另一种是收缩，即前一画面被后一个大圆圈包围，并随圆圈的逐渐收缩而消失，后一画面从圆圈外划过的地方进来，并随圆圈的消失而占满银幕画面。圈出、圈入示例如图 2-3 所示。

图 2-3　圈出、圈入示例

（资料来源：电影《公民瑞恩》）

20 世纪 40 年代以后，划像被认为过于生硬，逐渐被摒弃不用，只有在某些怀旧色彩的影片中，为表现旧日风格才特意使用。

（3）叠印。具体方法：把两个以上的不同时空、不同景物和任务的画面重叠起来，复印在一个胶片上。叠印是一种特殊的剪辑方法。用这种剪辑方法拍摄的镜头叫作叠印镜头。叠印镜头既可以用多次曝光法拍摄，也可以用叠印法印制而成。叠印示例如图 2-4 所示。

图 2-4　叠印示例

（资料来源：电影《公民瑞恩》）

（4）翻页。翻页在电影中较少见，在电视中经常见到。具体方法：一个画面像翻书那样翻出银幕边框，让原本被压在下面的新画面显现出来。它往往成组使用，功能有些像划像，但间隔要比划像小，有些相当于书面语言中的顿号。

（5）马赛克。马赛克是电视转场技巧中一种带比喻性的称呼。具体方法：将画面的像素放大，然后转入下一段落的叙述。电影中没有马赛克的直接做法，通常是使用变焦，把画面虚掉，再转入下一场叙述。

（6）定格。定格是电影中常用的一种有特色的转场方法。具体方法：在第一段的画面结束处使用定格，让观众视觉上产生暂时的停顿，接着再出现下一个画面。这种转场方法通常适用于两个不同主题段落间的转换。定格示例如图 2－5 所示。

图 2－5　定格示例

（资料来源：电影《公民瑞恩》）

2）无技巧转场

无技巧转场是指充分发掘上下镜头在思想、内容、动态、结构、节奏等方面的连贯因素，利用其内在逻辑上的关联和外在造型上的协调与反差进行直接切换，从而实现连接场景、转换时空的目的的转场方法。常用的无技巧转场包括以下几种。

（1）利用相同主体或相似因素。上下镜头具有相同或相似的主体形象，或者镜头中所包含的物体形状相近、结构相似、动势相同、位置重合等都可以用来进行转场，以此来达到视觉连贯、过渡顺畅的目的。

（2）利用承接因素。承接因素指的是上下镜头之间在造型和内容上的某种呼应关系，以及动作上的连续或者情节上的连贯。利用这些因素，可以使场面转换顺理成章，段落过渡轻松自然。有时，利用承接的假象，采用偷梁换柱的手段，还可以制造某种联系上的错觉，使场面转换既符合视觉心理要求，又兼具幽默、悬念、惊悚等戏剧效果。承接的形式主要有以下几种。

① 情节的承接。上一场中主人公准备出差去机场，当他与妻子温情告别，挥手说再见后，下一镜头就可以立即切换到机场外景。这是利用情节上的承接因素来直接转换场景。

② 动作的承接。利用人们自动承接的心理定式，往往可以造成联系上的错觉，使转场流畅而有趣。例如，前一场镜头是指挥家在家中对镜练习，指挥棒扬向空中一个旋转，下一个镜头就可以切换到舞台上的乐队演出，这是由动作连续造成的自动承接心理定式。

③ 意义的承接。前一场是画家野外写生，笔下有流泉飞瀑、蝶舞鸟鸣，镜头落在画家屏气凝神、专注落笔之际，就可以接下一场中已经裱好的画作挂在展览厅中，嘉宾云集，与画家一边交流一边欣赏了。这是由意义连续造成的自动承接心理定式。

④ 感觉的承接。有时可以利用联想和想象作为承接因素，使转场既在情理之中又在预料之外。例如，电视风光片《丹麦交响曲》中的两个场面，前一个场面是运动员在绿茵场上激烈拼抢，最后一个镜头是草地上一只足球的大特写，一只脚飞入画面将足球一脚踢出画面；后一个场面紧接着一组从空中俯瞰大地、山川的航拍镜头，其运行方向和飞行力度、速度与人们想象中的足球刚好一致。这就是利用观众自动承接的心理定式，对足球做了拟人化的处理，把观众带到足球的主观视角上去。

(3) 利用反差因素。利用前后镜头在动静、影调、色彩、景别等方面的巨大反差和对比来形成明显的段落间隔。

(4) 利用遮挡因素。遮挡又称为挡黑镜头，是指镜头被画面内某形象暂时挡住。依据遮挡方式的不同，遮挡大致可分为两类情形：一是主体向摄像机迎面而来挡黑镜头或摄像机推到主体上形成暂时黑画面；二是画面内前景暂时挡住画面内其他形象，成为覆盖画面的唯一形象。例如，表现车水马龙的镜头，前景出现的汽车、行人、雕塑、路牌等都可能在某一瞬间挡住主体形象。当画面完全被挡黑或主体形象完全被遮挡时，就可以成为转场切换的契机。遮挡转场通常表示时间和地点的变化，是一种带有悬念的转场方法。

(5) 利用运动因素。视听作品中的运动主要包含两种：一种是被拍摄主体的运动；另一种是摄像机本身的运动。利用运动因素转场就是利用前后镜头中人物、交通工具等的动势的可衔接性及动作的相似性，或者利用摄像机的运动来完成时空的转换，推动情节的发展。

(6) 利用特写。特写是一种精神刻画性镜头，具有强调画面细节、引导观众进入人物内心、凝聚观众注意力等作用。由于特写镜头的环境特征不明显，画面效果又具有新奇感、显豁性和冲击力，因此利用特写进行转场可以在一定程度上弱化空间感和方向性，使观众在凝神的瞬间忽略时空转换的跳越感。通常前面段落的镜头无论以何种方式结束，下一段落的首个镜头都可以从特写开始。

(7) 利用景物镜头。景物镜头又称为空镜，即不含主要人物的镜头。景物镜头大致包括两类：一类是以景为主、以物为辅，如河流纵横、群山连绵、浓荫匝地、彩霞满天等自然风光，用这类镜头转场既可以展示不同的地理环境、景物风貌，又可以表现时间和季节的变化；另一类是以物为主、以景为辅的镜头，如老旧街道、壮观建筑、飞驰车辆、各式雕塑等人文风物，也包括家具、字画、盆景等室内陈设和微缩景观。

(8) 利用主观镜头。主观镜头是借助画面中人物的主观视点而拍摄的镜头。一般情况下，上一个镜头和下一个主观镜头之间在内容上要有因果、呼应、平行等逻辑关系，才能实现顺理成章地转场过渡，否则会使观众感觉生硬或造成歧义。

2.1.5 镜头组接技巧

1. 影视剪辑的原理

影视作品中的剪辑，并不是将镜头素材掐头去尾连接起来就能剪辑出一部完整的影视片，也不是将镜头组接起来就完成了剪辑任务。在剪辑过程中，往往出现各种各样的情况。例如，动作不衔接、情绪不连贯、时空不合理、剧情衔接缺少镜头和光影色彩不衔接等。剪辑的任务就是将这些不合理、不完善、不清楚的地方通过剪辑使它们合理化、完善化，去掉假的镜头，留存真实的画面。

2. 影视剪辑的基本技巧

一段影视作品是由很多个镜头组成的，而每个镜头却是一个个分别拍摄的画面。所以，影视剪辑就是把一个个独立的、分散的镜头，创造性地组织成一个相互关联、有机结合的整体的艺术，而剪接点是上个镜头与下个镜头中间的那个交接点。好的剪接点能使前后的镜头衔接自然流畅。因此，如何选择好的剪接点是影视剪辑的关键。

剪辑师在连接两个镜头时要想保证镜头的完整和流畅，就要准确地把握好合适的剪接点，这只有对素材进行细致的分析后才能做到。在这里，我们主要分析画面中动、静连接的剪接点。

1）镜头组接逻辑依据——要符合事物的发展规律

（1）思维逻辑和视觉原理：要充分考虑观众的思维习惯和判断推理的规律，满足观众的视觉心理要求。符合思维逻辑的镜头组接示例如图 2－6 所示。

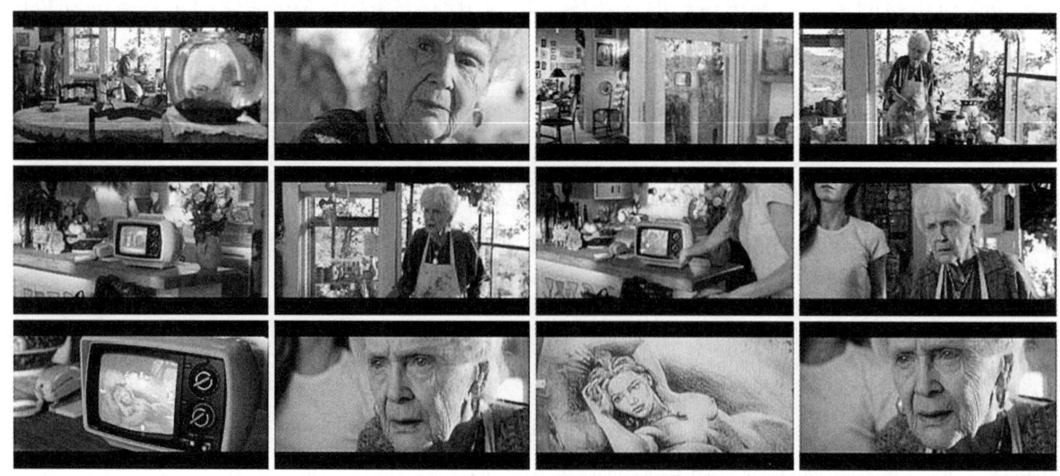

图 2－6　符合思维逻辑的镜头组接示例

（资料来源：电影《泰坦尼克号》）

（2）生活的逻辑：符合自然规律和日常生活规律。

（3）形象的逻辑：要考虑形象和形象之间过渡统一和流畅。

2）运动性镜头之间的组接（动接动）

（1）动作接动作。如果画面中同一主体或不同主体的动作是连贯的，可以动作接动作，达到顺畅、简洁过渡的目的。需要注意的是，动接动是不同主体镜头的切换方法。动接动也包括各种运动镜头的组接。在剪辑处理中，要紧紧抓住各种动的因素，如人物的运动、景物的运动、镜头的运动等，借助这类因素来衔接镜头，可以达到节奏上流畅而自然。需要注意的是，组接镜头时要考虑运动主体或运动镜头的方向性和动感的一致性。

在选择剪接点时，要先分析动作。主要动作中有次要动作，动作本身也有运动和停顿的节奏变化，应在动作的转折处选定一个合适的剪接点。一般情况下，动作接动作时，无论角色带着何种情绪，我们都保持这个点在转折点，但不是动作的结束点。动作接动作示例如图 2－7 和图 2－8 所示。

图 2－7 动作接动作示例（1）

（资料来源：电视剧《超越》）

（2）动势接动势。单个角色本身（也有不同角色之间）在动势之间会产生一条视觉引导线，使观众在角色的动势中产生一种心理补偿，从而实现镜头的流畅。动势接动势示例如图 2－9 所示。

3）固定性镜头之间的组接（静接静）

静接静是指在视觉上没有明显动感的镜头的切换方法。在电影表现方法中，没有绝对的静态镜头，特别是故事片，每一个镜头的存在，对情节的展开、人物的塑造都有积极的推动作用，因此静接静是相对而言的。静接静多数是指镜头切换前后的部分画面所处的状态。例如，两个固定镜头组接时，一个镜头主体是运动的，另一个镜头主体是不动的。其中，一种组接方法是寻找主体动作的停顿处来切换；另一种组接方法是在运动主体被遮挡或处于不醒目的位置时切换。当两个运动镜头的运作方向不一致时，就需要在镜头运动稳定下来后切换，即保留上一镜头的落幅和下一镜头的起幅来进行组接。静接静示例如图2－10所示。

图2－8　动作接动作示例（2）

（资料来源：电视剧《超越》）

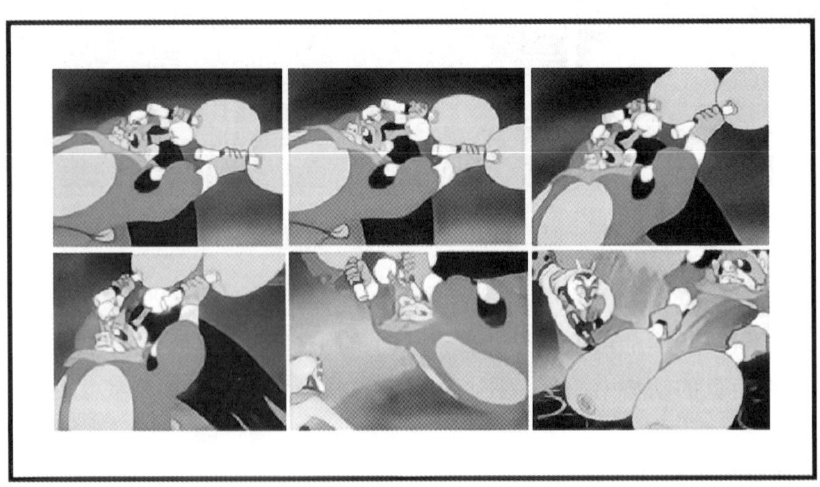

图2－9　动势接动势示例

（资料来源：电影《大闹天宫》）

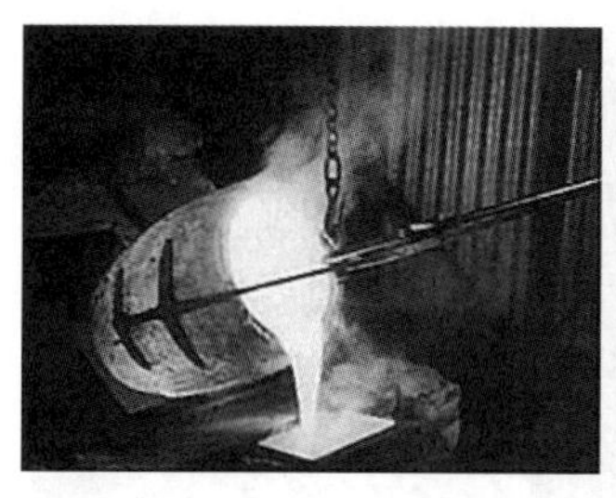

图 2 - 10　静接静示例

（资料来源：电影《公民瑞恩》）

4）固定性镜头与运动性镜头之间的组接（静接动、动接静）

（1）静接动是动感不明显的镜头与动感十分明显的镜头之间的特殊衔接方法。静接动是由上一个镜头的静止画面突然转场成下一个镜头的动作强烈的画面，其节奏上的突变对剧情是一种推动。它推动剧情急剧发展，使内在情绪得以迸发，给观众以强烈的视觉冲击。静接动应理解为上一个镜头主题、镜头不动，下一个镜头主题、镜头都在动。静接动示例如图 2 - 11 所示。

图 2 - 11　静接动示例

（资料来源：电影《卧虎藏龙》）

（2）动接静是指在镜头动感明显时紧接静感十分明显的镜头的特殊衔接方法。相连的两个镜头，如果前一个镜头动感十分明显，那么接一个静止的镜头，会在视觉上和节奏上造成突兀、停顿的感觉。动接静是对情绪和节奏的变格处理，让观众在静中去感受运动节奏，去品味运动的延伸。动接静还可以使观众在由剧烈运动到骤停的突变中，更强烈地感受由单纯动感画面不能创造出的具有更强烈内部张力的情感韵律。为了便于理解，动接静应理解为上一个镜头主题、镜头都在动，下一个镜头主题、镜头都不动。动接静示例如图 2 - 12 所示。

图 2-12　动接静示例

（资料来源：电影《愤怒的公牛》）

提示

在进行固定性镜头与运动性镜头之间的组接时，要充分利用主体之间的因果关系、对应关系、呼应关系及画面内主体运动节奏的变化，使由动到静、由静到动顺理成章地自然转场。

5）剪辑与镜头长短

一个镜头的长短会产生不同的艺术效果。在一组镜头中，每个镜头的时间长短，也会直接影响这一组镜头的艺术效果。一般来说，一组镜头中每个镜头都迅速地切换（短镜头），会给观众在视觉上造成一种刺激，如果这种刺激不断地加强，便会产生一种特殊的艺术效果。

在认识了这种调子的作用之后，我们在实战中还应该注意以下两点。

（1）镜头中刺激的内容也需层层递进、不断加强。例如，表现大都市的气魄，每个镜头的内容要不断地加强：从普通楼、高楼到摩天楼；从汽车、火车到飞机；从一辆车、几辆车到一片车群。

（2）刺激的尺数应不断缩短。光有刺激的内容往往还形不成刺激，还必须有形式上的刺激，也即不断地缩短每一个镜头的尺数。因为，每一个镜头的尺数一旦相同，哪怕它们再短，观众也会对这些刺激不断地适应，从而使这些刺激不再刺激。因此，镜头的尺数要不断地缩短。除了镜头的尺数之外，景别不断地由大向小、由远向近的变化，也会不断地增强刺激，不断地加快剪辑的调子。

2.1.6　蒙太奇

蒙太奇是视听语言学习中最为重要的一个概念，是视听艺术创作与欣赏的基础和核心。作为视听作品反映现实、传递信息、塑造形象和表达思想的一种以形象思维为主要特征的手段，没有了蒙太奇，也就没有了视听技术上的革命性进步，也就不会有视听艺术上超出想象的探索与创造。相反，只有深层次地理解和掌握蒙太奇，才能更好地进行视听艺术创作与欣赏。

1. 蒙太奇的概念

蒙太奇原为法国建筑学上的术语，是法文 montage 的译音，意为组合、构成、装配，引申到视听艺术中来比喻和说明镜头组接的技巧和视听作品构成的规律。简而言之，蒙太奇即为剪辑和组接。这一概念的含义有狭义和广义之分。

狭义上，蒙太奇是指视听作品的组接技巧，即将前期摄录的画面和声音素材按主题和内容要求、总体构思、逻辑顺序及观众期待等组合在一起，产生某种预期的效果，形成一部完整的视听作品。其中，最基本的含义是画面的组接。

广义上，蒙太奇是指从视听作品构思开始直到作品完成的整个过程中，创作者所运用的一种独特的思维方式，以及基本结构手段、叙事方式和镜头组接的全部技巧。

2. 蒙太奇的特点

分析蒙太奇的特点，首先要站在不同的层面上去理解蒙太奇。

从最基本的层面上理解，视听作品的基本元素是镜头，而连接镜头的主要方式、手段就是蒙太奇。

提示

蒙太奇实际上包含着两个操作程序：一是连续性的中断，即如何把一个完整的动作或场面切换成若干个零碎的片段；二是中断的连续，即如何把零碎的片段重新组合成一个在观众意识中得到认同的行为或观念。

实际上，从镜头的摄制开始，就已经有蒙太奇因素的介入了。因为在视听作品的创作中，首先要按照剧本或主题思想，将每一个段落分别拍成许多镜头，然后再按整体构思和艺术要求，把这些不同的镜头有机地剪辑、组织成一个整体。以镜头来说，从不同的角度拍摄，用不同的景别拍摄，在拍摄中独具慧眼地抽象出不同的线条和形状、捕捉到不同的光线与色彩，都会产生不同的艺术效果。加之一些特技手法及运动方式的综合运用、拍摄时间长短的不同等，也会带来种种特定的艺术效果。因此，从某种意义上说，蒙太奇也是使用摄像机的手段。

从具体镜头的剪辑层面上理解，蒙太奇更多的是指镜头的分切组接，场面和段落的组接、切换等具体方式。在连接镜头、场面和段落时，根据不同的结构设计、场面变化、节奏安排和情绪需要，既可以用直接切换的方式无技巧连接，又可以用淡、化、划、叠、圈、掐、推、拉等技巧连接。这些具体方式已经发展成一套完整的蒙太奇组接技巧体系。

更进一步地说，我们可以把蒙太奇理解为画面与画面之间、声音与声音之间、画面与声音之间的组合关系，以及由这些关系所产生的意义。此外，我们还可以把蒙太奇理解为视听作品特有的结构方法，包括叙事方式、时空结构、场景和段落布局等。关系和结构已经具有统领的意义，缺少这一层面的蒙太奇观念视听作品的框架就可能不够明晰和硬朗，就可能会产生“大厦将倾”的结果。

从最高层面上理解，蒙太奇就是驾驭整个视听系统、贯穿全部创作流程的一种思维方式，是视听艺术的核心意义和主要脉络。蒙太奇就是视听创作的“主帅”，统领着主题、结构、关系、素材等全部创作要素。因此，蒙太奇具有如下特点。

（1）整体性。创作者要将镜头的运动、物体的运动、构图、光效、影调、音乐、音响以及有声语言等诸多因素有机地糅合、统一在一起进行综合分析、判断，根据各因素不同的特点和功能控制各自的职责范围、分配各自所承担的不同任务，并将其协调在一个有机统一体内，从而更好地表达主题。

（2）多样性。思维过程中所借助的媒介丰富多彩，从总体上说可以分为两大类：画面和声音。画面又可以分为构图、光效、色彩、影调及镜头本身推、拉、摇、移、跟的运动等；声音又可以分为音乐、音响、人声等。

（3）直观性。不管是画面语言还是声音语言，都以鲜活的意象存在于创作者的心中，并在创作过程中通过各种蒙太奇手法，将鲜活的意象落实为流动的画面、流动的声音。

（4）对接性。蒙太奇所凭借的思维媒介直接为思维成果服务，二者之间具有一一对应的关系。构思过程中，创作者仿佛能够看到声、电、光、影的流动，看到一幅幅画面的衔接。创作者内心的蒙太奇越鲜明、生动、具体并富有创意，创作出的视听作品就越形象、生动。

3.“蒙太奇句子”的剪辑与景别变化

电影不是照片，一般来说，观众不能容忍一部没有变化的电影。变化除了包括被拍摄内容的变化之外，也包括由摄像机所决定的电影景别的变化。景别的变化不是随心所欲的。为了造成视觉快感，使观众看起来舒服，电影制作者在电影中运用大量的“蒙太奇句子”进行叙事和展开情节。蒙太奇句子不是单一的一两个镜头，而是一组镜头，并且这组镜头应该是一个相对独立、自成体系的叙事单元或者表义单元（尽管它可能非常小）。因此，在组接“蒙太奇句子”时，我们应注意以下两点。

1）相同的景别相切

在使用镜头拍摄时，最好不要连续出现相同的景别相切现象。例如，第一个画面是特写镜头，第二个画面还是特写镜头，甚至后面的画面还是相切。这样容易导致镜头画面的不流畅，给观众呆板、生硬的感觉。因而应该让不同的景别交替出现，以给观众视觉上丰富、流畅的镜头画面。

2）不同的景别相切

不论是由近到远，还是由远到近，一般来说，景别的出现应该是逐渐发展的，从而形成一种节奏和旋律。这种节奏或旋律必须与剧情的发展相一致。

（1）前进式蒙太奇句子。这种叙述句型是指景物由远景、全景向近景、特写过渡。

（2）后退式蒙太奇句子。这种叙述句型是指景物由近到远，表示由高昂到低沉、压抑的情绪，在影片中表现由细节扩展到全部。

（3）环形蒙太奇句子。这种叙述句型是把前进式和后退式的句子结合在一起使用，如由全景—中景—近景—特写，再由特写—近景—中景—远景，或者也可以反过来运用。这类句型一般在故事片中较为常用。

在一部影片中，前进式蒙太奇句子和后退式蒙太奇句子往往不是独立存在的，两者结合在一起，就形成了环形蒙太奇句子。前进式蒙太奇句子、后退式蒙太奇句子和环形蒙太奇句子的运用，都是电影制作者在长期实践中总结出的剪辑经验，处理这些句子时应注意以下三点。

第一，注意时代变化。生活节奏发生了变化，电影的节奏也会发生变化。如果现在电视机里播放的早期电影大量地运用了环形蒙太奇句子，就会让人觉得节奏缓慢、拖沓。

第二，如果某些影片本身的节奏是跳跃的、快速的，那么这类影片的剪辑节奏也应该是跳跃的、快速的。

第三，如果一些影片中的某些段落是跳跃的、快速的，那么这些段落的剪辑节奏也应该是跳跃的、快速的。

2.2　摄像基础

2.2.1　镜头

1. 电影镜头

电影镜头是指摄像机在一次开机到停机之间所拍摄的连续画面片段，是电影构成的基本单位。电影镜头由以下几个因素构成。

（1）画面。

（2）景别，包括大远景、远景、大全景、全景、中景、中近景、近景、特写和大特写。

（3）拍摄角度，包括平、仰、俯、正、反、侧等。

（4）镜头的运动，即摄像机的运动，包括摇、推、拉、移、跟、升、降和变焦，有时几种方式可联合使用。

（5）镜头的长度。

（6）镜头的声音，包括画面内的和画面外的。

电影镜头是影片影像结构的基本组成单位，是电影造型语言的基本视觉元素。一部电影一般由400～800个镜头组成。

2. 画面

画面一词来自绘画艺术。电影画面是指现实生活场景在具有明显边缘的二维平面上的电影银幕效果。电影画面是动的，具有时间和空间因素。一部影片由许多内容不同的画面所组成，每一个画面都是镜头的最终外在形态。

在电影的发展早期，所有的影片都只有一个镜头，这时的电影不能表现复杂的故事情节和人物关系，只是对生活场景的纪录。随着时间的推移，电影开始由大量的镜头构成。对于绝大多数影片而言，镜头的职能是提供信息。单个镜头并不能表达明确的观念，镜头与镜头连接后所形成的逻辑关系，才是视听语言用来表达影片主题和讲述故事的重要手段。

在现代电影艺术创作中，拍摄什么并不重要，因为任何景物都可以在镜头前再现，都可以用摄像机和胶片记录下来。重要的是你怎么拍摄，用什么手段拍摄，选择什么造型元素，又怎样将其组合在一起构成画面。每一个镜头都有一个机位，同时也体现了摄影师对每一个画面的设计。从视点上分析，镜头代表了导演的艺术观点和创作观点；从空间上分析，镜头代表了摄像机在空间中的位置和对空间的表达；从角色上分析，镜头形成了与角色的对应交流和对角色形象、形体的展示；从画面上分析，镜头确定了有限空间内造型元素的组合方式和表现形式；从风格上分析，镜头充分体现了叙事和视觉风格样式；从构图上分析，镜头是构图的画面形式。镜头所指内容的丰富性，构成了镜头画面表现的多元性、视觉的多义性，从而使得每一个镜头画面在造型表现形式的运用上更具潜力。

如果我们每一个人在解读影片的同时，能对镜头设计、镜头运用、镜头之间的关系和镜头变化规律进行分析，那么就会从微观到宏观上把握视觉风格。

我们学习和使用视听语言必须从研究镜头开始，在实际制作影片时，必须重视每个镜头的质量，因为它直接关系到整个影片的效果。

2.2.2 构图

影像结构的基本单位是镜头，而镜头是可以再分的，一个镜头是由若干个画面组成的。需要注意的是，镜头是动态的，而画面是静态的。我们平时所说的构图，就是指静态画面的构图。

1. 构图的目的

构图的目的就是要在无限的空间中寻找具有视觉价值的点，用形、光、色的方式汇集画面之中，以表达导演的情感，激发观众的共鸣，并让观众由视觉快感上升为心理快感。

从被拍摄主体上以及其存在的空间中寻找线条、色调、形体、光影、质感、透视、视点和幅式，并按视觉美感的方式加以组合就是构图的全部内容。构图是一个从无序到有序的创作过程。值得注意的是，由于每一部影片的题材、内容、风格、样式不同，导演的立

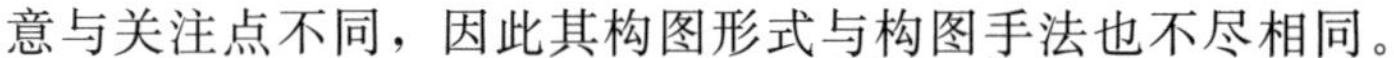

意与关注点不同，因此其构图形式与构图手法也不尽相同。

摄影师创作的目的就是要使全片画面构图具有形象性、形式感、风格性、美感和视觉重点。摄影构图是指被拍摄主体在画面中占有的位置和空间所构成的画面形式，其中包括光影、明暗、线条、色彩等在画面结构中的组合关系。被拍摄主体在画面中的表现是否恰当，画面形式是否优美，取决于构图处理手法以及光线、线条和色彩等造型因素的运用。构图处理的首要任务是突出主体形象。为此，要正确选择和确立主体的位置，合理处理主体与陪体、主体与环境的关系，善于选择拍摄方向与拍摄高度，确定画面范围，准确配置形、光、色、影调、线条等造型因素。只有这样，才能获得形式与内容高度统一的完美画面。

2. 构图的原则

在一部影片中，构图是影片多种形式中的一种重要形式，但影片的主题和故事才是影片中起决定作用的“内容”。形式与内容的关系：形式必须为内容服务。因此，一部影片的构图必然应该为影片的主题服务。

构图为主题服务应该从以下几个方面着手：为了更好地表现主题，要努力设计最合适、最具视觉美感的构图；为了更好地表现主题，有时需要刻意去破坏画面构图的美感，即所谓的“不规则构图”。

如果某个构图虽然画面优美，但它与整个影片的风格、主题不符，甚至妨碍了影片主题思想的表达，那么我们必须忍痛割爱。

3. 构图的类型

在具体的摄制过程中，影视构图大致分为以下三大类。

1）纵深构图和平面构图

纵深构图多是采用大景深镜头，形成强烈的视觉纵深感，使画面具有较丰富的透视和层次关系。电影《孔雀》中，就较多地选择了这类构图。纵深构图示例如图2-13所示。平面构图常会采用长焦镜头来压缩背景空间，进而使画面获得诗意、朦胧的视觉意味。电影《黄土地》、电视剧《空镜子》中都用了不少此类镜头处理方式。平面构图示例如图2-14所示。

2）静态构图和动态构图

静态构图属于单幅构图结构，是影视画面的一种常规形式，但也是一种特殊的构图形式。

静态构图的被拍摄主体，一般是处于相对静止状态，有时会有小幅度的位移和动作，但仍可保持原有的构图结构。它所负载的内容含义往往凝聚在静态之中，给人一种宁静、平和、沉稳、肃穆的感觉。此外，它还往往会注入较多的、在绘画领域中常常运用的色彩、线条、明暗层次等具有形式感的视觉造型意识，从而使画面造型呈现出特殊的视觉风格和思想寓意。

图 2－13　纵深构图示例
（资料来源：电影《孔雀》）

图 2－14　平面构图示例
（资料来源：电影《黄土地》）

动态构图是指在镜头中，改变了景框内的景物内容或者使景物的高度、水平、距离等发生位移，从而使构图产生运动性的变化。在一个镜头里，它表现为画面的动态构图形式组合，在单个镜头内呈现出更多立体流动空间的变化，从而有效展现出更加丰富、多元的剧情信息。这也是影视艺术区别于其他视觉艺术（绘画、雕塑、建筑等）的一个重要标识。由于动态构图中场景中的人物或摄像机大多处于运动状态，因此画面中的景别、角度、色彩、光线等造型元素也会发生相应的动态变化。这使得单个镜头本身呈现出更多的视觉表现形态，在丰富镜头形态变化和表现剧情内容的同时，大大提升镜头本身的观赏性。一些电影理论著作中常提到的“镜头内部的蒙太奇”指的就是单个镜头内运动形态调度所获得的时空变化。在影视创作过程中，动态构图的运用相当广泛。例如，电影《风声》中，开场镜头就是一个综合性调度的动态构图：镜头从一个仰拍的烟花全景（见图 2-15），转换到一个平拍的花车近景（见图 2-16），然后再转换到一个俯拍的大全景（见图 2-17）。这个动态画面构图体现出了导演在场面调度和节奏控制方面具有高超娴熟的处理能力。

图 2-15　仰拍的烟花全景

（资料来源：电影《风声》）

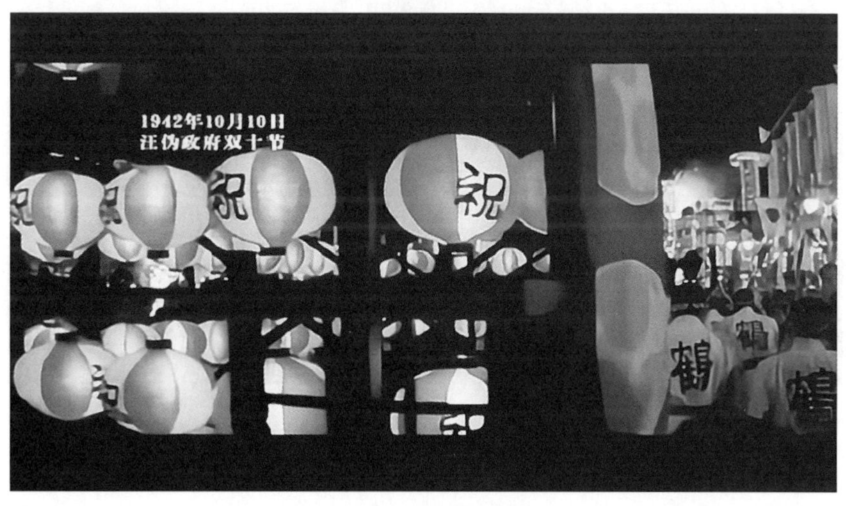

图 2-16　平拍的花车近景

（资料来源：电影《风声》）

图 2-17　俯拍的大全景

（资料来源：电影《风声》）

3）封闭式构图和开放式构图

封闭式构图对画面内部人、景、物的安排常会追求完整、均衡的结构形式，力求画面内各种视觉元素间的互动关系在同一画面中形成平衡对称的和谐之感。例如，电影《大红灯笼高高挂》中就较多地运用了封闭式构图来拍摄形同古堡的陈家大院，其严谨、均衡的构图使陈家大院呈现出一种压抑、死板、腐朽、沉闷的气息。封闭式构图示例如图 2-18 所示。

图 2-18　封闭式构图示例

（资料来源：电影《大红灯笼高高挂》）

开放式构图则主张舍弃画面严谨、均衡的传统构图意识，打破画框的限制。在设计构图时，开放式构图往往将画内外空间作为一个有机的整体来看待，追求画外空间、内容和情绪的延展，使观众能够获得无限的想象空间。《不列颠百科全书》关于“电影史”的词条中写到“电影历史的发展，实际上就是打破画框的发展”。这一创作理念为开放式构图风格的追求展现了广阔的创作前景。例如，20 世纪 60 年代，法国兴起的新浪潮电影运动，便在实景拍摄的大量影片中对开放式构图进行了大胆的开发和运用。例如，常常把人物主体放置在画面的边角位置，在人物背后有意留出大片空白，对人物状态进行切割，从而以非完整、非均衡的画面形式引导观众对画外空间存在无限的意识和联想。新浪潮电影运动所带来的摄像机动作的非规范化与自由化追求，对世界电影视觉造型语言的更新具有里程碑意义。开放式构图示例如图 2 - 19 所示。

图 2 - 19 开放式构图示例

（资料来源：电影《四百下》）

封闭式构图和开放式构图作为两类构图观念的重要创作思维，需要我们加以更多的关注和思考。许多追求现实主义风格的影视艺术家大多采用开放式构图形态，形成朴素含蓄、简洁自然、不显张扬的风格特征。形式主义的影视艺术家则喜欢用封闭式构图形态，表现强烈的个人主观意识。开放式构图形态强调非形式化，喜欢随意捕捉现实，没有太多精心安排的痕迹。在开放式构图形态的作品中，有些形象看上去结构模糊、朦胧，进入画面似乎出于偶然，人或物仿佛是碰巧出现在那里。封闭式构图形态则较为强调个人风格化的精心设计，虽具有表面化的现实主义色彩，但很少出现开放式构图中特有的那种偶然、客观、自然、散漫的场面。在封闭式构图形态的作品中，对画面主体的安排较为严谨，常常追求画面内各种造型元素构成关系的均衡感和形式感。

构图观念的开放式形态和封闭式形态与影视艺术的其他专业思维一样，各具优势与局限。过分选择开放式构图形态，会使影片显得粗糙、幼稚，还会使人觉得画面缺少对有效内容的选择和控制。同样，刻意选择封闭式构图形态，会因强调艺术性而显得矫揉造作，会淹没表现对象的自然真实状态，使一切显得过于有序。其实，某些封闭式构图形态所呈现的类似舞台剧的造型夸张构图效果，往往会影响许多观众的观影兴趣。尤其是当下故事片纪实化追求的观念已经深入人心，观众对人为痕迹过多、失去现实存在自然态的影片会有距离感。因此，在实际创作过程中，大多数影视作品会选择两种手法共用。例如，电影《大幻影》中就是两种构图形态并存：拍战俘营内的场面时，用封闭式构图形态，因为在监狱里拍戏用开放式构图形态就会缺乏说服力；反之，在拍两名战俘逃亡时采用开放式构图形态，这样处理更利于展现空间的开放性与人物动作的更多可能性。

2.2.3 灯光

影像的照明在电影中统称为灯光，摄制组中有专门的灯光师。早期电影中的照明仅仅是为了照清楚被拍摄主体，到了 20 世纪三四十年代，电影中的照明才开始精心布光、精雕细琢，让每一个画面都如同一幅优秀精美的摄影作品。优秀的影像创作者通常会充分利用光影造型这一重要的视觉元素。

1. 灯光的分类

众所周知，我们生活中的光源有两大类：一类是自然光，也就是太阳光；另一类是人工光，主要是灯光。灯光可以按照光线的性质、光的主次和光的方位进行划分。

1）按照光线的性质划分

按照光线的性质，灯光可分为散射光和直射光。在确定被拍摄主体后，光线的性质将决定物体造型的力量。散射光也称为软光，它的明暗反差小，阴影不明显；直射光也称为硬光，它与散射光相比，明暗反差大，阴影明显。

2）按照光的主次划分

按照光的主次，灯光可分为主光和副光。在一个固定的画面构图中，一般只能存在一个中心光源形成的照明系统和影调结构。主光是被拍摄主体的主要光线，它决定着该场景中总的照明格局。主光多用硬光（直射光），并且它使被拍摄主体有明显的阴影。副光是辅助主光的光线，多用软光（散射光），它主要用来为被拍摄主体所产生的明显的阴影提供适当的灯光，还要使被拍摄主体的阴影部分有一定的造型效果。

3）按照光的方位划分

按照光的方位，灯光可分为正面光、侧面光、逆光、顶光、脚光等。不同方位的光源，可以使同样一个物体表现出不同的造型形状。

（1）正面光。正面光指正面水平方向的光源。加强正面光可以使人物看起来紧贴在背景上，减弱空间的深度感、立体感，因此正面光也称为平面光。正面光易于比较完整地交代一个平面形象或者细节，如演播室里进行的新闻、谈话节目常常利用正面光使主播的形象与背景合二为一。正面光的缺点是容易使画面呆板、没有变化。

（2）侧面光。侧面光指侧面水平方向的光源。侧面光与正面光的效应相反，加强侧面光可以加深空间的深度感、立体感，因此侧面光也称为立体光。侧面光是电影中最常用的照明方法，在拍摄人像时，侧面光有助于把人物形象刻画得更生动，使被拍摄主体更富有层次感。

（3）逆光。逆光指背面水平方向的光源。逆光也称为轮廓光。如果只有逆光，我们就可以看到被拍摄主体的剪影效果。强烈的逆光，会使被拍摄主体突出，显得可怕；柔弱的逆光，会使被拍摄主体显得神秘动人。

（4）顶光。顶光是从人的头顶垂直照下来的光线，往往会制造一种丑化对象的效果。

（5）脚光。脚光是从人的脚下垂直照上来的光线，往往会使被拍摄主体显得残暴。

2. 灯光的作用

鲁道夫·阿恩海姆曾说过："光线几乎是人的感官所能得到的一种最辉煌和最壮观的经验。"正是借助于光线，我们感受到了这个大千世界中各种形式的美。而在视听作品中，当人们有意识地去利用灯光光线进行创作时，它自身所具有的功能和发挥的作用也为人们多角度解读作品提供了可能。

1）造型作用

（1）人物造型作用如下。

① 利用灯光光线塑造人物形象。当被拍摄主体位置不变时，不同方向和位置安排的主光可以使人物形象呈现出不同的具体形态，如正面光下的人物比较平面，侧面光下的人物比较立体，逆光下的人物被勾勒出轮廓，而顶光和脚光则会丑化人物形象。同时，当不同性质的光线营造出画面不同的影调和基调时，人物形象也会表现出不同的力量感和软硬度。例如，直射光较硬，人物会显得坚毅而有力；散射光较软，人物会显得柔美而轻盈。所以当我们使用明暗对比强烈的灯光照明时，可以塑造男性硬朗的形象；柔和的灯光，则可以用来塑造女性柔美的气质。因此，在视听作品中，根据主题需要和人物自身特点，可以利用不同类型的灯光来塑造人物形象。

② 利用灯光光线刻画人物心理。灯光光线的变化不仅可以塑造人物外部形象，还可以简洁传神地深入刻画人物的内心世界，揭示人物性格。例如，侧面光下拍摄的人物面部会形成半明半暗的效果，可以表现人物的矛盾心理和犹豫不决的性格，而不稳定光源的明暗不定（如闪烁的烛火及光线瞬间的明暗变化）也可以表现人物内心情感的波动和起伏。波兰导演克日什托夫·基耶斯洛夫斯基的红蓝白三部曲中的《蓝色情调》多处运用了可折射光源所营造的流动的光影来刻画人物内心情感。例如，其中一场戏中，外景为游泳池，摄像师利用水面折射的自然光照亮室内，粼粼的波光映射在女主人公面部，形成了不断波动的光影，仿佛带领观众触摸主人公内心因强烈的忧伤而产生的情绪变化。利用灯光光线刻画人物心理示例如图 2-20 所示。

图 2-20　利用灯光光线刻画人物心理示例

（资料来源：电影《蓝色情调》）

（2）空间造型作用如下。

① 利用灯光光线营造空间深度感。要营造画面的空间深度感，可以利用透视规律来达到目的，包括线条透视和阶调透视。而灯光光线可以发挥作用的则是阶调透视，即空气透视。其表现规律：近处的景物轮廓和质感较清晰，明亮度较低，颜色较鲜艳，明暗反差较大；越往远处去，景物的轮廓和质感越模糊，明亮度增加，颜色变清淡，明暗反差变小。因此，空气透视的规律可以使画面呈现出空间感和纵深感。在光线较暗的封闭环境中，如果使用逆光拍摄，会使画面远处较亮，视觉感受上与外部空间融为一体，表现出明显的空间开放性和延伸性；反过来使用正面光拍摄则会大大削弱空间深度感。在外景拍摄中，逆光的空间造型能力也更为显著，尤其是在大场面活动拍摄中，逆光会勾勒人物或景物的轮廓，从而强化场景的层次感和各物体的分离感；逆光也会进一步加强空气透视所造成的影调、色调和清晰度的变化，使空间深度感表现强烈。电影《阳光灿烂的日子》中多处使用逆光，不仅营造出青春期的惆怅与朦胧，而且从空间造型上营造了空间深度感。利用灯光光线营造空间深度感示例如图 2-21 所示。

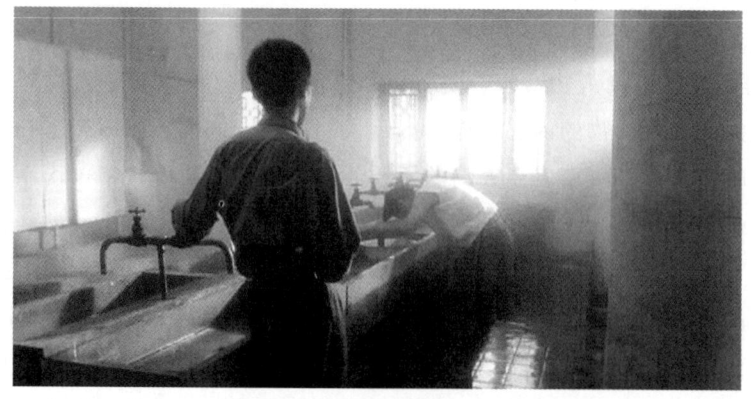

图 2-21　利用灯光光线营造空间深度感示例

（资料来源：电影《阳光灿烂的日子》）

② 利用灯光光线交代时空状态，表现时空转换。在视听作品中，观众可以根据灯光的亮度轻易判断出白天和夜晚，根据灯光的色调分辨清晨和黄昏，根据光线的来源区分户外和室内，也可以根据投影的浓密和长度来区分拍摄的季节，甚至可以根据光线的表现特点联系到拍摄的地理位置。因此，灯光光线的运用常常可以交代事件发生的地域、季节、时间、地点等时空状态，并通过灯光光线的转换表现时空的转换。在电影《末代皇帝》中，导演设计了两条并行发展的叙事时空系统：组织时空（见图 2-22）和插入时空（见图 2-23）。前者是影片时空结构的线索，后者是溥仪回忆的主观心理时空。

图 2-22 组织时空

（资料来源：电影《末代皇帝》）

图 2-23 插入时空

（资料来源：电影《末代皇帝》）

维托里奥·斯托拉罗在为两个时空进行光线设计的时候，运用了不同的光线形态和结构：组织时空的光线设计基本上以自然光为依据，气氛以日景为主，光线运动少，光比大，影调反差大，色调以冷调为主，带有自然主义用光的倾向；插入时空的光线设计以戏剧化用光为依据，光线跳跃，光比小，影调暗淡，色调以暖调为主，带有表现化用光的倾向。这两个交错的叙事时空系统光线特征的差异、对比和反差，成为影片整体光线设计的立意和风格所在。

2）构图作用

在画面构图中，视觉重心会随着光线的方向而发生变化，而且光线的造型作用也会影响画面的构图质量。

（1）利用光线明暗对比来突出主体。在背景为暗调的画面中，如果有一个主体相对比较明亮，则会吸引人们的注意。这是因为人眼对明亮的物体特别敏感，在观看画面时会第一眼被明亮的物体所吸引。反过来，如果背景明亮而主体灰暗，则相对暗调的主体也会因明暗对比而吸引人的注意力。这是因为人眼又具有“求异功能”，总是会容易注意到画面中不一样的物体，如剪影效果。前者是以暗衬亮，后者是以亮衬暗，通过明暗对比，可以在背景中突出主体，在群体中突出个体，在整体中突出局部。

（2）利用光线明暗程度和面积来平衡画面，使构图具有形式上的美感。在视觉重量上，通常亮度数值越高、面积越小的物体视觉重量越轻。反过来，亮度数值越低、面积越大的物体视觉重量越重。因此，在画面构图中应利用和安排好明暗要素，使画面达到视觉上的均衡。利用光线明暗程度和面积来平衡画面示例如图 2－24 所示。

图 2－24　利用光线明暗程度和面积来平衡画面示例

（资料来源：电影《霍比特人》）

3）戏剧作用

（1）利用光线建立影片基调，表达主题情绪。光线通过画面整体的明暗度和画面中影像的明暗反差影响人们的情绪及情绪的强度。通常来说，明亮的光线使人兴奋，低暗的光线使人压抑。因此，高调画面多运用于喜剧片、爱情片、音乐歌舞片等，烘托出作品轻快、温馨、浪漫、热烈的气氛；而低调画面多运用于恐怖片、悬疑片、黑色电影等，表现作品惊悚、紧张、沉重、压抑的气氛。反差较大的硬调光线会加大观众的情绪强度和情绪波动，强化作品惊恐、焦躁的情绪；相反，低强度的软调光线会使观众情绪缓和，契合了作品舒缓、悠扬的主题情绪。在电影《走出非洲》中，因为拍摄地在肯尼亚，位于赤道附近，白天光线为强烈的直射光，拍出的人物明暗反差过大，调子过硬，不利于表现出导演之前设想的温暖、浪漫的基调。因此在外景拍摄时，只选用黄昏前后的2个小时进行拍摄，黄昏时分的柔光使画面呈现出温和的软调，很好地表现了男女主人公之间的浪漫爱恋以及女主人公与非洲那片土地之间相互眷恋的浓郁感情。利用光线建立影片基调示例如图2－25所示。

图2－25 利用光线建立影片基调示例

（资料来源：电影《走出非洲》）

（2）利用光线渲染环境气氛，升华情感表现。在画面创作中，环境气氛的烘托和渲染是观众理解画面语言的重要因素。常说“环境喻人”“环境造物”，用光线营造出的环境氛围可使置身其中的物象表现出鲜明的“性格特点”，观众借由创作者构建出的情景交融的意境去体会作品中物象的情感表达，从而唤起自身的情感体验和心理共鸣。在纪录片《舌尖上的中国》第一季中，第一集“自然的馈赠”谈到了大自然给人们提供了食物的原材料。其中，说到当地人为了腌制诺邓火腿，每年冬天要现搭炉灶熬制井盐。在熬制井盐的画面中，摄影师利用现场光线逆光拍摄，人物在斑驳的树影下熬盐的形态形成了接近剪影的画面，锅内冒出的热气在逆光的照射下增加了画面的空间感和透视感。画面中现场光线的运用很好地渲染出环境的自然美，并有力地表现了人与环境和谐共处、相互依存的自然状态。利用光线渲染环境气氛示例如图2－26所示。

（3）利用光线创造特定节奏，推进情节发展。在作品画面中，创作者可以通过光线的运动使影调重复变化或加速运动，以推进影片节奏和情节的发展。在电影《雁南飞》开始部分，女主人公薇罗尼卡得知恋人鲍里斯报名从军后，并不支持，只想两个人能幸福地在

图 2-26　利用光线渲染环境气氛示例

（资料来源：纪录片《舌尖上的中国》）

一起生活。在此情节背景下，有一场戏表现两个人在房间里安装窗帘，窗外的光线透过百叶窗照射到两人脸上，两人的面部不时陷入局部的明暗转换中，光影的视觉冲突揭示了两人之间的心理矛盾。此时，房间突然变得明亮，鲍里斯的战友打开房门，带来了鲍里斯从军的确切消息。矛盾明朗化——鲍里斯从军已成定局。在这里，光影之间的冲突、变化形成特定节奏，推动了剧情向前发展。利用光线创造特定节奏示例如图 2-27 所示。

图 2-27　利用光线创造特定节奏示例

（资料来源：电影《雁南飞》）

（4）通过象征和寓意展现作品内容。光线具有象征功能和表义功能。创作者可以利用光的象征意义进行暗喻，表达特殊意义或特别情感，通过对光线的运用，使灯光的作用突破一般意义上的照明功能和造型功能，而进入更高的思维表现境界。可以说，光线的象征、表义功能，使画面美的语言更为理性化和哲理化，使画面审美特征更趋内涵化、更有理性评判与思考的余地。

3. 处理照明元素的注意事项

处理照明元素应注意以下四点。

（1）根据影片的风格确定照明的风格。

（2）在纪实风格中，多用散射光。如果是在室内，那么它的光就应该是该室内本身存在的光源所发出的光。主光、副光之间的对比不要生硬和明显。场景中，主光的方向应与该场景内光源的方向大体一致。室外是阳光，室内是发光的灯具。

（3）浪漫主义、夸张主义、表现主义风格中，用光没有一定的规定，可以生活化，也可以绚丽夸张。

（4）商业片中的布光应使被拍摄主体清晰可见。它不能像纪实风格的影片那样，为了接近生活，被拍摄主体有时会若隐若现、模糊不清。商业片中，要使被拍摄主体具有形式上的美感，以及鲜明的作者对它的主观评价和戏剧化特征。

实例

布光处理

电影《阳光灿烂的日子》中的布光处理，主要分为以下三种情况。

（1）室外布光。为了更好地表现影片的主题，室外布光多选择在大晴天、阳光充足、光线很透的情况下拍摄，如屋顶行走的镜头。室外布光示例如图2－28所示。

图2－28 室外布光示例

（资料来源：电影《阳光灿烂的日子》）

（2）室内布光。室内布光以高瓦数聚光灯照明为主，营造和渲染一种温暖的、金黄色的布光效果，如马小军看到“画中人”照片的米兰的卧室、米兰洗头的水房、小姑娘跳舞的教室、莫斯科餐厅等。室内布光示例（1）如图 2－29 所示。

图 2－29　室内布光示例（1）

（资料来源：电影《阳光灿烂的日子》）

室内布光可以使人物的身体和面部阴阳反差分明、造型效果强烈，如阳光洒在米兰的脖子上，特写镜头使我们看到米兰脖子上细细的绒毛在阳光下闪烁。通过电影中的布光和特写，将对一个女孩的歌颂和赞美表现得如此的激动人心，极大地美化了影片所要歌颂的人物（米兰），并且淋漓尽致地表现了马小军心中的浓郁诗意和美丽爱情。室内布光示例（2）如图 2－30 所示。

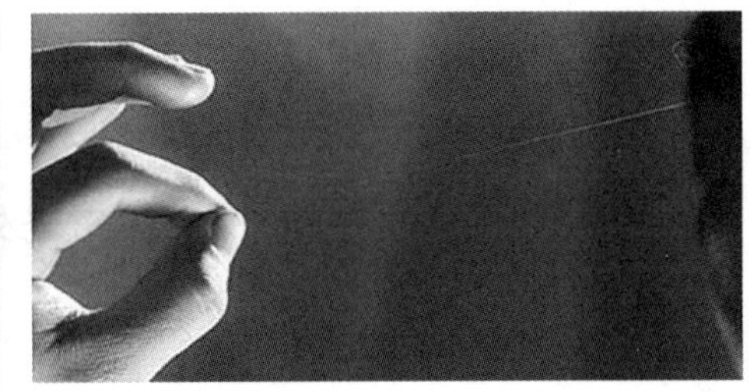

图 2－30　室内布光示例（2）

（资料来源：电影《阳光灿烂的日子》）

（3）曝光过度。电影《阳光灿烂的日子》中还有一些特殊的光效处理。在影片的一些段落中，制作者有意使胶片的曝光过度，如米兰身穿洁白的上衣，长辫子垂在胸前，胸前黑黑的辫子使白衣显得更加洁白，她凝视着马小军。突然，她笑了。这组镜头一方面使用颗粒反差强烈的特殊胶片进行高调摄像。另一方面，强烈的布光使被拍摄主体米兰曝光过度。高调摄像和曝光过度，使米兰的黑发、白衣更加显得突出、强烈，从而增加米兰的美感和不真实的成分（“画中人”）。这组镜头通过曝光过度表现了被拍摄主体的美好、马小军对爱情的痴狂和当时的特殊心态。

2.2.4 景别

1. 景别概述

景别是视觉语言中十分有效的造型手段。其通常是指被拍摄主体在画面中呈现的范围。依据焦距、物距的不同，景别可细分为大远景、远景、大全景、全景、中景、中近景、近景、特写、大特写等。导演和摄影师通过对景别的调整，可以对画面内部的空间景物进行截留取舍，组织安排画面内容，暗示画外空间信息的延展，引导观众的视线和注意力。

影视画面对各种景别的确认，取决于规定情境的故事内容和人物情绪表达所需要的空间。也就是说，镜头视距的远近、景别的确认，应当和故事的内容、角色的情绪状态和动作幅度相互匹配。同时，景别也是影响和制约镜头长度的重要因素。由于不同景别所呈现的信息量不同，因此受众解读剧情内容和感受情绪所需的时间长度与心理长度就会有所区别。

通常来说，远景、全景的镜头长度会长于近景、特写，但是也有特殊情况——如果全景镜头没有承载较为复杂的戏剧表达任务，就可能用得不太长；相反，特写镜头如果承载了比较复杂的戏剧性或情感、情绪意义，那这个特写镜头就有可能用得较长，甚至很长。例如，20世纪70年代初，在一部朝鲜故事片中，身为汽车司机的男主角得知首相赞赏他为国家做出的卓越贡献并授予他劳动英雄称号时，他从愕然、兴奋到激动得泪流满面。导演为了表达这一复杂情绪的渐变过程，画面构图从中景缓移成比较饱和的脸部近景，整个镜头居然长达30秒，近50英尺（1英尺＝0.3048米）胶片。

在电影和电视剧的拍摄中，各种景别镜头所占的比例也不尽相同。通常来说，电影中近景（或中近景）和大全景（或远景）用得要多一些；电视剧（史诗剧、战争剧除外）用得较多的则是中景和近景。在国内影视理论界和学术界，一些专家学者曾对景别的使用比例进行了量化数据的表述，认为电视剧里用的中景、中近景、近景共占全剧镜头总数的80％左右，大全景和全景共占10％左右，特写和大特写共占1％～5％。这些量化的概念和数据虽然不能适用于所有的电视剧拍摄，但却呈现出某些类型电视剧中各种景别使用的大致倾向。

影视作品中的各种景别，不只决定画面主体与观众视距的远近或画面主体在画框内所占比例的多少。更重要的是，它从一个侧面体现了导演与观众的关系。换句话说，某种程度上，它也代表导演对某部戏或某场戏的态度，表明导演想让观众看影片时进入一种什么样的视觉状态和心理状态。一般来说，如果某部作品或某场戏的中景、中近景、近景镜头比较多，那么就表明导演试图强调该影片或该段落的戏剧化倾向，也就是导演让观众必须这样看，或让观众必须这样想。如果该作品或该场戏的远景、全景和构图比较宽松的中景镜头用得较多，那么就表明导演以此来体现该作品或该段落的非戏剧化倾向，也就是导演让观众随便看什么，随便观众去怎么想。因此，景别的不同选择也会成为导演艺术个性的具象表征，成为作用于影视作品风格形成的手段之一。

2. 景别的意义

1）景别是一种外在的语言形式

同文学语言的概念一样，对于作为视听结合的电影、电视，以及平面造型艺术中的图片摄影、绘画，景别是一种最重要、最外在的视觉语言形式。当我们看到银幕上的任何一个镜头画面时，在最初的0.1～0.2秒的视觉心理过程中，首先认同、感受到的是画面景别形式，先辨别出这是一种什么景别的镜头画面。其次才会进入对镜头画面内容、构成结构、造型元素及画面效果的认同、感受、分析和理解。

在电影中，导演创造的最终形式要归于镜头画面的景别，以及镜头画面景别的排列组合。当一部影视作品的无数个带有叙事元素、写意元素的镜头画面以景别的形式，按一定的规律及导演的构思风格排列组合起来时，便会产生一种画面视觉变化规律、一种视觉变化节奏、一种画面视觉流、一种景别变化形式。这就从根本上形成了镜头画面最外在的语言形式和镜头画面的造型风格。从严格意义上讲，景别运用的规律是导演最重要的叙事元素，是最有效的、最外在的语言形式。

2）景别是镜头画面空间的表达形式

电影画面是用有限的二维平面画面去表现无限的三维空间，因此画面的景别是导演、摄影师营造银幕空间关系的表达形式。画面的景别，取决于摄像机与被拍摄主体之间的距离和所用镜头焦距的长短这两个因素。不同景别的画面在人的生理、心理和情感上会产生不同的感受。

景别是一种对画面空间表达的暗示与想象、描绘与再现。当我们在观看每一个镜头画面、每个场景中若干个镜头画面景别的排列时，都可以从画面景别本身所包容的范围去了解画面空间、体会画面的空间感（空间存在的效果）。

当摄像机与被拍摄主体之间的距离越远，我们观看时就越加冷静。这是因为，当我们在空间上隔得越远时，感情上参与的程度就越小。较远的镜头有一种使场面客观化的作用，其原因是远景镜头中的空间关系比较清晰、明确。虽然远景镜头可以拍下很大的范围，但距离的加大会使我们看不清细节，从而使形象抽象化。大部分远景镜头所能拍摄的范围与人眼处在摄像机位置时所能看到的范围相比要小得多，即使放映在最大的银幕上，从很远距离拍摄的镜头所能显示的东西也很少。这种视觉生理空间距离上的遥远，可以在观众心理产生空间的远离感、旁观感、非参与性以及超脱与超然，从而使画面显得较为宏观、客观。

当银幕形象是近景系列景别时，会使我们在感情上更加接近人物。这是因为，较近的镜头可以突出环境中的一小部分。它挑出这个部分不仅是为了强调与其有关的某种东西，而且还为了有意忽视其余部分。由于这样的镜头没有挤进来无关的东西，因此视觉的观察是比较简单的。生理空间距离的接近，使观众心理上产生空间的接近、参与、渗透等感觉，从而使画面给观众带来强烈的认同感与震撼感。

3）景别体现场景（环境）中人物的具体构成关系和构成风格

米开朗基罗·安东尼奥尼曾经说过："没有我的环境，便没有我的人物。"这就是说，影视创作中最重要的戏剧元素和造型元素是场景（环境），它的存在不仅能表达叙事本体，还可以对人物形象的塑造、情节的发展起到重要的作用。而在电影实际创作中，构成场景（环境）的除了背景、次要景物之外，更重要的是人物在场景中的位置。创作的经验告诉我们，景别较大的镜头，因其本身的特点，能具体地交代、展示场景关系及场景中的人物关系。从人物的位置到人物与背景景物的构成，从景物纵深透视到立体空间布局，都可以在画面结构中找到。而景别较小的镜头，则不能具体、明确地做出场景展示，不能在景别范围内表现透视关系、背景关系、人物位置关系和立体的空间构成。因此需要依靠画面造型中的人物前景、主体与背景的虚实对比、画面的明暗配置等因素，来复合出全景系列镜头的关系，并通过电影语言中的声音、人物视线等手段来丰富空间形象。

总之，不管是画面空间表述还是空间展现，景别都是最主要、最直接的视觉因素，而人物关系也会在其中得到充分体现。

3. 景别的大小

景别的大小主要取决于以下两个因素。

（1）摄像机与被拍摄主体之间的距离。在镜头焦距不变的情况下，取景距离直接影响画面的容量和被拍摄主体在画面中所占的比例。拍摄距离越近，景别越小，视角越窄，被拍摄主体在画面中的面积越大；拍摄距离越远，景别越大，视角越宽，被拍摄主体在画面中的面积越小。

（2）镜头焦距的长短。在拍摄距离不变的情况下，镜头焦距的变动使视距发生相应远近的变化，取景范围也随之发生变化。镜头焦距越短，景别越小，被拍摄主体在画面中的面积越大；镜头焦距越长，景别越大，被拍摄主体在画面中的面积越小。

4. 景别的划分

景别的划分只是一个相对的概念，在实际拍摄中并无严格区分。划分景别的标准（方式、方法）通常有以下两个。

（1）在拍摄中，以被拍摄主体在画面中被画框所截取部位的多少为标准进行划分。

（2）在拍摄中，以被拍摄主体在画面中所占面积比例的大小为标准进行划分。

实际上，我们在拍摄中更多的是按照第一种标准来对画面景别进行划分。我们对镜头画面景别的划分，只是对拍摄主体被截取部分和画面所呈现范围的一种综合表述，在理论上、在实践中仅仅是相对的划分而不是绝对的划分。

5. 景别的种类及作用

根据摄影创作的实际，通常使用的景别分为大远景、远景、大全景、全景、中景、中近景、近景、特写、大特写。不同的景别因带来的影像观感和视觉效果不同，会产生不同的心理情绪和艺术美感。可以用八个字来概括把握景别的拍摄要领和表现精髓：远取其势，近取其神。

1）大远景

大远景和远景在主体与环境之间关系的表现上并无本质差别，主要的区别在于被拍摄主体与画面高度的比例关系有所差异，前者约为 1∶4，后者约为 1∶2。

大远景通常采用广角镜头和静止画面来展示大的空间、环境，交代事件发生的地点、背景、空间范围、主体运动方向等。大远景是用来交代空间关系的功能性景别。大远景通常位于影片的开头或结尾，承担着交代环境、写景抒情、营造气氛、结束全局的功能。大远景放在影片的开头，着眼于以环境气势抓人，使观众理解整部影片的环境氛围。大远景放在影片的结尾，发挥前面故事情节的余韵，给予观众回味的时间和空间，让观众重新审视人物事件与环境的关系，将人物的命运与环境空间融为一体。

2）远景和大全景

远景和大全景的运用需要创作者深思熟虑。首先，该用远景和大全景的戏，如果不用远景或大全景来展示剧情需要的银幕立体空间效果，那么就不能实现剧情所需要渲染的空间氛围和戏剧张力。例如，在电影《车队》、电影《沙漠追匪记》、电影《横空出世》、电视剧《西部警察》、电视剧《走戈壁的女人》中，如果不用远景和大全景对一望无际的沙漠等自然环境进行充分展示，那么影片中一系列表现人物在艰苦环境和恶劣生存条件下经历的具体情节和细节就无从说起，更不利于剧情的延展和深化，也会使故事缺乏真实感和可信度。其次，如果远景和大全景用得不恰当，那么就会冲淡画面的表现力。尤其是剧情片，当需要突出比较重要的情节细节或人物的情感情绪状态时，如果错误地用了远景或大全景，本应让观众看清楚的动作、表情（尤其是角色眼神和面部肌肉的细微变化）观众却一概都看不清楚时，戏的浓度就会遭遇消解，戏就有可能垮下来，甚至造成戏份在这里断线。此外，在一部影视作品中，远景和大全景是不宜多用的。如果远景和大全景用得过多，尤其是剧情片，往往会影响整部作品的内外部节奏，使影片松散、沉闷、冗长。

当然，如果主要角色特定的生活环境和生命状态需要在大环境中展示，那么较多地运用远景和大全景则是正确的选择。例如，在电影《黄土地》中，导演和摄影师只有借助大环境景物造型的力量，才能实现作品的主题和思想寓意。还有一些特定类型和风格化的影视作品中，远景和大全景也会用得多一些。例如，在电影《恋恋风尘》中，远景和大全景的运用不仅是导演个人风格的重要体现，还使影片呈现出一种东方的诗意。大全景应用示例如图 2－31 所示。

远景中通常展示开阔的场面和自然景观，包括战争、集会、山川河流、草原沙漠等，它既要交代人物活动的空间环境，又要注重描绘人物的运动方向和行为活动。与大远景相比，远景往往介入某个具体场景，更注重强调人物在空间环境中的具体感和方位感，景别

图 2-31 大全景应用示例

（资料来源：电影《恋恋风尘》）

具有更强的信息交代能力和叙事功能，呈现出介于大远景与全景之间虚实相间的表现特点。远景应用示例如图 2-32 所示。

图 2-32 远景应用示例

（资料来源：电影《当幸福来敲门》）

3）全景

与远景相比，全景中镜头距离被拍摄主体要更近些。全景又叫作全身镜头，通常会将人物身体全部纳入镜头画面，全景中人物与画面的高度比例几乎相等，而大全景中的人物高度约占画面的 3/4。因为全景既可以清晰、具体地展现被拍摄主体全貌，又可以较好地介绍主体所处的环境，所以全景常被用来交代人与人、人与环境之间的关系。全景是叙事信息比较丰富的景别镜头。全景应用示例如图 2-33 所示。

与远景相比，全景有较为明确的内容中心和结构主体。在以人物为主体的全景画面中，人物无疑成为画面的绝对中心，通过展示一定空间中人物的形态、动作和活动过程，

图 2－33　全景应用示例

（资料来源：电影《当幸福来敲门》）

可以很好地介绍和记录被拍摄主体的完整形象和形态全貌，使观众对被拍摄主体的全貌及主体与环境间的关系有完整的认识。在影视作品中，全景是常用的重要镜头，它往往集纳了多种画面造型元素，确定了每一场景中的拍摄总角度，决定了同一场景中其他景别镜头的拍摄角度和场面调度。

4）中景

中景是表现人物膝盖以上或景物绝大部分的画面。中景应用示例如图 2－34 和图 2－35 所示。例如，电影《几近成名》中使用中景镜头来呈现人物对话和情感交流的浪漫场景；电视剧《血疑》中大约 4/5 的镜头由中景构成。由于镜头距离被拍摄主体更近，只能

图 2－34　中景应用示例（1）

（资料来源：电影《几近成名》）

图 2－35 中景应用示例（2）

（资料来源：电视剧《血疑》）

局部地表现人物和所处环境，因此人物的整体形象和环境空间被淡化，居次要位置，而人物上半部分的动作形态、情绪表达、人物之间的交流关系则被重点展示。如果说全景适合叙述人与环境之间的关系，那么中景则更倾向于描写人物动作和故事情节。中景最大的特点就是它对被拍摄主体动态的表现和反映。它善于展示主体富有表现力或动作性强的局部，表现故事发展的焦点，角色之间的感情交流和联系等。作为感染力很强的过渡性景别，中景常能有效吸引观众的注意力。

5）中近景和近景

中近景和近景的区别在于前者是表现人物腰部以上的镜头，而后者是表现人物胸部以上的镜头。中近景的出现，可能是对电影银幕时代的中景镜头进入电视银幕时代以后，所做的适度改变和变形。因为屏幕的缩小、观看距离的缩短，镜头的拍摄距离也适度调整。中近景镜头和近景镜头一样，都适合突出主体、强调细节，尤其善于表现人物的容貌、神态、表情和细微动作。中近景应用示例如图 2－36 所示。例如，电视剧《浪漫的事》中四人的对手戏就选择用中近景镜头，使画面构图饱满、戏份紧凑。

在近景中，空间环境和背景因素进一步被弱化和虚化，人物的面部表情和内心情感成为被刻画的重点。因为观看视距的缩小与逼近，观众与表现主体之间的心理距离也相应缩小，从而形成良好的交流感和亲近感。近景应用示例如图 2－37 所示。例如，电视剧《亲情树》中全剧最后给了一个近景镜头，使观众对人物的心灵走向留有无限的想象空间。在谈话类节目中，常采用近景镜头表现谈话主体，缩小观众与主持人、谈话嘉宾之间的心理距离，营造出观众与谈话主体处于同一交流空间的感觉，利用视觉感知空间的统一，强化观众的现场感和参与感，从而产生类人际交流的效果。

图 2-36　中近景应用示例

（资料来源：电视剧《浪漫的事》）

图 2-37　近景应用示例

（资料来源：电视剧《亲情树》）

6）特写和大特写

与从极远处拍摄主体的远景相对应，特写是从极近处拍摄主体。在以人物为主体的拍摄中，特写是表现人肩部以上的部分。特写应用示例如图 2-38 所示。在特写镜头中，环境空间被彻底虚化，被拍摄主体的局部充满画面。特写将观众平时注意不到的细部加以放大呈现，通过突出和强调被拍摄主体的细微之处，来揭示人物的内心情感和事物的内部特征，给人以强

图 2-38　特写应用示例

（资料来源：电影《党同伐异》）

烈的视觉冲击和心理冲击。因此，特写镜头具有叙事写意的双重功能。优秀的特写都是富有抒情味的，它们作用于我们的心灵，而不是我们的眼睛。

大特写则是表现被拍摄主体某一局部或细部的画面，迫使观众去关注表现主体某一关键性的细节（如惊恐的眼神、抽动的嘴角、颤抖的双手等细小动作），使人们深入最隐秘处去窥测人类的内心世界，从而对人们的视觉感官和心理体验造成更强有力的冲击和震撼。大特写应用示例如图 2-39 所示。

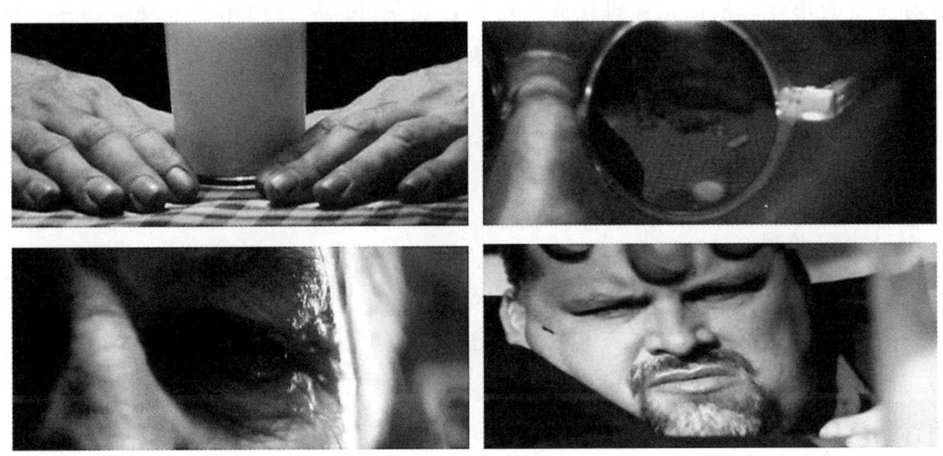

图 2-39 大特写应用示例

（资料来源：电影《杀手莱昂》又名《这个杀手不太冷》）

特写镜头通过凸显人物、虚化环境，形成抒情性或情绪性的效果，具有含蓄而又直击心灵的独特魅力。很多导演在影片中会运用特写镜头来反映和展现人类复杂多变的内心世界。好的特写画面，也可以帮助我们看到生活中不为人关注的一面，体会生活中打动人心的力量，如贝拉·巴拉兹所说："一个蚁堆从远处看来仿佛是静止的，但是，走近一看，这里却是一片忙碌的活动。"如果我们能够很仔细地通过特写来观察灰暗、沉闷的日常生活中的种种细微的戏剧性现象，那么我们便不难发现其中是有许多非常动人的事情的。

通常来讲，场景空间和范围越大，越应该出现全景系列景别，包括大远景、远景、大全景和全景；相反，场景空间和范围越小，越应该出现近景系列景别，包括中景、中近景、近景、特写和大特写。

2.2.5 拍摄角度

拍摄角度也称为镜头角度，是拍摄时镜头所处的视点和方位。我们在日常生活中观察外部景物，往往会遵循自己的视觉习惯，有固定的位置和角度。当我们有意识地去改变观察方向和观察角度时，我们看到的景物外观也会发生变化。而观察视角的变化选择，往往体现了观察者的内心状态。因此，对于拍摄者来说，选择什么样的拍摄角度，也常反映了拍摄者的创作意图和个人风格。所以，角度不仅是“看什么”的问题，更重要的是“怎么看”的问题。创作者利用角度的选择，最大限度地凝练生活、概括现实，表达创作者的观点和态度。正如贝拉·巴拉兹所说：“变幻多端的摄影方位是电影艺术的第二个重要创作方法。它又使电影艺术在原则和方法上有别于任何其他艺术。”

任何物体在空间都占有一定的体积和位置。当我们观察这些物体时，视线与物体之间就存在着一定的角度。根据摄像机摆放的位置，观众可以从任何角度来观察物体。在日常的摄像活动中，我们都在有意无意地选择拍摄角度。

影像作品画面中不仅有距离的变化，而且有角度的变化。镜头角度是指摄像机的位置与被拍摄主体位置之间的角度，也就是观众的角度。不同的角度往往具有不同的侧重点和表现力。

1. 镜头角度的划分

镜头角度的划分都是以人的视线基点为基础的，不同的角度对观众的感观和影响也不同。镜头的角度千变万化，总体来说可以划分为垂直变化和水平变化两大类。

1）垂直变化

垂直变化可分为平角度、仰角度和俯角度三种角度变化。

（1）平角度。平角度是指摄像机处于与被拍摄主体高度相等的位置。影像中绝大部分镜头的角度是平角度，符合正常人眼的生理特征，合乎观众平常的观察视点和视觉习惯。它所表现的画面效果与日常生活中人所观察的事物相似，给人一种亲切感，可以用来表现人物与人物之间的交流和内心活动。平角度通常是指成年人视力水平线的平角度，有些影片为了达到特殊的艺术效果，便采取压低平角度，即变成儿童视力水平线的平角度，甚至是动物视力水平线的平角度。

平角度给人以平和、自然、平等的心理效果，这也是新闻里最常用的角度。平角度常常代表被拍摄主体的主观视点，使观众有现场感。但在影像创作中，平角度往往会缺少视觉的新奇感，对空间的表现力较弱，对大规模和大场面的表现也达不到效果，如果构图没处理好还容易使画面变得呆板和单调。

（2）仰角度和俯角度。摄像机处于低于被拍摄主体的位置，从下往上拍摄为仰角度。反之，摄像机处于高于被拍摄主体的位置，从上往下拍摄为俯角度。仰角度和俯角度类似于人抬头和低头看事物的感觉，它们是电影镜头的特殊角度。

仰角度镜头赋予了被拍摄主体力量和主导地位，给人一种高度感和压力感，具有较强的表现力。仰角度拍摄的画面会使被拍摄主体产生一种令人敬仰、给人暗示、醒目、优越的效果，可以起到强调主体、净化背景的作用。

俯角度的画面效果在表现主体时能表达出一种俯瞰、客观、公正、强调、压抑的效果，显示出一种严肃、规范、低沉的气氛。俯角度具有较强的感情色彩，可以表现出阴

郁、悲伤的情绪和气氛。如果用俯角度表现人物，那么被拍摄主体会显得孤独、渺小。

2）水平变化

水平变化分为正面角度（0 度），侧面角度（90 度），背面角度（180 度）。

（1）正面角度。正面角度是指摄像机处于被拍摄主体的正面方向。正面角度能够体现被拍摄主体的主要外部特征，呈现正面全貌，显得庄重、正规。正面角度易于较准确、较客观、较全面地表现人或物的本来面貌，但同时也存在一些问题，如空间透视弱、画面缺少立体感、显得呆板和无生气、画面信息表现不充分等。

（2）侧面角度。侧面角度是指摄像机处于被拍摄主体的侧面方向。用侧面角度拍摄画面会显得活泼、自然，有利于表现对象的运动姿态，如奔跑的人或急速行驶的汽车。拍摄人物多用于表达人物之间的关系，适合表现人物之间的交流或对抗。侧面角度是影像作品中用得最多的角度。

（3）背面角度。背面角度是指摄像机处于被拍摄主体的背面方向。背面角度所表现的画面视向与观众视向一致，使观众有很强的参与感。背面角度在新闻现场报道中用得较多，具有很强的现场纪实效果。背面角度拍摄人物会给观众带来一种危险的悬念暗示，在恐怖惊险片中经常使用这种视角。

在一部影片中，所谓的正面角度、侧面角度、背面角度不是绝对的 0 度、90 度或者 180 度，而应该是大于 0 度、90 度或者 180 度的。

2. 角度与视点

镜头角度的核心是视点。视点可以分为客观视点和主观视点，客观视点是摄像机表现的客观画面，主观视点是剧中人物的视点。

在视听作品中，从创作者的角度来叙述表现事物的镜头称为客观镜头。客观镜头用来介绍环境、交代剧情、描写人物，是应用最为普遍的镜头。而显示剧中角色对象所看到的景象的镜头称为主观镜头。主观镜头带有强烈的主观性和鲜明的感情色彩，能给观众一种身临其境的感觉，有强烈的视觉冲击效果。

主观镜头在视听作品中的具体作用有以下五个：

（1）用来表现剧中人物的主观视线，表现剧中人物的心理感受；

（2）导演视线，表达导演的主观评价；

（3）剧中人物视线与观众的视点合一，取得观众的心理认同；

（4）用不同的视角来刻画人物内心感受；

（5）表现生活中的一些特殊体验。

3. 角度在影像中的作用

角度在影像中的作用十分重要。贝拉·巴拉兹曾说："每一个物体本身（不管它是人还是动物、自然现象还是人为现象），都有许许多多不同的形状，这决定于我们从什么角度去观看它和描绘它的轮廓……每一个形状都代表一种不同的视角，一种不同的解释，一种不同的心情。一个视角代表着一种内心状态。因此，再也没有比镜头更主观的东西了。”

每个镜头都有它的角度，它决定观众以什么样的视点去看画面所表现的主体，而镜头的角度将会引导观众的视角，并影响观众对镜头中被拍摄主体的评价。不同的摄影角度能使画面在视觉、透视、影调上具有不同的艺术效果，有助于场景空间的描述，同时对人物形象的刻画、对影片叙事结构和情节的描绘有重要的影响。

2.2.6 场面调度

1. 场面调度的概念

场面调度是导演使用的基本手段之一。场面调度就是导演根据剧本中所提供的人物性格与心理活动、人物之间的矛盾纠葛、人物与环境的关系等，加上自己对剧本的理解来控制演员和摄像机的移动，更好地向观众表达内容和传递情感。

2. 场面调度的依据

场面调度的依据主要是剧本提供的内容，如剧本中所描述的人物性格和人物的心理活动、人物之间的矛盾纠葛、人物与环境的关系等。

在现场拍摄时，根据演员或摄像师的建议以及导演在现场工作时灵感的突发，也可能产生即兴的场面调度的设想，用以改变和代替原来的场面调度设计。这些即兴的设想常常是具有新意和光彩的。但是，导演不能把生动的场面调度寄托在即兴式的处理上。因为这种即兴处理具有较大的偶然性，导演的场面调度设计应经过事前的周密考虑。

3. 场面调度的技巧

影视视听语言中的场面调度主要包含两个层次：演员调度和镜头调度。

1）演员调度

演员调度的目的不仅是保持演员与他所处环境的空间关系在构图上的完美，更主要的是反映人物性格，并使观众始终要注意到他们应该注意的人。

演员调度的方式千变万化，归纳起来有以下几种形式。

（1）横向调度。演员从镜头画面的左方或右方做横向运动。

（2）正向或背向调度。演员正向或背向镜头运动。

（3）斜向调度。演员向镜头的斜角方向做正向或背向运动。

（4）向上或向下调度。演员从镜头画面上方或下方做反方向运动。

（5）斜向上或斜向下调度。演员在镜头画面中向斜角方向做上升或下降运动。

（6）环形调度。演员在镜头前面做环形运动或围绕镜头位置做环形运动。

（7）无定形调度。演员在镜头前面做自由运动。

多个演员出场时各自的主次、相互关系的调度也是演员调度的一个方面。电影、电视中的演员往往不止一个，在多个演员出现时就需要做更精心的调度设计，以使得主次分明而又恰当体现人物关系。人物调度是暗示人物关系非常重要的一环，这一点从电影《教父》第一部中的教父在房中接见其他人时的情景便不难理解。人物调度示例如图 2－40 所示。

图 2-40　人物调度示例

（资料来源：：电影《教父》）

2）镜头调度

（1）固定画面及运动镜头。固定画面即在机位不变、焦距不变时拍摄出来的画面。其在影视作品里极为常见。据统计，影视画面中 70％是固定画面。

运动镜头主要有五种镜头的运动方式：推、拉、摇、移和跟。

推是焦距由大到小接近被拍摄主体，画面由大景别向小景别变化的过程。其原理相当于人的眼神对某一点的集中。

拉是与推相反的过程。拉镜头常常表现人或物与环境的关系，有时镜头最终拉出内容的未知性能使影片产生意想不到的效果。

摇是机位不变，借助三脚架或人本身，沿水平方向或垂直方向或二者兼有地变动摄像机镜头光学轴线的拍摄方式。摇能捕捉丰富的内容，上下左右摇、半圆摇或 360 度旋转都是可以的，它常常意味着注意力的转移。

移在正规的影视作品拍摄中通常是借助移动轨的。移是摄像机本身发生位移，而不是光轴的变化，如同一个人边走边看的效果。

跟就是摄像机跟着被拍摄主体同步运动而进行的拍摄。它营造的是一种强烈的真实感。纪录片拍摄曾流传“跟随跟随再跟随”的说法，现在的许多纪实类作品都常常出现跟镜头。

拍摄运动镜头需要注意：首先，避免无意义的推拉，因为推、拉、摇、移、跟不仅是一种随意的运动方式，更是一种有意义的内容表达方式；其次，学习拍摄之初要努力以拍好固定画面为主要目标，除非追求某种特定效果，不然晃动不安的画面马上就会扼杀观众继续看下去的想法。

提示

跟拍是常有的事，这种情况下一定要注意脚步与主体的同步，否则即便是自动聚焦也会时虚时实。

（2）镜头调度的具体内容。镜头的调度实际上可以分为两个层面：一个层面是对单个镜头的调度，另一个层面则是对整场戏的整体调度。调度内容包括以下两类：①确定拍摄机位。拍摄机位包括拍摄的角度、景别、视点等方面。拍摄机位需要与剧中人物的运动轨迹密切配合，寻求最佳地表现人物行为、情绪、环境氛围、空间特征的拍摄方位。在有较多人物的情况下，必须牢牢将视点锁定在主要表现对象上。②选择合适焦距。广角和长焦的表现力是明显不同的。广角适合表现大环境、大场景，介绍空间关系。长焦可借助它在景深上的特点而突出主体或者强化画面物体之间的距离关系。

3）演员调度与镜头调度结合

演员调度与镜头调度的有机结合及相辅相成，都以剧情发展、人物性格和人物关系所决定的人物行为逻辑为依据。这两种调度的结合，通常有以下三种方式。

（1）纵深调度。纵深调度即在多层次的空间中配合演员位置的变化，充分运用摄像机的多种运动形式。例如，跟拍一个人物从某个房间走到远处的另外一个房间，这种调度利用透视关系使人和景的形态获得较强的造型表现力，加强三维空间感。

（2）重复调度。在同一部影片中，相同或近似的演员调度或镜头调度重复出现，会引起观众的联想，增强感染力。

（3）对比调度。调度上的动与静、快与慢，再配以音响的强弱、光影的明暗，会使气氛更为强烈。

场面调度与蒙太奇并不相悖，这两种特殊的表现手段如果能够有效地相互结合，会使电影具有更强的感染力和说服力。随着电影技术的不断发展，场面调度的技巧和形式越来越丰富。

4. 场面调度的作用

1）通过场面调度刻画人物的性格

在影视创作中，刻画人物的性格是最重要的。场面调度有助于刻画人物性格、展示人物的内心活动。在电影场面调度中，场面调度担负着传达剧情、刻画人物性格、提示人物内心活动的任务。同样的，在电视剧、电视小品等节目中，场面调度同样能够很好地为表现人物性格特点、凸显人物心理活动服务。人物的性格常常体现在人对客观事物的不同反应上。在现实生活中，人的思想感情、喜怒哀乐、性格的内向与外向、行为的正常与异常、动机与行为的统一与矛盾等，构成了生活中各个人物的独特个性。受人物个性环境千变万化和人物性格本身千差万别的影响，导演在处理场面调度时，必须找到能够准确揭示人物性格特征的、富有表现力的形式。

对于重要的人物，无不把他们放在矛盾斗争中，通过矛盾的发生、发展和解决去显示人物自身的性格。通过场面调度刻画人物的性格示例如图 2 - 41 所示。而对于一般的小人物，也常常使用这种方法，如电视剧《水浒传》中何九叔的怯懦、胆小、圆滑、精明，是通过他收领武大尸首前前后后的活动表现出来的。在西门庆设酒招待他时，何九叔便已猜出“今日这杯酒，必有蹊跷”。所以，西门庆给他十两银子时，既不肯接受，却又不敢不接受，心里直疑忌“我自去殓武大尸首，他却怎地与我许多银子?”等到进入武大家，见到潘金莲时，心里却已明白了几分。一扯开白绢，辨明了武大死因后，何九叔突然“大叫一声，往后便倒，口里喷出血来”。原来，他“本待声张起来，却怕他没人作主，恶了西门庆，却不是去撩蜂剔蝎？待要胡卢提入了棺殓了，武大有个兄弟，便是前日景阳冈打虎的武都头。他是个杀人不眨眼的男子，倘或早晚归来，此事必然要发”。本来何九叔是与事件无涉的，但由于职业关系，竟被卷进了矛盾的漩涡之中。为了应付武松回来后的追寻，何九叔伪装病发，以免负殓尸之责，并且还保留赃银，偷藏骨殖，掌握一定的证据。当武松手握尖刀胁迫何九叔时，他交出了武大中毒的实物，却还不敢说出事实真相，不敢到官府作证。在这组尖锐的对立矛盾斗争中，何九叔小心翼翼地周旋于矛盾冲突的双方之间，充分显示了一个职业团头的圆滑、精细、苟且偷安的性格特征。

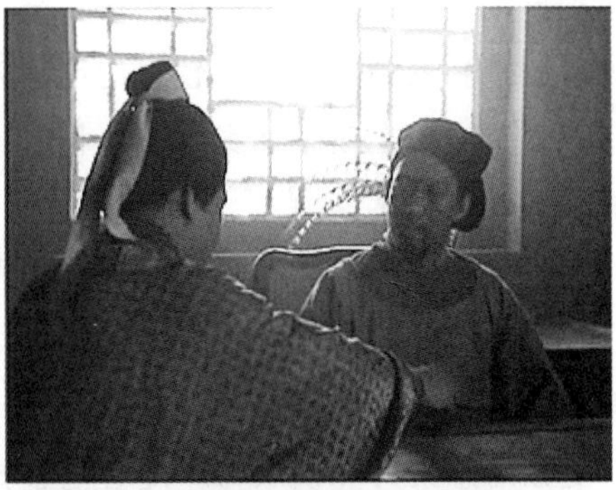

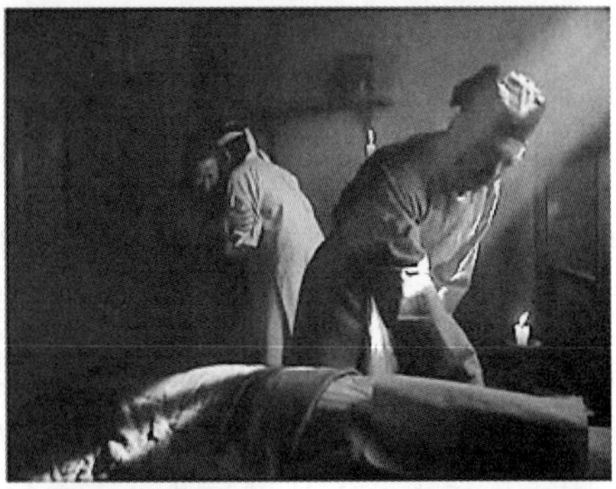

图 2-41　通过场面调度刻画人物的性格示例

（资料来源：电视剧《水浒传》）

2）通过场面调度揭示人物的心理活动

人物的心理活动是非常复杂的，也是多层次的。一般来说，动机与行为是统一的，但有时内心活动与外在行为并不一致，这就构成了心理活动与外在行为的矛盾。电影《罗拉快跑》中所展现的几次相同的行动路径，通过不同的发展结局和一连串的人物动作表达了主人公的急切心情，这是主人公心理活动的外化。在电影《秋菊打官司》中，村主任迫于乡政府的压力，不得不对踢伤秋菊男人的事情有个交代。这时候秋菊再次挺着大肚子来到村主任家，村主任将钱抛洒到空中的动作就是村主任不服气，不认为自己做错了的内心活动的外化。而看着掉在地上的钱，秋菊没有弯腰去捡而是转身离去，则是秋菊倔强性格的展现以及内心深处"我就不相信没有人能制服你"潜台词的外化。短短的几个镜头胜过了"撒泼叫骂"和一场"拳脚相加"的肉搏。通过场面调度揭示人物的心理活动示例如图 2-42 所示。

图 2-42　通过场面调度揭示人物的心理活动示例

（资料来源：电影《秋菊打官司》）

3）通过场面调度渲染环境气氛

渲染环境气氛是指通过场面调度创造特定的情境和艺术效果。电视画面是通过视觉形式来传递信息、表达情感并感染观众的，而场面调度可以运用多种造型技巧组织画面形象使其构成一定的情绪化效果，也可以通过镜头运动和画面形象来外化和营造特定的情绪和氛围。例如，在电视剧《小兵张嘎》中，嘎子去见游击队时，通过穿墙越户的场面调度，把抗日战争时期农村防御敌人的特殊环境气氛表现了出来。

4）通过场面调度丰富画面语言和造型形式

电视场面调度中的镜头调度是画面造型的重要环节之一，通过摄制者有意识、有目的的镜头调度，能够极大地丰富画面形象的表现形式，增强电视画面的概括力和艺术表现力。

第3章

听觉艺术

本章导读

这一章我们主要了解听觉艺术的特点以及音乐中的听觉美感。其特点是存在于时间的流动中，以声音为物质媒介和载体，不具有直观的实体形象。由声音构成的形象为听觉形象（包括自然界的乐音），创造听觉形象的艺术为听觉艺术（如音乐、明通、广播剧、曲艺等）。听觉美感可以分为三个层次：一是作为物质媒介的声音的音质、音色及节奏的美，使人产生悦耳之感；二是通过声音的意义（如语义、对外界声音的模仿）唤起听者的想象和联想，产生内视形象；三是通过声音有规律的组合，激起听者的情感反应。

知识目标

让学生学会对声音进行加工和控制，并掌握其结论；掌握四种听觉现象在生活和影视作品中的应用；掌握影视声音的艺术属性在影视作品中的灵活运用。

能力目标

通过引导、讨论、归纳等程序，借助多种教学媒体，学生掌握分析、判断、解决问题的能力和思维求变能力。培养学生运用声音的物理属性、生理属性、心理属性，创造与画面相符的声音形象素养。

素养目标

培养学生欣赏影视声音的艺术感，陶冶学生的艺术情操，提升学生的生活观察力、美的分析力、作品创新力和解决各种声音艺术创作问题的能力。

思政目标

以爱党、爱国、爱人民为主线，围绕政治认同、国家情怀、道德修养等重点，优选我国思政教育题材影视作品，在传输知识的同时系统地进行中国特色社会主义和中华优秀传统文化教育，培养学生政治自信、文化自信和思想自信。

3.1 声音的属性

这一章我们主要了解什么是声音？声音是怎么产生的？声音通过什么样的途径进行传播？声音都有哪些种类？为什么有些声音让我们听起来是美好的、悦耳的，而有些声音却让我们听了后烦躁不安？让我们带着这些问题来学习本章的内容——声音。

3.1.1 音的产生与传播

什么是音？

音是由物体的振动产生的，振动停止，发声停止。

音是怎么传播的呢？

音是靠介质来传播的，真空不能传播音。介质是指能够传播音的物质，如空气、水。音在所有介质中都以波的形式传播。发声停止，音仍可以传播。例如，一滴水滴到水中产生波纹。波纹在水的表面，从水滴滴入点向远处移动（见图3-1）。

图3-1 水波

声音是由物体在空气中振动而产生的，这个振动以“波”的形式从声源向远处传播，这种“波”我们称为声波。声波与水波之间不同的是，声波的传送介质是空气而水波的传送介质是水。自然界中有很多的声音，这些声音以物体的振动为原点，以空气为媒介，传递到我们的耳朵中。耳膜接收到这种振动后会将其转化为神经信号传递到大脑，此时我们就有了声音的感受（见图3-2）。简单来说，耳膜感受到了声波振动带来的压强，并通过听觉神经传递到大脑中的神经中枢，最终使人体接收到声音。

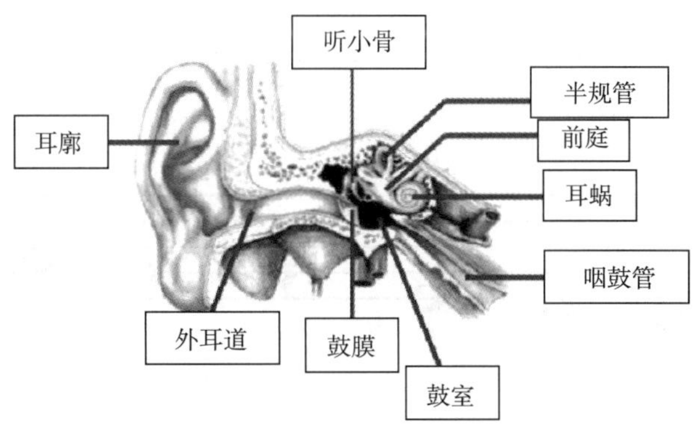

图3-2 声音在耳朵中的传播路径

3.1.2 声音的种类

声音的种类有哪些?

声音根据物理振动频率是否规则可以分为乐音和噪音两种。

1. 乐音

发声体振动频率规则且听起来音的高低非常明显的声音叫作乐音。例如，大提琴、小提琴、钢琴、手风琴、横笛、竖笛、二胡、琵琶、古筝等中西方乐器发出的声音都属于乐音。

2. 噪音

发声体振动频率不规则且没有固定音高的音叫作噪音。例如，军鼓、镲、钹等大部分打击乐器发出的声音都属于噪音。

音乐中所使用的声音主要是乐音，但噪音也是不可或缺的。在管弦乐队中，锣、镲的声音就是任何其他乐器所不能代替的。在我国民族音乐中，噪音性打击乐器的使用更为丰富多彩，别具一格，不仅可以烘托气氛，还能独立塑造音乐形象，具有很强的表现力。

3.1.3 乐音的特征

多样而丰富的乐器能产生出多样而富于变化的音色，谱写出千变万化的美妙乐曲。要表述清楚一个乐音的特性，一般应从四个方面来说，即音高、音值、音量和音色。

1. 音高

声音的高低，简称音高。它是由发声体振动的频率决定的，振动频率高声音就高，振动频率低声音就低。例如，女生唱歌时声带振动频率高，男生唱歌时声带振动频率低，所以男声比女声低。或者我们以吉他为例，同一根琴弦，左手按的品位越靠下，右手弹出的琴弦声音就越高，这是因为弦的实际振动部分短了，在单位时间内振动的次数多了，所以频率高了，音自然也就高了!

音乐家常常会用C、D、E、F、G、A、B这七个拉丁字母来表示音乐中使用的高低不同的七个基本音，这七个固定的音高的拉丁字母就是音名。这些音还有个名字叫作唱名，也就是我们通常唱出的do、re、mi、fa、sol、la、si，中国记谱采用简谱1、2、3、4、5、6、7这七个数字表示（见图3-3)。

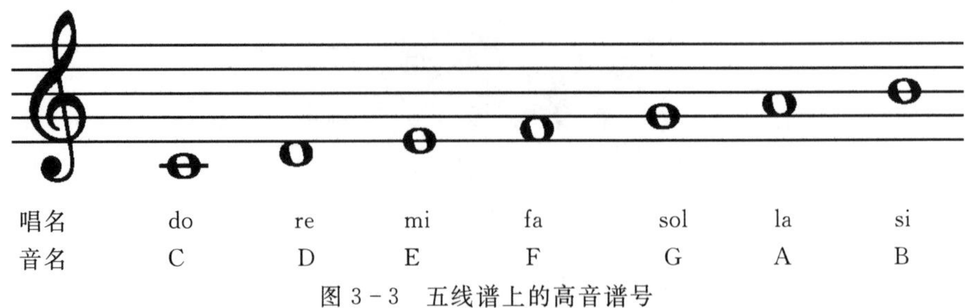

图3-3 五线谱上的高音谱号

钢琴上共有 88 个键，其中白键 52 个、黑键 36 个。钢琴上的 52 个白键循环重复地使用七个基本音（do、re、mi、fa、sol、la、si）。因此，在音列中便产生了很多同名的音，为了区分音名相同而音位不同的音，便于人们更精确的记录音高，我们将音列分成九组三个音区（见图 3－4）。

低音区：	大字二组	大字一组	大字组
	A2—B2	C1—B1	C—B
中音区：	小字组	小字一组	小字二组
	c—b	c1—b1	c2—b2
高音区：	小字三组	小字四组	小字五组
	c3—b3	c4—b4	c5

图 3－4　音列的划分

2. 音值

声音的长短，简称音值。它是由发声体振动时间的长短决定的。振动持续的时间越长，我们听到的声音的时间就越长。音值的长短以拍为单位。标记长短乐音的符号由三个部分组成：符头、符杆和符尾（见图 3－5）。音符的种类见表 3－1 所列。

图 3－5　八分音符

表 3－1　音符的种类

名称	写法	简谱计法
全音符		1———
二分音符		1—
四分音符		1
八分音符		$\underline{1}$
十六分音符		$\underline{\underline{1}}$

休止符在音乐中和乐音同样重要，它用来记录乐曲进行中的短暂停顿。休止符的种类见表 3－2 所列。

表 3－2　休止符的种类

名称	写法	简谱计法
全休止符		0000
二分休止符		00
四分休止符		0
八分休止符		$\underline{0}$
十六分休止符		$\underline{\underline{0}}$

3. 音量

声音的强弱，简称音量。它是由振动时振幅的大小决定的。例如，我们平时听歌，声音太小，我们听不到，就会增加音量，乐音振动的强了，自然就听清楚了。

音量强用缩写字母 f 来标记，音量弱用缩写字母 p 来标记。音量的强弱划分如图 3－6 所示。

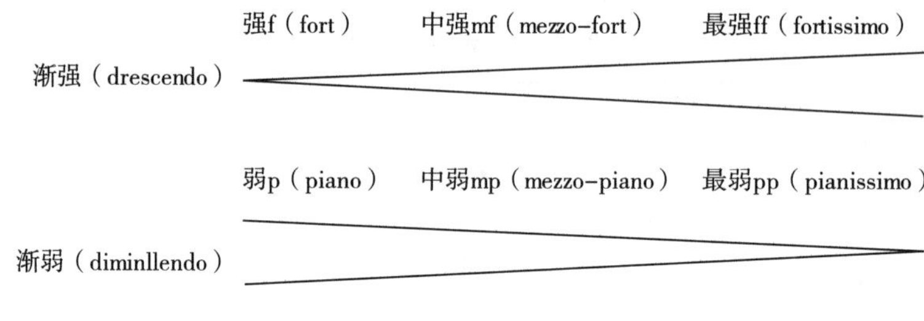

图 3－6　音量的强弱划分

4. 音色

声音的色彩，简称音色。它是由物体和发声体本身的性质、形状、大小等多种因素决定的。例如，同一首歌曲，我们用钢琴来演奏，再换吉他来演奏这个歌曲，虽然音高、音量、音值都不变，只是演奏音乐的乐器换了，但它的音色也随之变了。在艺术实践的历史长河中人们创造出了形状各异、材料不同的多种乐器。我国古代对乐器的统称为“八音”。八音原指八种制造乐器的材料，即金、石、丝、竹、匏、土、革、木。《三字经》中也提道：“匏土革，木石金，丝与竹，乃八音。”

1）金（钟、编钟）

钟是以金属为原材料制作而成的。在我国古代最具特色的大型打击乐器是编钟（见图

3-7)。1978 年在湖北随州发掘出土的曾侯乙编钟，数量多达六十五件，音域跨越五个半八度，十二个半音齐备。它高超的铸造技术和良好的音乐性能，改写了世界音乐史，被中外专家学者称为“稀世珍宝”。

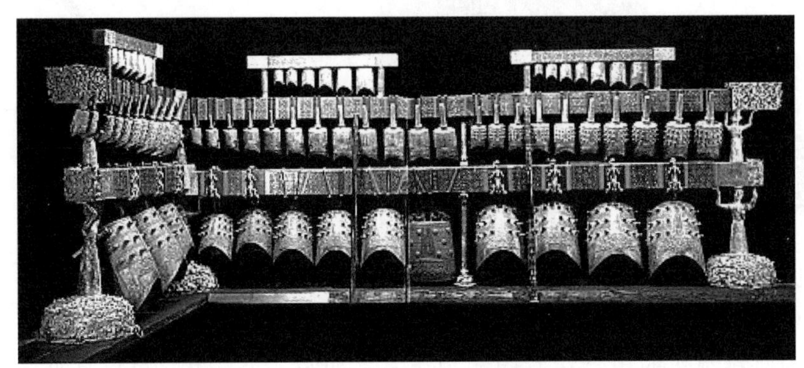

图 3-7　编钟

2) 石（磬）

编磬是用石头制作而成的（见图 3-8），其是我国古代重要的乐器之一。编磬是可以演奏旋律的打击乐器，多用于盛大祭典。

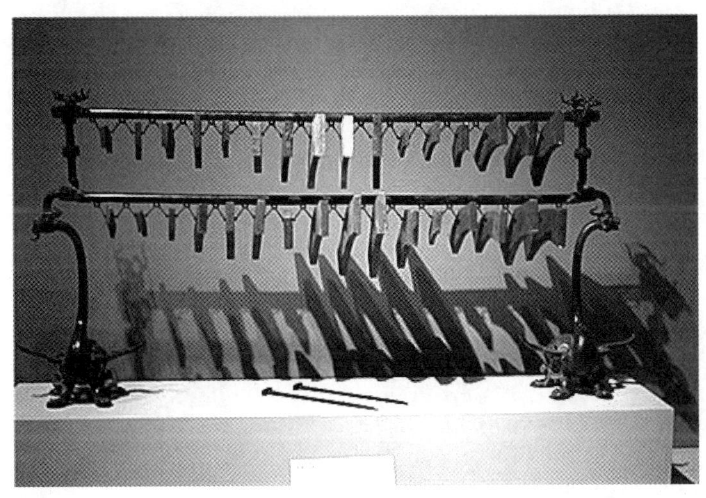

图 3-8　编磬

3) 丝（古琴、二胡等）

用丝线制作的乐器种类繁多。例如，古琴（见图 3-9），二胡（见图 3-10）。古琴以丝为弦，是中国最早的弹拨乐器之一。它由七根弦组成故称为七弦琴。二胡距今已有 1000 多年的历史，是中西方拉弦乐器和弹拨乐器的总称。二胡又名“胡琴”是中华民族乐器家族中主要的弓弦乐器之一。

图 3 - 9　古琴

图 3 - 10　二胡

4）竹（竽、笙、箫、笛等）

以竹子为原料制作的乐器在我国颇为丰富，如笙、竽、箫、笛等（见图 3 - 11～图 3 - 14）。

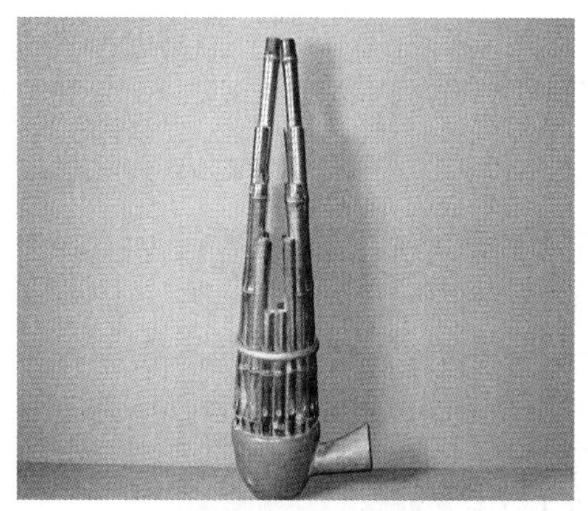

图 3 - 11　笙

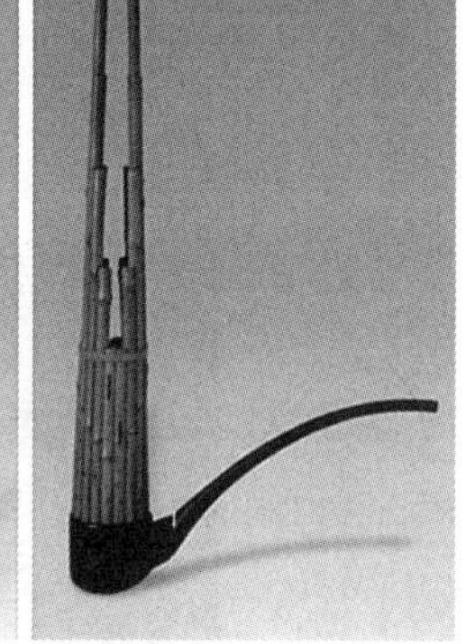

图 3 - 12　竽

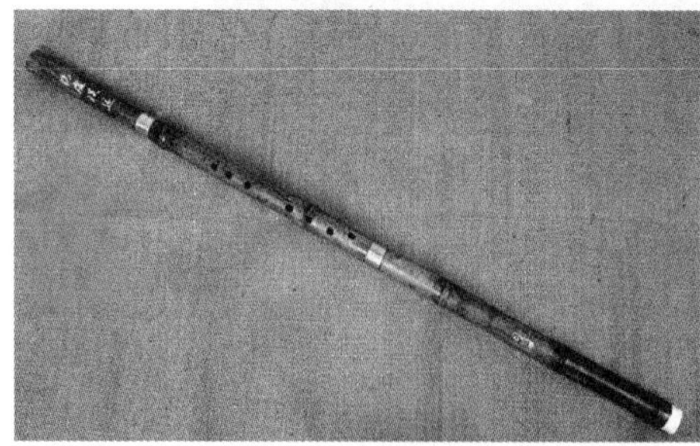

图 3 - 13　箫

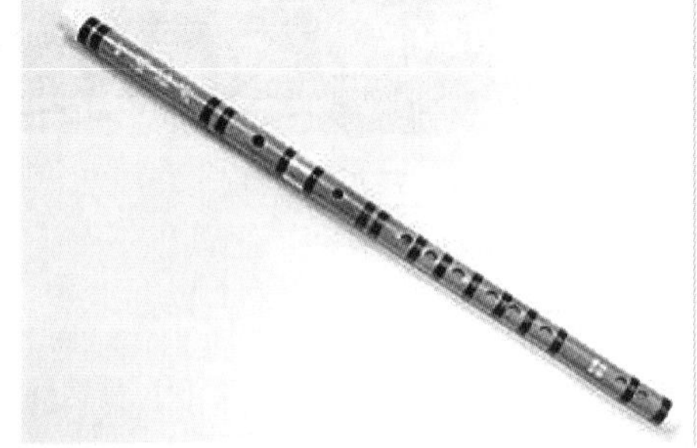

图 3 - 14　笛

5）匏（板胡）

匏是指匏瓜，是中国古代对一个球体的葫芦的称呼。匏最广泛的用途就是从中间剖成两半，用来做水瓢，民间将匏俗称瓢葫芦。早期匏被当作盛酒的器皿，后来发现它有种独特的音色，因此被收录为八音之一。以匏为原材料制作而成的板胡（见图 3-15）是评剧重要的伴奏乐器。

6）土（埙）

以土为原材料制作而成的埙（见图 3-16），音色朴拙抱素独为天籁，在世界原始艺术史中占有重要的地位。埙的早期雏形是狩猎用的石头。有的石头上有自然形成的空腔，当先民用这样的石头投击猎物时，石头上的空腔受气流的作用而产生哨音。这种哨音启发了先民制作乐器的灵感，于是早期的埙就产生了。后来埙多用陶土烧制而成。陶制的埙是古代就流行的乐器之一，属于吹奏鸣响乐器。埙一般为圆形或椭圆形，除一个吹孔外还有1～7 个音孔。

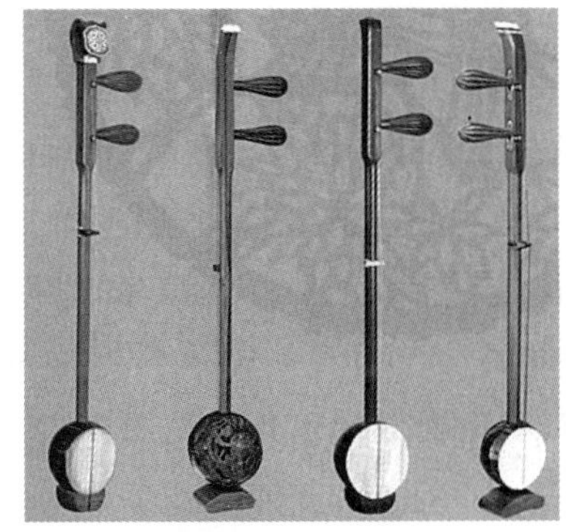

图 3-15 板胡

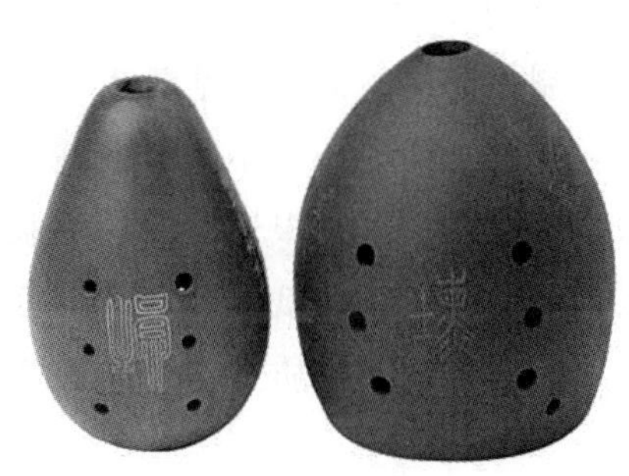

图 3-16 埙

7）革（羯鼓、腰鼓、大堂鼓）

用皮革制作的所有鼓类，如原流行于西域地区、南北朝时传入中原的羯鼓（见图 3-17）；相传由羯鼓演变而来盛行至今的腰鼓（见图 3-18）；在鼓类乐器中形体较大，常置于木架上用两个鼓槌演奏发出低沉而雄厚音色的大堂鼓（见图 3-19）。在古代，大堂鼓多用于鼓吹乐，有时也用于报时、祭祀、仪仗、军事等。

图 3-17 羯鼓

图 3-18　腰鼓

图 3-19　大堂鼓

8）木（梆子、木鱼）

用木头制作而成的梆子（见图 3-20）为汉族打击乐器。约在中国明末清初（17 世纪）兴起，梆子由两根长短不等、粗细不同的实心硬木棒组成。长 25 厘米的一根为圆柱形，直径 4 厘米；另一根短而粗的为长方形，长 20 厘米、宽 5～6 厘米、厚 4 厘米。戏曲四大声腔之一的梆子戏因以硬木梆子击节而得名。2008 年，徐州梆子经国务院批准列入第二批国家级非物质文化遗产名录。用木头制作而成的木鱼（见图 3-21）也为打击乐器。

图 3-20　梆子

图 3-21　木鱼

5. 西洋管乐器

目前世界上广泛运用的西洋管弦乐器种类繁多，音色丰富。它们主要由四个部分组成：木管乐器、铜管乐器、弦乐器和打击乐器（见图 3-22）。

1）木管乐器

木管乐器主要有长笛、短笛、双簧管、中音双簧管（英国管）、巴松（大管）、单簧管。

（1）长笛音。长笛音域宽广，音色清新、透彻。高音活泼明亮，低音优美悦耳，多广泛应用于管弦乐队和军乐队。

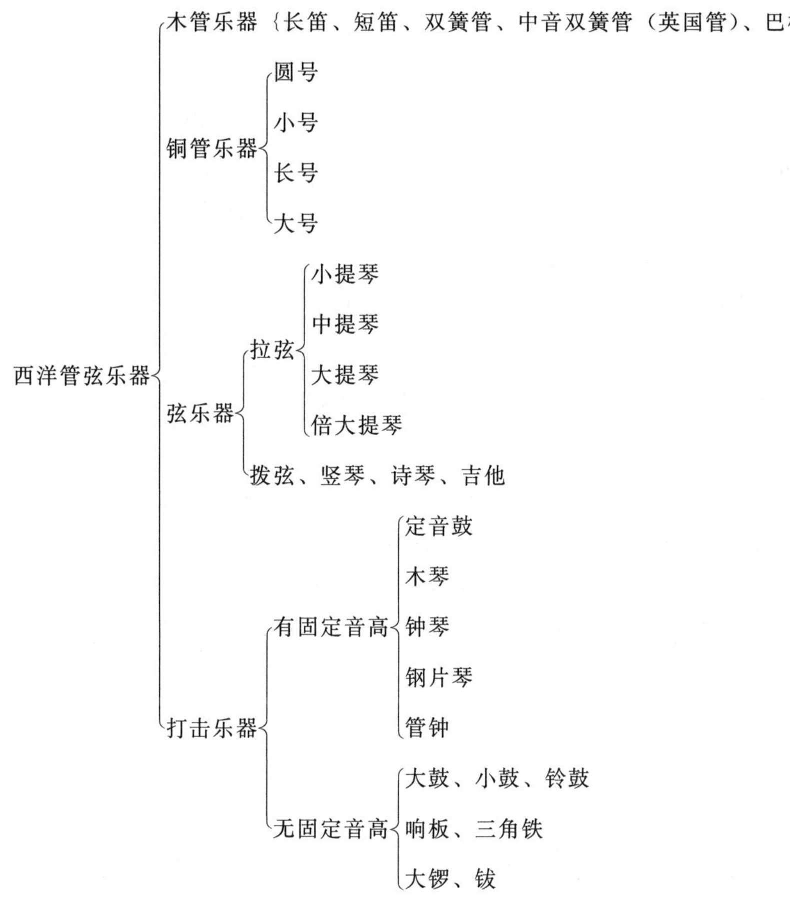

图 3-22　西洋管弦乐器种类

(2) 短笛。短笛管长仅为长笛的一半，是交响乐队中音域最高的乐器。短笛音色尖锐，富于穿透力，它使乐队的乐声更加明亮、高亢。常用来表现凯旋、热烈欢舞，描写暴风雨中的风声呼啸等。很多协奏曲和独奏曲是写给短笛的。

(3) 双簧管。双簧管音色哀愁，多表达思乡之情和田园风光。

(4) 中音双簧管又叫作英国管。英国管的音色和双簧管的音色略有些相似，但比双簧管更为苍凉和浓郁。

(5) 巴松又名大管。巴松低音区音色阴沉庄严，中音区音色柔和甘美、悠扬而饱满，高音富于戏剧性，适于表现严肃迟钝忧郁的感性。

(6) 单簧管。单簧管的音色比双簧管更加低沉、宽厚。

2) 铜管乐器

铜管乐器主要有圆号、小号、长号、大号。

(1) 圆号。圆号音色丰富多变，在演奏庄严的乐曲时富有一种神圣的、不可侵犯的、史诗般的音响，演奏优美与流畅的曲调就仿佛是绵润的天鹅绒一般温顺、柔和，在乐队中常有的四部和声时又像透明的玻璃柱一样纯净、无形，因此被称为乐队中的“女神”。

(2) 小号。小号音色强烈，明亮而锐利，是铜管乐器中的高音乐器。小号音色嘹亮，富于英雄气概，多用于吹奏号角之音和进行曲式的旋律。小号被称为乐队中的“王子”。

(3) 长号。长号音色高傲、辉煌，庄严壮丽而饱满，声音嘹亮而富有威力，弱奏时又温柔、委婉。长号被称为乐队中的“将军”。

(4) 大号。大号是铜管乐器中的低音乐器，其音色浑厚低沉，威严庄重。

3) 弦乐器

弦乐器包括两类：拉弦和拨弦。拉弦主要有小提琴、中提琴、大提琴、倍大提琴。拨弦主要有竖琴、诗琴、吉他。

(1) 小提琴。小提琴在弦乐器中的体积最小、音域最高。小提琴音色优美、表达含蓄、变化多端，具有歌唱般的魅力，表现力格外丰富多样。

(2) 中提琴。中提琴外形同小提琴一样，但体积稍大一些。中提琴的声音稍低，音色柔和、深沉，略带些沙哑，因而亦独具特色。

(3) 大提琴。大提琴音色比中提琴相对低沉一些。大提琴和中提琴重叠的音区，音色基本一样。

(4) 倍大提琴。倍大提琴是弦乐器组的低音乐器，音色更加低沉和宽广。

4) 打击乐器

打击乐器分为有固定音高的和无固定音高两大类。有固定音高的打击乐器有定音鼓、木琴、钟琴等。

(1) 定音鼓根据型号的不同发出的音色可以是微弱的隆隆声和震耳欲聋的雷鸣声。

(2) 木琴音色空洞通透，多用于表现孩子的欢乐场景。

(3) 钟琴音色清脆如铃。

(4) 钢片琴音色柔美轻柔，多用于描绘仙境梦境。

无固定音高的打击乐器有大鼓、小鼓、铃鼓、响板、三角铁、大锣、钹等，且这些均属于噪音乐器。

3.2 影视声音的发展历程

1895 年，伴随着《工厂的大门》(见图 3-23) 的上映，无声电影在法国诞生。然而无声电影单调的画面怎耐得住音乐名流的经典音乐狂潮？无声电影在短暂寂寞的愣怔之后，首先被音乐打破，放电影时钢琴家、小提琴家在电影银幕后用那些观众耳熟能详的西洋经典音乐为电影伴奏。音乐究竟有何等魅力经久不衰？音乐在影片中发挥着怎样的作用？让我们带着问题一起来学习本节的内容。

图 3-23　无声电影《工厂的大门》片断

3.2.1　无声电影的诞生

1895 年 3 月 22 日，法国人路易·卢米埃尔拍摄了一部表现当时法国里昂卢米埃尔工厂放工时情景的黑白无声影片《工厂的大门》。虽然影片时长很短，但这是世界上第一部首次私人放映的影片，因而在电影史上占有重要地位。同年 12 月 28 日包括《工厂的大门》在内的十部影片，在巴黎实现了人类历史上的第一次商业放映，这一天也因此被称为电影诞生日。

《工厂的大门》中表现出了路易·卢米埃尔鲜明的创作意图。路易·卢米埃尔用放工时工人队伍的浩大场面，去展现他的工厂的宏大规模，传达出自己内心的喜悦和自豪。这种感情在当时的巴黎社会中是很能引起共鸣的，而且至今仍充溢着简洁、朴实的魅力。难能可贵的是，路易·卢米埃尔在影片中运用了“偷拍”的手法，这在世界电影艺术史上是第一次。“偷拍”使他记录下来的生活场景更加逼真、自然，更具有“再现生活”的审美价值。

3.2.2　音乐率先进入无声电影

在漫长的艺术发展史中，音乐的发展并不是孤立存在的，它同其他很多艺术形式都存在着十分多样的互动：音乐同诗词相结合诞生了歌曲，音乐同表演相结合产生了歌剧。可见，音乐同其他艺术形式的结合，不仅丰富了音乐的表现形式，同时也为音乐艺术带来了新的发展契机。

随着经济和科技的发展，1895 年电影艺术诞生，并经历一段无声电影时代。在这期间有位大师的喜剧电影风靡一时，他就是查理·卓别林（见图3-24）。他的影片大多数是通过喜剧的形式去讽刺当时的社会现状，虽然没有声音的进入，仅在必要时展示字幕，但他完全用肢体上的搞笑来揭露大众背后的人性。随着时代的变迁，32年后，音乐这个“声”率先打破了无声的局面。电影的导演和制作人想尽一切办法让影片拥有声音，以便有声有画让影片更加活灵活现。由于导演和制作人在选曲方面没有更多的思考，因此影片与当时处于社会主流地位的古典音乐合作是其发展的必然选择，如放映电影时请钢琴家、小提琴家或者乐队在电影银幕后为电影进行伴奏。虽然这使得画面不再单调无趣，但是技术手段的限制、音乐类型的单一以及制作人对电影配乐思考的缺乏等使音乐的节奏和气氛常与画面无法匹配，总觉得不自然。虽然有不少的缺陷，但是音乐在电影中出现，还是很受大家的喜爱。这种组合形式让无声电影有了声音。这在情绪上对无声电影给予了弥补，同时也遮盖了放映机发出的噪声。

图3-24　查理·卓别林

此后，随着观众欣赏水平的提高和相应技术手段的进步，电影公司为了满足观众需求，特意请专人汇整编辑了许多适用于不同情绪和情节的音乐片段，并在其中注入了许多电影制作人有关音乐编配的思考。专业的音乐伴奏乐谱集应运而生。例如，意大利作曲家朱塞佩·贝切所作的《电影用曲汇编》《电影音乐手册》等。作曲家在这些乐谱中，通过对进行曲、回旋曲、奏鸣曲、小夜曲等不同类型音乐情绪的注释，来表明此曲可用来配以哪种内容、节奏或情感基调的情节。例如，舒伯特的《未完成交响乐》第二乐章常被用来表现流畅而明快的情绪或者清新的田园风格；肖邦的《夜曲》则常被用来烘托甜蜜缠绵的爱情；贝多芬的《爱格蒙特序曲》常被用来描绘追击场面的紧张气氛等。

音乐和画面从此成了完美的拍档，同时音乐也成为电影不可缺少的组成部分。

电影音乐是专门为影片创作、编配的音乐，是电影综合艺术的一个有机组成部分，是一种新的艺术体裁。一般来讲，电影音乐是一种片段的、不连贯的、非独立存在的音乐，有着自己相对独立的发展历程和风格思考。可以说音乐从一开始就是电影音乐的重要组成部分，它同电影艺术的互动对音乐本身在当代的传播和电影艺术的发展均具有十分重要的意义。

3.2.3 有声电影的诞生

随着技术的不断发展，电影这种新兴的艺术和娱乐方式被越来越多的观众认可。1927年，随着电光管的发明，电影结束了无声时代，并在美国上映了有声电影《爵士歌王》(见图3-25)。有声电影出现之后，伴音不再只是配乐，环境音响和对白闯入银幕使已趋于成熟的影像艺术面临改型的危机。在此之前，电影是在“无声无色”的条件下成为一种新型艺术的。如今，声音的闯入必然打破已经形成的“元素平衡”。所以，在有声片出现的初期，一些艺术家和电影理论家对声音抱有怀疑的态度。但是，电影观众对声音的态度却是欢迎的。为了追求精益求精的效果，很多作曲家开始为无声电影专门谱曲。这期间踊跃出了大量的作曲家和大量的影视作品。例如，法国作曲家夏尔·卡米尔·圣-桑曾在1908年为法国电影《吉斯公爵的被刺》配乐。20世纪20年代以后，大量作曲家开始为电影专门谱写配乐，他们为电影配乐的发展做出了开创性的贡献。1905年，我国拍摄了第一部以京剧为题材的电影《定军山》，它凭借着首创性成为我国电影史上的里程碑。

图3-25 有声电影《爵士歌王》

20世纪30年代后，电影配乐的发展极其迅速。一些著名的音乐家加入电影音乐创作中来，如为影片《六百万交响曲》配乐的美国作曲家马克斯·斯坦纳，在此之后他还曾为300多部电影进行了配乐创作，其中不乏《乱世佳人》《心声泪影》这样的佳作。我国从1930年开始了有声电影放映的进程，伴随着《马路天使》《桃花劫》等影视作品的声名鹊起，一系列国人耳熟能详的优秀影视音乐作品应运而生。这一阶段为我国电影音乐发展的初期黄金阶段，涌现出大量的优秀作品、作曲家。聂耳便是这一时期的代表人物，其乐曲内容虽青涩但不失真实，影响了整整一代人的影视音乐价值观。新中国成立后，影视音乐进入了一个稳步发展的新阶段，《一口菜饼子》的出现标志着音乐元素也开始影响电视剧的内容和表现手法。此后影视剧中的音乐表现技巧和手法比重逐渐增加，甚至出现了一些以音乐为题材的影视剧，如《刘三姐》《五朵金花》等。

20 世纪 30 年代后，光学录音技术被广泛运用于电影音乐制作中，直至 20 世纪 40 年代末才被磁性录音所取代。20 世纪 50 年代后，电影音乐发展日趋成熟。人们意识到，音乐不仅可以起到解释说明、渲染气氛、烘托感情的作用，还可以在深化人物形象、分解影片结构及配合蒙太奇等方面发挥优势。电影配乐的发展同录音技术的进步是密不可分的。20 世纪 60 年代后，通过提高电声学和现代录音技术的水平，声音的清晰度和保真性能均得到了大幅度的提高，尤其是立体声环绕音响系统的出现为观众提供了更好的听觉效果。这些因素都促进了电影配乐的发展和进步。

影视工作者已经逐步意识到音乐的运用对影视剧的影响，开始加大音乐元素在影视作品中的应用力度。目前，中外影视剧的内容和题材已经非常丰富和完善，制作手段也越来越成熟，相应的音乐内容处理也是趋于完美，众多优秀音乐作品脱颖而出。

20 世纪 60 年代以后，电影配乐进入了一个新的繁荣时期。受各种音乐风格百花齐放，录音技术、电影播放设备的进步，电影配乐越发复杂的观众需求的影响，大型管弦乐队配乐不再占据唯一主导地位，电子合成器和流行乐队演奏的配乐方式日益被配乐家青睐。更多的音乐人参与到电影音乐创作中来，为电影音乐的发展注入了新的活力，也使得电影配乐体裁和题材形式更为丰富。

自 20 世纪 70 年代中期以来，“电影原声带”一词越来越多地出现在人们的视野中。电影原声带就是将一部电影或一部电视剧的主题曲、主要的插曲或配乐录在一起，然后由唱片公司出版发行。1977 年的《星球大战》原声带被认为是电影原声带正式走向市场，彰显独特魅力的开端。这张专辑的大卖证明了纯配乐的原声带也具有雄厚的商业潜质。此后，《泰坦尼克号》《加勒比海盗》《大白鲨》等电影的原声带也都卖出了骄人的成绩。电影原声带的出现可以说是电影音乐发展的一块里程碑。它不仅提高了音乐人为电影配乐的积极性，还促进了电影配乐的发展。同时，近年来，在电影宣传手段上，很多影片采取“先声夺人”的宣传方式：在影片上映之前首先推出电影原声带，以此促进电影票房的增长。音乐作为促进电影发展的新途径，越来越受到人们的重视，这也是音乐本身发展的一大契机。

录音设备的灵敏度、精密度等各方面参数的提高，立体声环绕音响系统的使用，信息技术的飞速发展，计算机的日渐普及，音频后期加工技术的不断完善，使电影配乐为观众提供了另一种美的享受。音乐在与其他艺术元素相交融时，不仅提高了音乐本身和其他艺术形式的感染力，还达到了升华影片整体魅力、创造更大经济价值等多重目的。

3.2.4 音乐的表现手法

音乐是一种特殊的语言，他没有国与国之间的界限，也不用去翻译。它既可以陶冶情操、净化心灵，又能培养审美情趣、提高艺术鉴赏力。音乐语言是作曲家在创造音乐形象时，用来表情达意的一种手法。音乐语言的要素包括旋律、音色、音区、力度、速度、节奏、节拍、和声、调式、调性、曲式等。这些要素也叫作音乐的基本表现手段，它们之间相互配合、相互协同，缺一不可。

1. 旋律

旋律就是由许多高低不同、长短不同、强弱不同的声音组成的线条。旋律是音乐的灵魂，没有旋律便没有音乐。同时，旋律也对作品形象的塑造起决定性作用，它是向人们传达情感的重要手段之一。

1）旋律的作用

（1）旋律能模拟自然。①直接模拟：使自然音响更为动听、更有美感，促进音乐与音响的融合。②间接模拟：音乐的概括性。

（2）旋律能表达情感，如克劳德·德彪西的《月光》，弗里德里克·弗朗索瓦·肖邦的《雨滴》和《高山流水》等。

2）旋律的种类

（1）上行旋律：适用于表现开朗、激动的意境和情绪。上行时，力度增加，紧张度也加大，表现的是一种动态的、前进的、阳刚的、努力向上的、歌颂的情绪。

（2）下行旋律：适用于表现伤感情绪。其表现的是一种静态的、舒缓的、松弛的、宽广的、暗淡的状态。

（3）平行旋律：乐音同方向平行进行（同高度声音反复）。由于不停地重复一个声音，有着强调保持、加强语气的作用。

（4）级进旋律：乐音向邻级进行，即二度音程的进行，比较平稳、流畅，适用于抒情。上行级进：有一种推进力，表示力量的逐渐增长。下行级进：表示力量的逐渐缓解或紧张度的逐渐放松。

（5）跳进旋律：小跳即三度音程的进行，捎带激动情绪。大跳即四度以上音程的进行。音程越大情绪越激动。

（6）环绕式旋律：旋律围绕一个声音上下环绕进行。其上下环绕的声音与支柱音的音程差别不大，没有连续的上行或下行，曲调柔和。

（7）波浪形旋律：蕴含比较丰富的感情起伏。

3）旋律的综合运用

旋律是有关音程在节奏、节拍中运动时所组成的单声部的延续，它能模拟自然、反映生活、表达思想，是音乐艺术构成要素之一，是形成音乐思维、塑造音乐形象的重要手段。

2. 节奏

节奏是通过声音的长短、时值和强弱交替来体现的一种音乐表现手段。节奏有如下分类方法。

（1）按内容和情绪节奏可以分为劳动节奏、进行节奏、舞蹈节奏和欢快节奏四类。

① 按劳动节奏分类：为了协调劳动者的动作、表达劳动中的情感而产生的节奏。

② 按进行节奏分类：为了队伍在行进中统一步伐、激励斗志而产生的节奏。

③ 按舞蹈节奏分类：既表达舞蹈中的情感，又具有特定的格式。

④ 按欢快节奏分类：产生于兴奋激动的心情律动。

（2）按进行规律节奏可以分为均等型节奏、顺分型节奏和切分型节奏。

① 均等型节奏：在一小节或一拍内出现一样长的、相等时间值的音符。这种节奏没有长短音的变化，没有直接的长短对比，表现出平静、稳定、安适的情绪和意境。

② 顺分型节奏：在一小节或一个乐句中第一个音符比后面的音符长，形成先长后短、重音突出，与日常语言一样强调首字长度的节奏。

③ 切分型节奏：在一小节或一个乐句中第一个音符比后面的音符短，形成先短后长，与日常语言习惯相反的节奏。

3. 曲式

曲式是音乐作品形式因素的总和，是音乐作品的结构形式、表现手段、表现手法以及所表现的内容的具体结合。曲式主要分为小步舞曲、圆舞曲和小夜曲。

（1）小步舞曲。小步舞曲原是法国的一种民间舞，后来在法国乃至整个欧洲上层社会中流传开来，成为18世纪社交场合舞会中最重要的舞蹈。小步舞曲以舞步小而得名，舞姿温文典雅、彬彬有礼。小步舞曲的音乐稳重，舒缓捎带矜持，速度多为中速，节拍为三拍子。

（2）圆舞曲。圆舞曲原名华尔兹，有转圈、滑行的意思。圆舞曲是继小步舞曲之后，在欧洲农村和城市舞会上流行开来的一种热情奔放的舞蹈。华尔兹大都优雅流畅，连绵起伏，重音在第一拍上。

（3）小夜曲。小夜曲有两种概念：一种为器乐组曲，曲调轻松活泼，或由管乐演奏，或由弦乐演奏，或由管弦乐合奏。这种小夜曲常为宫廷贵族餐宴助兴之用，属于室内乐的体裁。因为最初是在夏夜户外演奏的，所以叫作小夜曲。另一种为中世纪欧洲行吟诗人弹着吉他、曼陀铃在恋人窗前倾诉爱情的歌曲。歌曲缠绵婉转，悠扬悦耳，故称为小夜曲。

3.2.5 音乐特性

1. 音乐具有表现性

音乐的表现性又称为“音乐的表情性”。音乐能将人的感情——喜、怒、哀、乐、忧、思、悲、恐、惊，淋漓尽致地表现出来。已有很多名曲佳作用音乐去传递情感、描绘爱情故事，而最为感人至深、流传最广的，莫过于小提琴协奏曲《梁祝》(见图 3-26)。

图 3-26　《梁祝》

《梁祝》是陈钢与何占豪就读于上海音乐学院时的作品，作于 1958 年冬，1959 年 5 月首演于上海，并获得好评。《梁祝》的题材是家喻户晓的民间故事。其以越剧中的曲调为素材，以“草桥结拜”“英台抗婚”“坟前化蝶”为主要内容，综合采用交响乐与我国民间戏曲音乐表现手法，依照剧情发展精心构思布局，并由鸟语花香、草桥结拜、同窗三载、十八相送、长亭惜别、英台抗婚、哭灵控诉、坟前化蝶构成基本的曲式结构。

全曲大约 26 分钟，前 5 分钟叙述梁祝爱情主题，然后是快乐的学校生活，接着是十八相送。从第 11 分钟开始进入第二段，祝英台回家抗婚不成，楼台会，最后哭灵。第二段和第一段长度差不多，大约 11 分钟。最后一段则是化蝶，也是主题再现。《梁祝》的作者塑造了具有悲剧特征的、感人至深的音乐形象，这也使《梁祝》成为我国交响作品中一颗璀璨的明珠。

2. 音乐具有描绘性

音乐的描绘性又称为“音乐的造型性”，它与“音乐的表情性”对应统一。音乐描绘是指音乐通过声音的运动，声音的模仿、暗示和象征等引起人们的联想而完成。

音乐描绘能以艺术手段模仿并虚拟出生活原型和自然界的某些外部特征（如风声、水声、鸟鸣、马嘶等)，是音乐塑造形象的重要手段。

法国作曲家夏尔·卡米尔·圣-桑曾在 1886 年先后到达布拉格与维也纳进行旅行演奏，途中在奥地利休息的几天里，他应巴黎好友的请求，写作了一部别出心裁、谐趣横生的管弦乐组曲——《动物狂欢节》(见图 3-27)。在这部作品中，他以生动传神的手法，模拟出一些动物在热闹的节日行列中，所表现出的各种滑稽、有趣的情形。

整部组曲由下面 14 曲组成：《序奏及狮王行进曲》《母鸡和公鸡》《野驴》《乌龟》《大象》《袋鼠》《水族馆》《长耳动物》《林中杜鹃》《鸟舍》《钢琴家》《化石》《天鹅》《终曲》。其中，只有《天鹅》一曲是在作者生前发表的。

1)《序奏及狮王的行进》(Introduction and Royal March of the Lion)

两架钢琴从弱转强的和弦颤奏，是兽王出场的威武先导，我们还没有看到狮子的身影，但在弦乐组中已经可以听到它那一阵强过一阵的咆哮声，这就是全曲的引子。接着，

图 3-27　管弦乐组曲《动物狂欢节》

音乐的速度转快，两架钢琴模仿军号合奏，随后狮王便在威武的进行曲中出现了。狮王的出巡由主题的反复进行来表现，它的仪仗队（军号合奏的模仿）经常跟在它的身旁，这狮王也不时用吼叫来显示它的威风（钢琴和低音弦乐器的半音进行乐句）。

2）《母鸡和公鸡》(Hens and Cocks)

用小提琴模仿母鸡生蛋的叫声，而钢琴与小提琴的另一个音型模仿公鸡报晓。

3）《野驴》(Wild Asses)

作者把原来的标题“敏捷动物类”改为副标题，特指中亚细亚草原的野驴。双钢琴飞驰般的快速演奏，描绘了驰骋时野性十足的野驴。有趣的是，这些乐句自始至终几乎没有变换过节奏和力度。

4）《乌龟》(Tortoises)

《乌龟》一曲来源于雅克·奥芬巴赫著名的喜歌剧《地狱中的奥菲欧》的序曲，不同的是《乌龟》将原来狂热的急板放慢了无数倍。低音弦乐器演奏出乌龟诙谐缓慢地由远及近地爬行，不时地东张西望，偶尔吃一两口路边的青草，不慌不忙，憨态可掬。

5）《大象》(The Elephant)

低音提琴作为主奏乐器，演奏出较轻快的圆舞曲，低沉的声响加上舞曲的节奏，一听便可想象出大象扭动着笨重、庞大的身躯。

6）《袋鼠》(Kangaroos)

双钢琴交替奏出了跳跃性的音型，刻画出袋鼠轻快而敏捷的身影，互相追逐、嬉戏、无忧无虑，恰好与大象的形象形成鲜明的对比。顿音同休止符交替组成的轻捷跳动音型，惟妙惟肖地模仿袋鼠惊人的跳跃本领，而穿插其中的停顿音型，似乎是在描写袋鼠在跳动中不时出现稍为踌躇不前的片刻。

7）《水族馆》(The Aquarium)

两架钢琴奏出节拍交错的反向琶音进行，展现了微波荡漾的水面、阳光在清澈的水中直射水底、千姿百态的鱼群在悠游。在这一成不变的节奏上，长笛和小提琴演奏着同样纯净的旋律。钢片琴以晚半拍的方式复奏主题旋律以及近结束时出现的多次滑奏，则犹如鱼鳞在阳光下闪烁的光点。

8）《长耳动物》(Persons with Long Ears)

小提琴以特殊的方法齐奏，怪诞的声响表现出了莎士比亚喜剧“仲夏夜之梦”中一种驴头人身的怪物在声嘶力竭地鸣叫。

9）《林中杜鹃》(Cuckooin the Heart of the Wood)

钢琴以和弦表现出幽静的森林，杜鹃的啼叫声在单簧管的模仿演奏下栩栩如生。和谐、宁静的大自然与前一段的声嘶力竭形成了强烈的对比。

10）《鸟舍》(The Aviary)

弦乐器奏出的颤音呈现出群鸟振翅高飞的画面，其间不断地有小鸟在跳跃、在欢唱。

11）《钢琴家》(Pianists)

在此反复弹奏车尔尼的《钢琴初级练习曲》。

12）《化石》(Fossils)

夏尔·卡米尔·圣-桑的《骷髅之舞》中已被人们熟知的白骨的声响，在此用木琴干枯、明亮的音色再现了出来；而同这些只剩下白骨的鬼魂主题相交织的，还有两首古法国民歌的动机以及摘自焦阿基诺·安东尼奥·罗西尼作曲的《塞维利亚的理发师》中罗西娜咏叹调的一个乐句（单簧管）。

13）《天鹅》(The Swan)

《天鹅》是整套组曲中最受欢迎和流传最广的一首乐曲。当各种不同性格、不同形态的动物全部出场后，高贵神圣的天鹅才缓缓游来。清澈的湖水映衬着洁白美丽的“皇后”，在美丽和神圣面前，谁不肃然起敬？极其优美的旋律在大提琴上轻缓地流出，它的主要旋律几乎没有什么装饰，但这样的轻描淡写比华美的辞藻更适合天鹅本身。两架钢琴的起伏音型可以理解为模仿水波的荡漾，这里只作为背景，它轻声细语地烘托主题的叙述，使整个曲子既主次分明又浑然一体。

14）《终曲》(Finale)

当美丽与神圣到来之后，真正的狂欢开始了，在序奏的引导下，整齐而有节奏的欢庆主题随即出现。这支舞曲性旋律在其反复陈述的过程中，还可以明显听到动物园里几乎所有的角色，都出来做最后的谢幕：快腿野驴抢先一步出场，母鸡也紧紧跟上，然后是袋鼠，至于乌龟和大象，对这样疾快的舞步可能是心有余而力不足，只能待在一旁凑个热闹。充满生机、充满激情、充满平等与博爱，没有物种界线、没有强弱之分、没有贵贱之别、没有时空间隔……只有欢乐！

3. 音乐具有时代性

音乐具有时代性。不同的时代，就会有不同的音乐出现。不同时代的音乐，各自有着鲜明的特征，即便相邻的时代，也有很大的不同。为什么音乐具有时代性？决定音乐的风格主要有以下几个因素：社会、经济、审美、价值观、科技等。浮躁的社会，产生浮躁的音乐；典雅的社会，产生典雅的音乐。动荡不安的社会，产生激情的音乐；人民安居乐业的社会，产生平和的音乐。专制独裁的社会，只会有品种较少、风格单一的音乐；自由开放的社会，则会出现种类繁多、风格各异的音乐。

音乐，是人们用音符（有时候有歌词）的方式来表达人们当时的情感、展示社会的方方面面、描述当时生活的点点滴滴。每一个时期，音乐的变化都是同它所处的时代密不可分的。音乐同社会以及时代背景之间的这种不可回避的互动关系，使它被打上时代特有的烙印。因此，音乐常作为背景音乐出现在影片中。普通的背景音乐强调了事件发生的真实性，有的导演巧妙地将其运用，从而达到丰富的艺术表现力。所以，当观众在观影时听到这些音乐，会比较容易进入特定的时代背景。

电影《青春之歌》中作曲者有意识地运用群众熟悉的曲调来引起对党、对革命的联想，同时又利用音乐本身各种因素来刻画形象，创造出深沉、壮阔、正气凛然的音乐主题。影片中除了贯穿这两个主题外，另一个明显的特点就是成功地运用了历史抗战救亡歌曲。例如，林红就义时歌曲《五月的鲜花》的运用：为表现对革命志士热烈的歌颂，逐渐加浓加厚的和声、多声部的合唱，渲染出感情的展开和幅度的宽广深厚；音量上逐渐加强，末句达到高潮时，铜管乐同时奏出革命主题，音乐与画面相结合，烘托革命者的高大形象。又如，影片结尾处，为了用音乐描绘出群众斗争的宏伟场面，在合唱的中间部分，将《救亡进行曲》与《义勇军进行曲》的片断交织在一起，自由插入的对位，好像这里在唱这首歌，在那里再唱另一首歌；不同高音的模仿，好像是两支队伍合唱这首歌。

4. 音乐具有地域性和民族性

音乐源于生活又高于生活。由于生活环境、生产条件、风俗语言和民族欣赏习惯的不同，因此音乐的地域性、地方性特别鲜明。

从大范围来说，欧洲音乐和亚洲音乐的差别很大。欧洲音乐是由 do、re、mi、fa、sol、la、si 这 7 个乐音组合到一起形成大小调音乐体系，而我国的音乐作品创作多用民族调式（也叫作“五声调式”）。民族调式是由 do、re、mi、sol、la 这 5 个乐音构成的一种调式体系。这 5 个乐音的简谱分别记为 1、2、3、5、6（见图 3－28）。

1	2	3	5	6
宫	商	角	徵	羽

图 3－28　民族调式

从小范围来说，亚洲音乐的范围内我国的音乐与日本、韩国、东南亚等国的音乐又不太一样。虽然日本也采用五声调式体系，但是日本和我国因历史文化、地域性、民族性的不同五声调式也不同。我国的五声调式采用 do、re、mi、sol、la 这五个全音，相比欧洲调式我们缺少了 fa、si 两个半音，整首乐曲听起来既顺畅柔和，又明朗温暖，如我国的歌曲《茉莉花》（见图 3－29）。而日本的五声调式采用的是 la、si、do、mi、fa 这五个音，相比欧洲调式少了 re、sol 两个全音，多了 fa、si 两个半音，听起来音乐更忧郁、暗淡些，色彩上更偏向于欧洲音乐体系中的小调式，如日本的歌曲《樱花》（见图 3－30）。

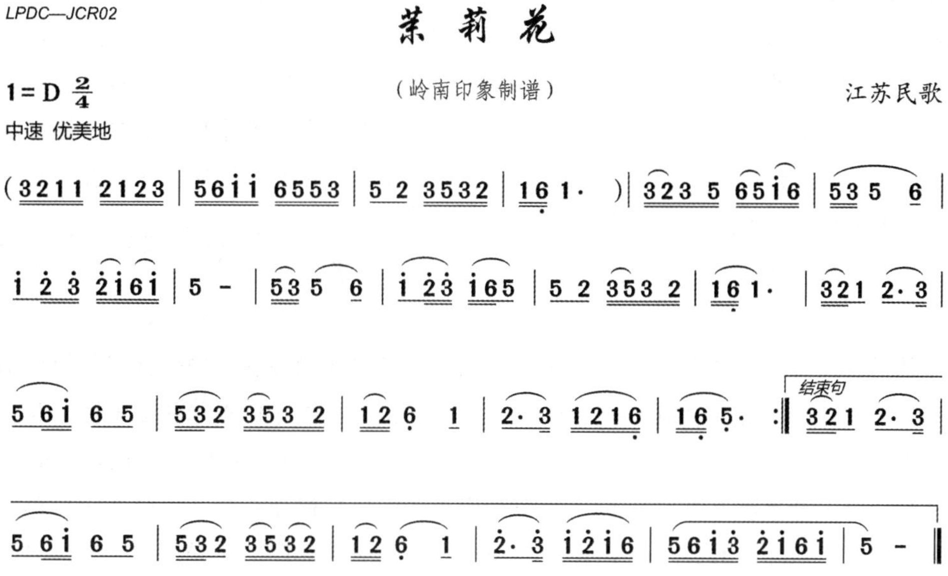

LPDC—JCR02

茉莉花

1＝D 2/4　（岭南印象制谱）　江苏民歌

中速 优美地

(3211 2123 | 56i i 6553 | 5 2 3532 | 16 1·) | 323 5 6516 | 535 6 |

i 2 3 2i6i | 5 － | 535 6 | i 23 i65 | 5 2 353 2 | 16 1· | 321 2·3 |

56i 6 5 | 532 353 2 | 12 6 1 | 2·3 1216 | 16 5· :‖ 结束句 321 2·3 |

56i 6 5 | 532 3532 | 12 6 1 | 2·3 i2i6 | 56i3 2i6i | 5 － ‖

图 3－29　我国歌曲《茉莉花》的歌谱

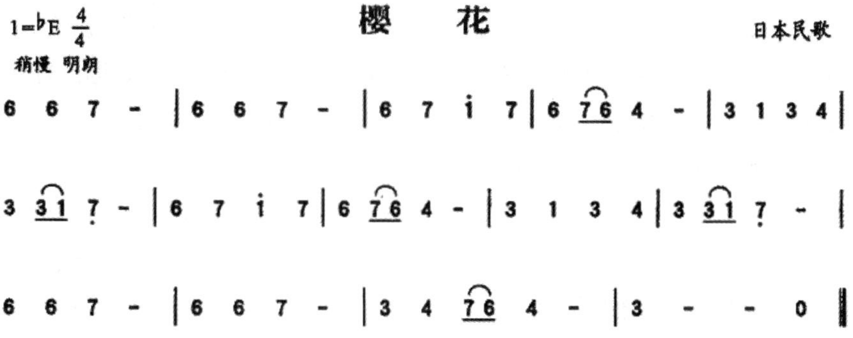

樱　花

1＝♭E 4/4　日本民歌

稍慢 明朗

6 6 7 － | 6 6 7 － | 6 7 i 7 | 6 76 4 － | 3 1 3 4 |

3 31 7 － | 6 7 i 7 | 6 76 4 － | 3 1 3 4 | 3 31 7 － |

6 6 7 － | 6 6 7 － | 3 4 76 4 － | 3 － － 0 ‖

图 3－30　日本歌曲《樱花》的歌谱

总的来说，我国的音乐注重旋律，欧洲的音乐注重和声。

5. 音乐具有概括性

音乐主题是一首乐曲的核心部分，是作为音乐形象塑造基础的一句或一小段相对完整、明确的旋律。音乐形象的主要特征均可集中显现于音乐主题中。音乐主题可以是多种因素结合构成的对比性主题，也可以是单一的主题核心发展成的统一性主题。

例如，电影《地道战》（傅庚辰作曲）描写了抗战时期八路军与游击队同心同德，在华北平原开展地道战，消灭入侵之敌的故事。该电影围绕剧情，采用奏鸣曲的形式，通过音乐表现影片的各个场面，使音乐和画面有机结合。该影片中的音乐核心音调只是 2、5、6 三个音，通过节奏变换、调式变化，派生出以下三个正面的主题。

（1）人民英勇战斗赢得胜利的战斗主题。这集中地表现在主题歌《地道战》中。影片一开始，铜管乐器、木管乐器以铿锵有力的节奏，奏出这个主题核心。在挖地道、声东击西的伏击战等场面均用到了这个主题。

（2）人民赞颂毛泽东思想的主题。这明显地表现在另一首插曲《毛主席的话儿记心上》中。它应用华北民歌的音调，在特定的环境中，抒发了人民对毛泽东思想的赞颂，充满了胜利的喜悦。影片中，凡是欢庆胜利的时刻，都会在乐队中奏出这个主题。

（3）人民遭受苦难的主题。这是一个反面的主题，意在揭露敌人的凶恶残暴。

这三个主题组合成一组矛盾：既冲突又相辅相成，塑造了抗日军民的光辉形象，揭露了侵略者的丑恶面目。

又如，电影《红色娘子军》（黄准作曲）描述了地主南霸天的丫头吴琼花不愿当奴隶，怀着仇恨参加娘子军闹革命的故事。该影片中的音乐以海南的琼剧为主要素材，吸收当时当地革命歌曲的风格特点创作而成。主题歌《娘子军连歌》作为音乐的主调，在影片中共出现四次：片头用背景合唱；片尾用背景合唱；检阅娘子军用齐唱；洪常青就义和娘子军站队悼念洪常青时，仅用音乐还不足以表达娘子军悲愤激动的心情，这时又唱起《娘子军连歌》，加深了主题的表现。全剧的主要人物是吴琼花和南霸天，音乐的着眼点根据人物性格来塑造。吴琼花性格方面的主题有两个：第一主题是快而有力，代表她勇敢泼辣、坚强不屈的性格；第二主题是深情、稍慢，表现她在党的指引下，向往光明的心愿。南霸天性格方面的主题则吸收海南岛山歌的古怪音调予以夸张，并作节奏的变化。另外，影片音乐中还根据剧情的变化多次穿插《国际歌》的旋律和海南舞曲。

电影音乐是对电影作品的高度概括。音乐用以表达影片主题思想，概括影片基本情绪或人物性格。

3.3 影视音乐构成

3.3.1 影视声音

1. 影视声音的概述

凡是被记录在一定的储存媒介（电影拷贝或录像磁带）上，经传播后由电影银幕或电视荧幕背后或周围的扬声器重放出来，且能传达一定艺术信息的、具体的、可闻可感的声音，可称为影视艺术作品中的声音，简称为影视声音。

影视声音既是与原始声音同质同构的声音，又是与画面内容紧密匹配的声音。所以又可以这么理解：影视声音就是影视作品中的有声语言，它是影视艺术作品中和画面并列的两大基本构成元素之一。

2. 影视声音分类

由于影视声音的具体内容丰富多彩，因此在我们进行影视作品创作实践过程中常会涉及一些与影视声音内容有关的专业词汇。为避免出现同一对象有不同称谓，我们首先需要对影视声音进行分类和定义。从目前来看，影视界对声音艺术分类的方法不太一致，在各种影视专业书刊中经常会见到对同一种声音元素的不同称谓。比如，有人把电影中的声音分为“人声、音乐和自然效果”；也有人将声音分成“对白、音乐和音响”；还有的人把除“音乐”和“人声”之外的所有声音统称为“效果”。

我们知道，“人声”应是包括所有由人类喉舌发出的声音，而“对白”和“效果”则是在有声电影发展初期时从戏剧舞台的专业词汇中借用的，现在已不适合表现现代影视艺术作品中真实和丰富的声音。另外“自然音响”不可能包罗万象，也不可能完全取代除语言和音乐之外的其他声音。因此，如果运用上述方法对影视声音进行定义和分类，就与目前的影视声音艺术创作及录音技术制作的要求不符，并且严重滞后了影视声音艺术的发展。

目前，我们认为较科学的影视声音的分类方法是将影视作品中的声音元素分为语言、音乐和音响三大类。每个大类又可以根据各自的艺术属性细分为若干个小类。

当然，这种艺术分类方法并不是唯一的，而只是为了在影视声音创作时或对声音艺术进行理论研究时，便于操作而采用的一种简易可行的方法。

3.3.2 影视语言

1. 影视语言的概述

人声一般指人物语言，也包括人物所发出的各种笑声、叹息声、咳嗽声等。人声是人类在交流思想感情中所使用的声音手段。它在影视声音中是最基本的元素。但对“人声”不能仅理解为“对话”“道白”“解说”，它还有提示发声对象的情绪和状态（语调的作用）、个体特征和人物个性等作用。

在日常生活中，口头语言的含义在很大程度上取决于说话人对语言的处理。传递一项信息的总量是言词加上语调，只有这样才能完整、准确地表达说话者的意图。影视声音中的语言是指影片中各种角色（人类或非人类角色）发出的有声语言。除此之外，为完成有声语言难以胜任的工作，有时在影视作品中，艺术创作者还使用另外一种特殊形式的语言——书面语言（画面字幕）来表达角色的内心思想。

在现代有声影视作品中，语言是各种角色之间进行思想感情交流的重要手段，所以我们说，语言是构成影视声音艺术诸元素中具有释义作用的一种特殊元素。

在影视作品中，语言起着叙事、交代情节、刻画人物性格、揭示人物内心世界、论证推理和增强现实感等作用，它和音响、音乐共同构成影视作品中的声音。各种形式的语言与画面构成的蒙太奇已成为影视艺术的重要表现手段，为影视声音美学开拓了无限广阔的领域。

2. 影视语言的分类

一般来讲，我们把角色的歌唱归属于影视声音中音乐的范畴。事实上，语言还包括诸如啼笑声、叹息声等一类抒发角色情感的声音。根据影视语言的艺术属性，我们可将语言进一步划分成客观语言和主观语言两大类。

1）客观语言

客观语言是影视作品中最常见的有声语言。它主要有独白、对白、群声等几种样式。作为有声语言的客观声源，客观语言主要由影视作品中的角色饰演者——演员，在影视拍摄现场或录音棚内根据剧情内容同步创造。也就是说，客观语言与影视角色的说话表演口型应该完全吻合。因为客观语言能够被观众在角色进行画内场景表演时直接欣赏到，所以客观语言又被称为画内语言。

（1）独白。独白就是角色在影片中的独自说话，主要用来表现角色的情绪活动。影视作品中的客观性独白主要有以下两种形式：一种是角色自我交流性的独白，即生活中常见的自言自语；另一种是与其他角色做陈述性交流的独白，如答辩、做报告等单向交流。

（2）对白。对白又称为对话，是影视艺术作品中两个以上角色之间的客观性语言交流。

（3）群声。群声又称为群杂或背景人声。群声是指处在画面次要或背景位置，表示在主体位置的若干个群众角色进行交流时发出的各种语言声音。群声在影视作品中的主要作用是表现故事情节的环境气氛。

2）主观语言

主观语言是影视作品中另一种常见的有声语言。它主要有内心独白、旁白等几种样式。主观语言常被用来表现故事影片中角色的内心世界，或是在专题纪录影片中担任叙事的任务。因为主观语言与画内角色的表演是一种平行对位的关系，即语言和画面角色口型不同步，所以主观语言又被称为画外语言，简称画外音。

（1）内心独白。内心独白是影片角色内心与观众交流的一种独白形式。常出现在故事影片中，画面内的角色默不出声，画外音却传来该角色的说话声音。这种以第一人称自述出现的内心独白又被称为“心声”。

（2）旁白。旁白在影片中，一般以第三人称的议论和评说出现。旁白的作用是叙述和说明事件的发展脉络，如说明事件发生的地点、时间和时代背景，介绍人物及人物关系等。影视作品中的旁白主要有两种：一种是在故事性影片中出现的语言形式，它主要以第三人称出现，对故事中的某个事件、某个（些）人物进行解释或评论；另一种是在纪录片、新闻片、科教片和广告片中出现的议论、评说或提示声，此种旁白通常称为解说声。

3.3.3 影视音乐

1. 影视音乐的概述

音乐作为一门独立存在的艺术，留存至今已有数千年历史。音乐艺术作为声音艺术的精华，既是一门时间的艺术，又是一门空间的艺术。影视音乐是音乐艺术的一个分类，它也是影视声音中的一个重要组成部分。虽然影视音乐具有一般音乐艺术善于揭示人类心灵奥秘和表现丰富感情的共性，但因为它是影视声音中的一个重要元素，所以它还有影视艺术方面的属性，即它必须与影片的思想内容、结构形式和艺术风格协调一致。因此，影视音乐在形式上和音乐艺术不完全一样。影视音乐在影视作品中往往不是连续存在的，而是根据影片剧情和画面长度的需要间断出现的，并与语言、音响共同构成影视作品的声音总体形象。

一般来讲，我们所说的影视音乐不仅指专门为影视作品进行创作和编配的音乐，还指在影视作品中出现或未出现在画面中，在故事中具体存在的各种音源所放出的现实音乐。同时，影视音乐中还包括影视歌曲。影视歌曲是音乐、文学和画面的结合体，它不仅由曲、词两部分构成，而且和画面内容遥相呼应构成了一个个完美的银幕形象。

2. 影视音乐的分类

影视音乐按照具体分类，可以细分为主题歌和插曲两种。其中，主题歌奠定了影片音乐主题的基调，可以起到深化影片主题的作用；而插曲有时则起到了画面和语言都无法与之比拟的情绪效果。有些影片的主题歌或插曲不仅对影片的成功起了很好的作用，而且当影片放映多年之后仍脍炙人口、广为流传。这表明优秀的影视音乐不仅唱起来顺口、听起来悦耳，而且还能愉悦观众的性情，给人以美的享受。

现在各种乐器演奏的乐曲，各种风格、各种类型的音乐都可能被用于影视作品的音乐艺术创作中。根据影片的内容需要和声源条件，影视音乐可以分为有声源音乐和无声源音乐两类。

1）有声源音乐

有声源音乐简称为有源音乐，是指音乐的原始声源出现在画面所表现的事件内容之中，使得观众在听到音乐声的同时也能看到声源的存在。例如，影片角色的唱歌或乐器演奏，电视机、收音机、录音机等家用电器正在播送的音乐等。

根据有源音乐的不同属性，它亦可称为客观音乐、真实音乐、显示音乐或具体音乐。

有一些影视作品，虽然观众在画面场景中并不能看到音乐的声源，但是通过演员的表演动作或是经过录音师的精心设计和音色处理，观众能够感觉到画面场景有具体的音乐声源存在，这也属于有源音乐的范畴。例如，一个饭店的大堂场景里所播放的背景音乐，往往会被观众们理解为是有源音乐；一个盛装舞会的动感舞曲也可以让观众感觉到音乐声源的存在。这是因为这些音乐的音色可以使观众联想起自己的生活体验。

有源音乐的使用可以增强影视作品的生活真实感。

2）无声源音乐

无声源音乐简称为无源音乐，是指从画面上见不到或感受不到有原始声源的音乐。它的存在和画面的内容情绪有关。根据无源音乐的不同属性，它亦可称为主观音乐、虚拟音乐、情绪音乐或抽象音乐。

无源音乐可起到含蓄、煽情和感人的作用。它往往是影视作品的导演和作曲家对事件内容的内心感受，并根据角色性格的塑造和渲染情绪气氛的需要精心设计、创作出来的。

无源音乐的风格、样式、主题、旋律、节奏和时值的变化大都与画面所表现的内容情绪有关联。它起着解释、充实、烘托和评论画面内容的重要艺术作用。

3. 音乐在影视剧中的作用

音乐是贴近人民生活的艺术形式之一，它不仅是人们娱乐的一种方式，还在一定程度上体现了人类文明程度的变迁。音乐作为影视综合艺术的一个要素，在与其他要素相结合中产生影响，并发挥作用。

1）渲染气氛，提高情感

气氛有整体、局部之分。音乐对气氛的渲染，可以是整体的，也可以是局部的；可以从正面渲染，也可以从反面渲染。

例如，电影《老枪》，在音乐处理上很有特色，在法国获得了音乐奖。影片开头用长焦距镜头表现夫妇俩带着爱女自行车在郊外游乐，音乐优雅、舒适，渲染出这个家庭的美满幸福。影片结尾，妻女已遭不幸，银幕上依然重复出现了开头的场面和音乐，调子依然优雅、舒适。这种反色彩渲染，使人勾起了对往事的回忆。这种对比，使观众感受到主人公的无限悲哀。

又如，电影《社交网络》中温克莱沃斯兄弟赛艇比赛时的配乐选用的是挪威作曲家爱德华·格里格的《山魔的大厅》，音乐中那种狂暴粗野、咄咄逼人的风格给人难忘的怪诞印象，让观众过耳留音。动感的旋律渲染了比赛紧张的气氛，温克莱沃斯兄弟争强好胜的心态也表露无余。同时怪诞的音乐风格也预示着比赛结果将不如温克莱沃斯兄弟所愿。

2）推动剧情发展

影视剧中有曲折动人的情节，也有戏剧化的冲突。情节的推进激化着矛盾的冲突，解决问题主要靠演员的表演和台词来实现，如果在这个时候加入音乐可以起到推动剧情发展的作用，使故事情节在音乐的渲染下更具有戏剧性。

例如，电影《冰山上的来客》描写的是1951年夏天，边疆萨里尔山的驻军识破敌特阴谋，一举消灭匪徒的故事。影片中歌曲占很大比重，所安排的几段插曲颇具匠心。《高原之歌》（男声领唱、合唱），运用切分节奏将牧羊人的山歌变换为欢快情绪的歌曲，描绘了特定环境中萨里尔的开阔气势。《花儿为什么这样红》在影片中反复出现了三次。第一次，在阿米尔见假古兰丹姆出嫁后回乡时，触景生情，回忆童年往事时所唱；第二次，在阿米尔与杨排长一起放羊时，阿米尔又唱起这支歌，见假古兰丹姆毫无反应，引起他的怀疑；第三次，在哨所辨认真假古兰丹姆时，阿米尔又唱起了这支歌，作为问答的衔接。前后三次出现，有对比、有呼应，深刻表现了人物的内心活动，使插曲和剧情的发展有机地结合起来。《冰山上的雪莲》是一首运用6/8、9/8拍写成的歌曲，用男女高音对唱，表达了军民之间的友情和关怀。《怀念战友》是一首男高音独唱与混声合唱的歌曲。当杨排长接到热瓦普后发现断弦，知道卡拉已遭不幸，内心悲愤怀念，歌声四起，有呼有应，悲壮动人。整部音乐配器中，应用了弹拨乐器热瓦普和手鼓，彰显了新疆维吾尔自治区浓郁的民族风情。

又如，在电影《发条橙》中，斯坦利·库布里克创新性的用电子合成器改编古典音乐，抽离了演奏者赋予音乐的感情，弥漫一种冰冷生硬的气氛，与影片中荒诞、暴力的情节相得益彰。在这部影片中贝多芬的《第九交响曲》有别于其他引用的音乐，它是电影叙事体内包含的音乐。影片主人公亚历克斯酷爱贝多芬，正是贝多芬的音乐能激发他偏执、暴躁的性格特点。在影片后半部分，医生强迫亚历克斯看电影、听音乐，摧残他的意志力。播放的古典音乐高尚而悠扬。与亚历克斯的痛苦形成鲜明的对比，引起观众对类似事件的思考。乐曲不单单能表达出它本身旋律带来的感情，它与画面的配合不是百分百的，正是那一点点微妙的距离，使得观众有自我思考、感情酝酿的余地，这样的结果才是声与影的完美交融。

又如，电影《阿诗玛》（音乐歌舞故事片）根据长期流传在撒尼族人民中间的口头长篇故事歌整理创作而成，表现了阿诗玛和阿黑反抗压迫、追求自由幸福的意志，歌颂了撒尼族人民的勇敢、追求自由和爱情的性格。因是一部地区性、民族性很强的歌舞片，作曲家吸取了原始民歌的三个核心音1、3、5作为全剧音乐的基点，融入邻近地区彝族、傣族、白族的民歌音调，改编并创作了20余首歌曲，听起来风格性强。影片中的每首歌曲紧密配合画面，既唱景又抒情，对影片剧情的发展起到了重要的推动作用。序曲《回声之歌》，阿黑在呼叫“阿诗玛在哪里”，合唱的回声点明了主题，揭开了故事情节的帷幕。尾声四部合唱《回声之歌》，又把“阿诗玛”三个字在节奏处理方面进行拉长，核心音调得到充分的发挥，好像乡亲们发自肺腑的呼喊，扣人心弦，更进一步表达了撒尼族人民对坚贞不屈的阿诗玛的怀念。《长湖水，清又清》唱出了“高高青松满山冈，牛羊成群插秧忙”，把美丽的家乡随着画面一起衬托出来。《一朵鲜花鲜又鲜》（对唱、重唱）和《惜别》（合唱、重唱），采用问答式的歌剧手法将彝族音调与撒尼族音调有机结合，统一调式，句尾拖腔，把一对情人的爱慕之情深刻地表达出来。《问歌》边唱边跳，是舞蹈性的写法，山寨的对歌欢乐场面，又一次在这里展现。中西混合的乐队，增添了云南常用的大三弦、撒尼族的短笛和傣族的巴乌，使音乐色彩和地区特性更加丰富，在这里起到了推动剧情发展的作用。

3）具有概括作用

任何一个影视作品都有一个主线或者说是主题，各种表现手段都诠释和服务于这个主题。

例如，电影《城南旧事》根据林海音同名小说改编拍摄而成。影片音乐以李叔同填词的、早在20世纪20年代就在我国广泛流传的美国歌曲《送别》的音调为主题，增强了影片的时代感。影片借该音调中“淡淡的哀愁”表现离别之情，以“沉沉的相思”表现对故土和亲人的怀念。同时，用该音调作为音乐主题可在三个悲剧小故事中间起着承上启下的连接和贯穿作用，以加强影片统一、和谐的整体感。影片共有8段音乐，差不多都是在每个大段落的开头和结尾处出现。除个别段落处，其余都是《送别》的主题旋律，或是由不同的乐器演奏，或是不同幅度的变奏和发展，手法洗练。序曲只用了两件乐器（抱笙演奏《送别》主题，竖琴轻找固定音型），配合画面和深沉的旁白，把人们带到“旧事”的回忆中。宋妈因儿死女卖的消息而悲痛欲绝，英子推门走进厨房扑到宋妈怀里，此时新笛独奏出一支凄楚、叹息、抽泣的曲调，悲剧色彩浓烈。特别值得一提的是，英子父亲死后，画面上所出现的一组香山红叶全景的摇移镜头，乐队全奏从主题歌的变化发展一改悲剧性旋律，把全片的感情概括升华，推向了高潮。接着英子在墓地向宋妈告别，马车远去，逐渐消失在朦胧的雾霭之中。抱笙在片头演奏的《送别》主题，这里又重复出现了。这段长达5分钟的画面没有对话，没有大动作，只有音乐，显得格外深沉、含蓄。这无词的尾声凭借画面和音乐共同铸造的意境，将几件旧事的回忆了结，并给观众留下了广阔畅想的天地。整个配器简洁清淡，采用了非常规的乐队编制，没有使用木管乐器、铜管乐器和打击乐器。除抱笙、新笛两件主奏乐器和小钟琴、竖琴外，用了西洋弦乐器。这些弦乐器（除低音提琴外）从头至尾每段音乐都是加弱音器演奏的，以增强暗淡、朦胧的色彩。同时，谨慎掌握音色音量变化的分寸感，宁可不够，不要过头，每段音乐悄悄进入，又悄悄停止，完全融汇于影片之中，对电影情绪起到了极强的概括作用。

4）刻画人物

作曲家在谱写出一首首悦耳的古典音乐的同时，也凸显出其多彩的人生经历。这些经历成就了作曲家不同的性格色彩和思想追求，所以我们可以在乐曲中听到他们对生活的态度。很多流传下来的、经久不衰的音乐是广为人知的，人们大致了解知名作曲家的创作背景。当观众听到熟悉的曲目时，自然会格外注意。而且音乐中所要表达的思想情感与影片主人公的感情相契合，使观众更容易理解主人公的人物性格。更重要的是，它们的曲调在当代观众中仍然具有普及性，更容易使观众产生共鸣。

在电影中，我们常常能看到很多边缘、异化的人物，为表现他们异于常人的性格，导演常为其性格添加喜爱贝多芬音乐的特质。例如，由吕克·贝松导演的电影《这个杀手不太冷》中，反面人物——狂躁的探员史丹斯菲尔德就酷爱贝多芬。伴随着贝多芬钢琴奏鸣曲《暴风雨》，他残酷、狂躁的形象触动人心。贝多芬身世坎坷，但他没有屈服于命运，坚持创作出大量经典曲目。把他与命运顽强抗争的精神也融入创作中。他的音乐常表现出一种不屈服、粗犷的情绪，这也是他的音乐常被用于极端人物性格特质的原因之一。很多导演也正是看中贝多芬曲折的人生经历，认为选取他的音乐，更能凸显影片人物性格。

例如，电影《林则徐》（见图3-31）以鸦片战争为背景，塑造了爱国将领林则徐在广大人民的支持下，救国救民，抵御外侮的英雄形象。编剧、导演、演员充满激情，带着音乐构思进行银幕形象创作，在艺术结构上与交响乐的布局相接近，为音乐创作奠定了良好的基础。音乐主题采用主导动机形式，吸取我国传统特色的调式，创作了中国人民战斗的主题和林则徐的主题。该影片音乐主题的核心音调与林则徐微服私访、体察民情时听到盲妹街头卖唱的凄婉音调相联系，并转化为坚贞不屈的性格。这个主题在摘去林则徐顶戴花翎时，发展到高潮。经过复调音乐的处理，不仅表现了林则徐的悲愤情绪，而且表现了他和人民心心相印的关系。在曲式结构上，该影片既继承了传统音乐中的曲牌体和板腔体，又借鉴了西洋交响乐戏剧性的表现手法，两者结合使音乐主题在矛盾冲突的过程中充分展现人物性格特征。

图3-31　电影《林则徐》

5）激发联想、扩展时空

为了加强情感效果，影视作品往往会广泛运用音乐的激发联想和扩展时空的作用。音乐由于自身的特性（表现性、描绘性、时代性、地域性、民族性、概括性）让人激发出想象，形成一种独特的联想体系。当声音和画面错位时，音乐常常可以把观众的思绪引向画外，从而获得扩展时空的艺术效果。

例如，吉诺特·兹瓦克导演的电影《时光倒流七十年》（见图3-32）中的音乐是作曲家谢尔盖·瓦西里耶维奇·拉赫曼尼诺夫所创作的《帕格尼尼主题狂想曲》。此曲多次被用于时空和场景的切换。影片开头，白发苍苍的老妇人把一块金怀表交到理查德手中，希望他能回来找她，老妇人回到家打开唱片机陷入沉思。音乐一直持续，场景转换到8年后，著名作家理查德无心写作随手把身旁的唱片机关闭，音乐戛然而止。《帕格尼尼主题狂想曲》作为本片的主题曲贯穿始终。此曲既有热情奔放的一面，也有柔情婉约的一面，这和影片所渲染的氛围不谋而合，同时又起到了交代时代背景的作用，为整部影片蒙上了一种时光荏苒的沧桑感。（扩展时空）

图3-32　电影《时光倒流七十年》

又如，获得1985年奥斯卡8项大奖的《莫扎特传》（见图3-33），它以古典主义音乐家沃尔夫冈·阿玛多伊斯·莫扎特的生平事迹为主要表现内容，该部影片大量使用了沃尔夫冈·阿玛多伊斯·莫扎特自己创作的多部声乐

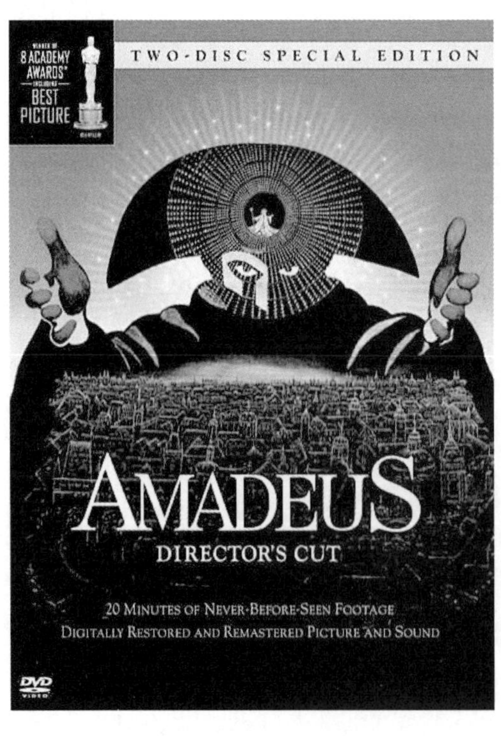

图3-33　《莫扎特传》

和器乐作品，如《费加罗的婚礼》《魔笛》《后宫诱逃》《安魂曲》《唐璜》等。这些作品第一次以一种视觉的形式，展现在了观众面前，并贯穿于影片的始终。这不仅为影片的发展提供了重要线索，同时还有力地抒发了作品本身的情感主题。其中，萨利埃利在精神病院中向神父忏悔罪行并回忆起沃尔夫冈·阿玛多伊斯·莫扎特一幕中，音乐声伴随画面转场，一曲《唐璜》把萨利埃利的思绪拉回到童年时期，画面变为幼年时的沃尔夫冈·阿玛多伊斯·莫扎特正在弹奏这首乐曲。乐曲很容易把观众带入萨利埃利的思绪，从破旧的疯人院穿越到富丽堂皇的宫殿中。(激发联想)

6）代替音响

音乐、音响都是声音，它们都是由物体振动而产生的。不同的是，音乐是选择自然界声音中最为悦耳的，即由振动有规律的声音材料构成；音响一般是由振动没有规律的声音材料构成，如刮风、下雨、雷鸣、潺潺的流水、湍急的水流、虫鸣、鸟叫，以及各种机器的轰鸣、车辆的奔驰、枪声、炮声等。这些自然界和生活中的各种音响在影视作品中都具有一定的表现力，经常被直接使用。但是有些自然界的声音，是可以用音乐模拟出来的，而且更富美感。例如，用竖琴的琶音或古琴、古筝的划奏可以模拟小溪的流水声，用定音鼓的滚奏可以模拟隆隆的雷鸣，用单簧管可以模拟杜鹃的叫声，用长笛可以演奏出夜莺的啼鸣，用小鼓可以敲击出机枪射击的声音，用大小鼓交替可以模拟出猎人的枪声等。

例如，电影《战争与和平》(见图3-34）中以小鼓替代机枪的射击声收到了很好的效果。

又如，电影《玛丽和马克思》(见图3-35）是一部讲述笔友之间20多年友情的动画作品。影片中大量运用音响，如用响铃代替门铃，用竖琴代替潺潺的流水声，用定音鼓代替雷鸣声等。

总而言之，从电影艺术问世开始，音乐同电影结下了不解之缘，很多实例都已表明使用音乐进行配乐可以为电影带来视听优势。在当代，特别是进入21世纪以来，音乐观众减少和音乐发展衰落都使其亟须寻找音乐在当代的传播之道。音乐同电影艺术的结合是音乐发展的绝佳选择。在今后的发展中，电影配乐者可以进行更多的探索，对音乐进行适当的改编或重新配器，以达到更加丰富的表现效果。

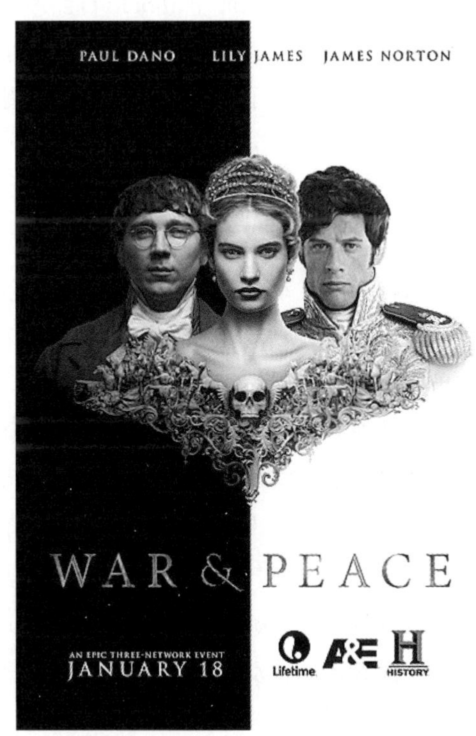

图3-34 电影《战争与和平》

图 3-35　电影《玛丽和马克思》

3.3.4　音响

1. 音响的概述

音响是指在影视时空关系中除人声和音乐外，自然界和人造环境中出现的一切声响。在影视艺术中，音响不是简单地模拟自然声，而是作为一种艺术元素融入影片，成为影视艺术的独特表现手段。其是客观世界和艺术世界存在形式的重要构成要素。无论是实录还是模拟的音响，都是为了真实、丰富、生动地表现客观世界。

2. 音响的分类

在影视作品中，音响可以有很多不同的分类方法。就音响的发声属性而言，可分为如下几类。

（1）动作音响。动作音响又被称为动作效果，简称为动效。动作音响是指在影视作品中的各种生物（如人、动物、植物等）在行动时所发出的声音，如脚步声、开关门窗声、搬动家具声、吃饭的碗筷声和拍打翅膀声等。因为动作音响是角色的动作之声，所以它必须和角色的动作形态相吻合，即和角色的动作保持声画同步的关系。

（2）自然音响。自然音响是指在自然界中存在的，非人类力量的作用而产生的声音，如流水声、风声、海啸声、火山爆发声、风雨交加声、电闪雷鸣声、虫鸣鸟叫声、小桥流水声、大河奔流声和空气声等，它主要用来表现影片中事件、故事发生地的环境气氛。

（3）机械音响。机械音响是指各种机器运作时所发出的声音，如工厂的马达轰鸣声、按门铃声、洗衣机的转动声和钟表的滴答声等。有时候这类声音根据在影视作品中的用途可以构成各种不同的环境音响。

（4）战争音响。战争音响是指和战争相关的各种武器或军事装备所发出的声音，如各种枪炮声、炸弹爆炸声、子弹的呼啸声、战机的轰炸和俯冲声，以及军舰或战车的轰鸣声等。

(5) 动物音响。动物音响是指自然界中各种动物所发出的声音，如天上飞的鸟类、地上跑的走兽和水里游的鱼类等发出的啼鸣、吼叫、扑翅和活动的声音。

(6) 交通音响。交通音响是指各种交通工具所发出的声音，如天上飞的飞机、地上跑着的火车、江河上运行的船舶和陆地车辆等发出的机械声音。

(7) 特殊音响。特殊音响是指影片中各种特殊的、古怪离奇的声音，即超自然的声音。影片中物体在真空中运动的声音、各种低频声、我们从未见过的远古生物的叫声等都是经过变声加工处理而成的。

为了在工作中易于区分各种音响，还可以将音响分为主要音响和背景音响，或根据其制作形态分为同期音和资料音等。

3. 音响的作用

音响在整个电影声音中占的比重最大。一般来说，它约占声音总和的三分之二，这不仅意味着观众从一部影片中获得的音响艺术感受最多，而且意味着它所能起到的艺术功能是多方面的。例如，为显示环境的真实，火车汽笛声把你带进候车室，上课的铃声使你感觉到已置身于教室之中。创作者往往利用观众的听觉经验，选择具有特征性的音响来充分展示环境空间。

1) 描写作用（或称纪实作用）

音响具有描写作用，即通过客观再现人物及事件所处环境中本来存在的音响。其可以更准确地体现环境，增强环境气氛的真实性，加强影片身临其境的真实感，如瓶子落地时发出的摔碎的声音，在暴风骤雨中发出的雷声、风声等。

2) 表现作用（或戏剧作用）

音响具有表现作用，即通过对音响独具匠心地运用，表现特定的艺术意蕴，直接强化主题的升华。例如，电影《永不消逝的电波》运用音响就很精彩。敌人冲上小阁楼，团团围在李侠身后。但他沉着冷静置生死于度外，专心致志向远在延安的战友们发出他最后的电讯。画面前景是他镇定地在发电报，此时银幕上的李侠既无豪言壮语的台词，又无剑拔弩张的姿势和形体动作，甚至连眼睛都不往身后看。在这一片潜隐着刀光剑影斗争的沉静之中，我们只听到一串“嗒嗒嗒”的电报细响声。这有节奏的电报细响声，对刻画李侠这位具有崇高理想、临危不惧、视死如归的共产党员的英雄形象起到了十分重要的衬托作用。

在电影里，那些不真实的音响也会使人信以为真，这是电影音响作假的高明之处。比如，电话听筒里传来双方清晰的话语，这在现实生活里是不可能的，不然电话里的秘密不都让人听去啦？然而电影里这样做，你却一定不会感到虚假。导演这样做的目的就是把声音加以“特写”，而观众也被导演牵着走，迫不及待地想要了解电话听筒里讲的是什么。这种被“特写”的音响用在惊险侦破片里较多。例如，电影《羊城暗哨》中，侦察员王练跟踪特务在广州上了船，在危急时刻，他从货舱的货物堆里搜出了装有定时炸弹的首饰盒子。他埋头贴着首饰盒子听到里面发出的一串“嘀嗒嘀嗒”的表轨声，观众也同时听到了，然后这声音越变越响，十分形象地渲染了“爆炸在千钧一发”的紧张气氛与悬念。

用“放大的”音响来渲染寂静的环境气氛，对电影来说更是十分拿手的一招。夜深人静，钟表的嘀嗒声、屋檐的滴水声、夜晚野外秋虫的鸣叫声在电影里都是不真实的真实。中国古诗句中“蝉噪林愈静，鸟鸣山更幽”说的就是这个道理。

3）组接影片结构的作用

音响具有组接影片结构的作用。这一作用主要是用来使影片的时空转换、情节变幻呼应与贯通，呈现出别具风采的艺术形式。一个声音可以把两个不同的时空联系起来。例如，在电影《这里的黎明静悄悄》中，战争时期的女战士听见的一声布谷鸟叫与十几年后和平时期另一个姑娘抬头听见这一声布谷鸟叫的镜头组接在了一起，从而把两个时代紧密联系起来。

3.4 声画

当观众在观看影视作品时，如果没有了声音，会是怎样的观感呢？画面的魅力仿佛黯然失色，创作者所要传递给观众的思想和感情会变得晦涩难懂，观众对剧情的理解力也大幅减弱。声音和画面源于不同的符号系统，拥有各自的记录、处理、还原体系和不同的功能。但这两者是一部影视作品中不可或缺的组成部分。声音和画面的关系也是视听艺术研究中较重要的问题之一。

在一部优秀的作品中，声音和画面达到完美的融合。声音的充分发挥可以展现画面中没有表现的内容或不能表现的内容，如人物的潜意识、深藏的情绪等。声音不是一个完全独立的艺术元素，它的存在是为整部作品服务的，服从于各个艺术元素的综合调配。

3.4.1 声画结合的意义

广义的“语言”在影视作品中指凡能表达出思想或感情，并使接受者获得感知信息的一切手段、方式和方法。其中，电影艺术语言包括画面、声音、蒙太奇，电视艺术语言包括画面、声音、构图。由此可见，声音和画面是所有影视作品语言的两大不可或缺的组成部分。这两大元素既相互独立又相互联系，既相互交融又存在一定的矛盾。影视剧中的有声语言是指在银幕上能够表情达意的一切声音形态。它是一种与画面共同构筑银屏空间和银屏形象的艺术形态。

如何认识这两种元素并处理两者的关系一直是影视理论家们长期争论的话题。有一种观点认为，影视在本质上是一种影响美学，因而画面应占有主要地位，而声音则是一种补充与辅助。还有一种观点认为，随着技术手段的不断进步，声音元素对影视作品的重要性不断提高，甚至超越了画面的地位。这两种单纯强调画面元素或声音元素重要性的观点具有局限性和片面性。

真正的声画关系是指声音与画面在影片中相互作用和相互配合的融合关系。声音是时间艺术，画面是空间艺术，两者结合符合人类生活经验，不仅能带来影片中的艺术效果，还能让观众感觉影片内容外的艺术幻想。例如，在作品中交代一个故事背景为清晨的村落，可以黑屏中音效先进入：鸟儿清脆的叫声、远处公鸡打鸣的声音。让观众通过音效，根据生活经验判定故事发生的大致时间和地点。描绘清晨村庄的画面再淡入观众视野。声音和画面配合自然必然代出故事发生的背景，使作品的过渡流畅自然。声音语言与画面语言通过相对的时间和空间的延续来表达各自的艺术魅力，它们以不同的形式结合在一起达到最好的影片效果，赋予了影片更为突出的艺术表现力和生命力。

3.4.2　声画的配置方式

1. 声画配置的理论发展

关于声音与画面的配置方式，在影视理论界有不同范畴、不同层面的分类。谢尔盖·爱森斯坦、伍瑟沃罗德·普多夫金和格里高力·阿莱克桑德夫最早提出了“声画对位”的概念。后来，谢尔盖·爱森斯坦又提出“听觉和视觉的呼应”；马塞尔·马尔丹认为应“将画面与音乐并列成对位或对立”（《电影语言》）；让·米特里认为“对位”一词，只有在音乐艺术中才有准确的含义，在电影中用“音画对位”不如用“音画对比”更恰当（《电影美学与心理学》）；齐格弗里德·克拉考尔把声画结合分为“平行”和“对位”两种（《电影的本性：物质现实的复原》）；斯坦利·梭罗门认为应“声画统一”（《电影的观念》）；李·R. 波布克提出了声画结合的两种形式：平等和对位（《电影的元素》）；贝拉·巴拉兹认为声画结合有“同步”的和“非同步”的两种（《电影美学》）

2. 声画配置的关系

关于声画结合的配置方式，影视界对其的分类方法不太一致。从声音和画面在情绪、感情方面所表达的内容看，声画配置方式主要有声画同步、声画对位和声画分离。声音的各种表现作用能否正常发挥，很大程度上取决于声音是如何与画面进行配置的。

1）声画同步

声画同步也称为声画合一。声画同步是指影视作品中的声音和画面严格匹配，使发音的人或物体在银幕上与所发出的声音保持同步进行的自然关系，声音与画面在情绪、节奏和主题上保持一致。

声画同步是影视作品中最常见的一种声画配置方式，它可以起到加强画面真实感，提高视觉形象表现力，直接烘托、渲染画面气氛的作用。这种配置方式表现直观，符合人类生活经验与常识。通过视觉、听觉的联动反应，达到视听一致的效果，易于观众接受创作者所赋予作品的思想。

例如，电影《催眠大师》开头片段中，创作者设计了三层空间，这三层空间由于时空的不同而各具特色，用三层不同特点的声音加以区分时空转变。第一层空间是讲述了一位因早年丧女而患有心理病患的中年妇女的一段治疗中的梦境。首先，画面描述了一位青年女子，在一栋陈旧的大楼外追寻一对母女。空灵稚嫩的童声演唱和持续铺垫的低频声，营造出阴森恐怖的氛围，奠定了梦境中悬疑的基调，与画面中所表现的情绪吻合一致。为了突出人物在心理困境中紧张、压抑的情绪，突出了细节音响效果。比如，年轻女人慢节奏的高跟鞋脚步声，在低频的衬托下，每一步都仿佛牵动着观众的心弦；她突然晃动大门的动效，打破了画面表面的平静，每一声晃动都冲击着观众的内心，使影片开篇达到小的高潮。中年妇女急促的中低频呼吸声，伴随着年轻女人缓慢的中高频高跟鞋声，两者在节奏、频率上形成的对立与冲突，完美体现出画面中紧张的情绪。影片通过放大细节音效，塑造出梦境空间的空灵与不真实感。影片开头的第二个空间是徐瑞宁唤醒中年妇女后，诊室交流的场景。这一段前半部分采用的写实感的声音，与第一个梦境空间区分开来，体现场景空间的转变。后半部分随着景别的扩大，声音由写实的空间感变换为加入房间混响的现场扩声的空间感。同时，拉镜头的使用自然、流畅的完成从第二空间真实场景，到第三空间中投影屏幕内所播放影视资料画面的转变。声音与画面的相互契合、声画同步使得空间转换自然流畅，符合观众心理逻辑，为剧情发展做铺垫。

2）声画对位

声画对位与声画同步相反。声画对位指的是画面中演绎的内容与声音中所表达的情绪、状态是一种对比关系，即声音的情绪与画面中的人物情绪、状态之间具有某种对抗性。画面所提供的信息和声音所传达的信息在性质、情绪基调上存在很大反差，甚至是相互矛盾的、相互对立的。

声画对位的配置方式使得声音和画面在内容上是对立的，性质上是矛盾的、冲突的。它体现了现实空间和人物心理空间、环境气氛所形成的强烈对比。这种对比、隐喻、象征的艺术手法，造成声音和画面的冲突感，引发观众的心理不适感，从而使观众的观影思维从被动接受转换为主动思考。同时，能给观众一种全新而又独特的审美感受，让观众深悟其中的思想内涵，达到更高的故事叙述、任务刻画和主题阐释的境界。

例如，在电影《飞屋环游记》中，艾丽死后年迈的卡尔起床后的一系列生活片段，配上歌剧《卡门》中一段熟悉的唱段《爱情是一只自由的鸟》。这首热情洋溢、奔放自由的爱情唱段与卡尔独自生活的画面相反衬。热情的音乐形象与卡尔孤单的个人形象形成对比，产生强烈的声画对位的艺术效果。

3）声画分离

声画分离又称为声画平行。声画分离指的是画面中呈现的形象和声音中表达的内容各自具有相对独立性，两者呈平行发展关系。声音和画面不是吻合的状态，但又不是完全呈现对立的情绪和内容。在一定程度上，声音和画面是相互关联的。创作者可以利用其相互独立的特性，分别在声音和画面上展现丰富的艺术表现力，通过两者表达情感、主题的内在联系，赋予影视作品新的艺术创造力，加深作品思想内涵。同时，也可以将不同场景、不容内容的情节，在观众的脑海中相联系，起到扩展时空、衔接剧情的叙事作用。

例如，在电影《钢琴师》中，德国军官邀请瓦瑞·日彼曼弹奏一首乐曲，瓦瑞·日彼曼精彩的表演了弗里德里克·肖邦的《G小调第一叙事曲》，他的音乐震撼了军官。在这选择这首乐曲不仅是因为影片的主人公喜欢弗里德里克·肖邦的乐曲，更是因为曲子背后的故事。弗里德里克·肖邦本身就是一位爱国作曲家，反对外国侵略奴役和争取自由的思想深植于他的意识中，他的作品表现出明显的波兰音乐色彩。再者，弗里德里克·肖邦的《G小调第一叙事曲》取材于一个毕生致力于争取波兰独立与人民解放的作家——亚当·密茨凯微支的叙事诗《康拉德·华伦洛德》，这首诗赞颂了波兰人民争取民族解放的伟大斗争。导演正是借这首乐曲表达了主人公渴望和平、反对战争的复杂内心活动，以及导演所赋予影片的抗争精神。

3.4.3 声画剪辑

1. 声音与镜头的关系

在影视后期制作中，镜头的变换与声音的组接关系十分密切，声音进入一段画面先后的调整可以使作品的叙事情节更为顺畅，提高观众的心理舒适度与适应性。

1）声画同步

声画同步是指声音与画面的内容同步出现。这种方式声画的时空完全一致，主要用来表现影片的真实性。例如，画面表现的是一个热闹的集市，就相应地出现集市特有的叫卖声音。在处理剧情时，可展示叙事内容的真实环境，有利于观众产生真实感。但平铺直叙有时会让观众产生拖沓的感觉。

2）声音提前

声音提前又叫作声音导前。声音提前是指在画面转换时，后一个画面的声音提前出现在前一个画面的尾部，造成一种先声夺人的特殊心理效果。常用来衔接两个画面之间的时空关系。例如，将后一个画面中的火车鸣笛声提前到前一个宁静的画面中，强调了即将到来的时空变化，预示着事件的发展。声音提前能提示即将发生的事件，营造激动和紧张的气氛，引起悬念。

3）声音滞后

声音滞后又叫作声音延续。声音滞后是指在画面转换后，前一个画面中出现的声音以画外音的形式滞后出现在后一个画面的开始处，以此将两个画面之间的时空关系进行衔接。例如，将前一场画面中打仗的枪炮声滞后延续到后一个宁静的山村画面中，虽然时空发生了变化，但暗示战争还在继续。声音滞后可使画面的转换变得流畅连贯，并且暗示前后两个画面的关系。

4）声音转换

声音转换就是通过声音来衔接画面的转换，出现在前一画面结束时的声音与后一个画面开始时的声音是一致的或类似的，以此作为画面时空转换的依据。例如，用做报告为声音衔接媒介，将开大会的画面转换成了一个小会议室的画面。声音转换用声音来带动画面的转换显得生动、流畅，同时加快了叙事的节奏。

2. 音乐蒙太奇

镜头在组接的过程中，为了使画面流畅、叙事完整、保持情感统一性，通常会使用音乐作为连接镜头变换的纽带。蒙太奇是对电影中镜头组接的一种称谓。音乐蒙太奇是指当一组镜头是用音乐来组接时，音乐不仅成为连接这些镜头的纽带，还赋予这组镜头之外的含义。

1）顺时空音乐蒙太奇

顺时空音乐蒙太奇是指用音乐来组接同一个或者不同的空间场景中的多个镜头，而这多个镜头在时间上是顺序发生的。音乐将若干个相似的、有时间间隔的镜头串联起来。常见的顺时空音乐蒙太奇都是发生在同一个空间中的。一般用于支持和加强画面的含义。

在电影《西游·降魔篇》中，陈玄奘从“出发地”出发到“五指山”的这组镜头，在音乐的处理上，采用的就是顺时空音乐蒙太奇的表现手法。这组镜头的一开始就是在青山绿水前，陈玄奘手拄拐杖口啃甘蔗，还有那一头蓬乱的头发和迷惘好奇的眼神。镜头一转，绿树掩映的陡峭山壁上坐落着几座古寺，红墙金瓦分外辉煌。接着出现了地图的镜头，地图的一角标着出发地，另一角标着五指山，红色的箭头则表示陈玄奘的路程。紧接着出现了陈玄奘过河、过栈道，带着自制的太阳镜在烈日下行走、登山、夜雨赶路的镜头。镜头又一转，又回到了地图的场景，“出发地”和“五指山”之间渐渐被红色箭头填满，这表明目的地五指山已经到达。在陈玄奘面前出现了一个破败不堪，甚至可以称得上是一个破棚的小庙。与这组镜头相接的是一段极具中国特色的原创音乐。这段音乐采用了4/4节拍的节奏，4/4节拍是2/4节拍的延伸，4/4节拍既有2/4节拍的特点，又使得曲目更富于变化。它的特点是节奏强弱交替，常用来表现欢快的场面。

前段陈玄奘在青山绿水间行走时的音乐欢快轻盈，其中的竹笛和扬琴的声音更为乐曲本身增添了清脆感。而本阶段乐曲所要表达的正是旅者刚踏上路途的轻松喜悦。此段音乐虽短，却可以分成四个部分，用来配合镜头变现求佛之路的四个阶段。第一个阶段，乐曲轻松欢快，主旋律是清脆欢快的竹笛和扬琴，整体画面的颜色也是怡人的山水之绿，这反映了陈玄奘刚刚踏上旅途的欣喜和好奇。面对前方未知的路途、未知的结果，旅者陈玄奘对一切都充满了好奇，煞有闲情的一边走、一边吃、一边赏景。第二个阶段，乐曲中开始出现急促的鼓点，与之配合出现的画面是金色的险峰。陈玄奘在陡峭的山林中渺小的就像一个搬运东西的蚂蚁，旅者这时的心情也发生了变化。褪去了对前方未知旅程的好奇，涌上心头的是坚持前进，奔向目的地的努力之心，陡峭向上的山崖也预示着接下来的路途会更为艰辛。急促的鼓点，其实也是陈玄奘心情的反映，是坚持向前决心的外在体现，是努力攀登山峰的音乐表现。第三个阶段，女声和低音的加入使乐曲变得低沉大气，节奏也明显变缓。画面颜色也随之变得灰暗，大雨滂沱中，疲惫的陈玄奘只是举着一只芭蕉叶挡雨，神情也显得更加憔悴。夜晚，大雨，无比喻之地，这所有的一切都在考验陈玄奘的决心和毅力，哪怕稍有懈怠此次去五指山之路恐怕就要半途而废。紧接着下个镜头，漫漫黄沙中陈玄奘艰难地迎风前进，整个画面都是一片灰灰的黄色。混沌的黄沙表现了对前路的迷惘，到底路在哪里，到底大佛在哪里。这时，对前方未知的路途则是充满了担忧和恐惧。随着拨、女声、和声、定音鼓等一系列声音元素的加入。此时的音乐成为高潮前的前奏，音乐一步一步地增强，代表着旅者经历千辛万苦终于要到达目的地了。第四个阶段，目的地已经到达，载有大佛的庙也出现在了眼前。但和期望中所不同的是，所谓载有“高一千三百丈，宽两百五十六丈”大佛的宏伟庙宇，竟然是眼前这座破败庙宇。随着破败庙宇出现的是已达高潮的音乐，一系列声音元素的加入让音乐到达顶峰，而见到如此“破败庙宇”音乐又急转而下。此段音乐的强弱变化，反映了当时陈玄奘失望之极的心情。

几个具有代表性的镜头，在顺时空音乐蒙太奇的作用下，让艰难漫长的旅途过程在短短的几十秒内就完成了。创作者不但成功的压缩了叙述的时间，更让我们体会到了旅途的艰辛和陈玄奘求佛之路的决心。

2）超时空音乐蒙太奇

超时空音乐蒙太奇是指在顺时空音乐蒙太奇的基础上，插入一些超越现实时空之外的镜头。超时空蒙太奇的表现力具有可以开拓的无限可能性，它不仅可以对不同的镜头实行转接，也可以转接不同的场景。

例如，《入殓师》是一部描绘生死这一普遍性主题的电影，它诉说着骨肉之情、夫妻之爱、朋友之义以及对工作的自豪，给人带来笑、带来泪、带来一份别具一格的感动。除了深厚动人的故事和演员精彩的表演值得称颂外，久石让也为本片增色不少。他为影片谱写了以大提琴为主要乐器的背景音乐。琴音时而激越、时而温柔，仿佛主人公内心的情感之流。影片最后的情节里小林得知父亲的死讯后，和妻子一起去和父亲告别，在小林亲手为父亲入殓时，从父亲手中滑落的石头，让他心头一震。此时名为《Memory》的主题音乐适时响起，这是它作为父爱主题第三次出现。那一刻乐曲成了小林内心情感的外延，连接着儿时的记忆，父亲的脸终于变得清晰。音乐不断地带动记忆的闪回。钢琴与大提琴的二重奏，犹如父子二人超越时空无言的对话，将影片带入了另一个境界。小林亲手为父亲入殓，一招一式，充满爱的温情。这时，一切都不再重要，唯有爱是永恒。之后，大提琴开始低八度的重复，父亲的脸渐渐清晰明朗，音乐退去后，一切怨恨已不复存在。配乐除了为感情的抒发起到了推波助澜的作用，同时也恰到好处地诠释了电影的主题。那深情而忧伤的琴声，婉转悠扬藏着哀伤，不仅是活者的忧伤，还是死者未了的深情。生存的人之间往往有着不可逾越的障碍，而生与死之间的距离却能够化解恨意。

3）逆时空音乐蒙太奇

与顺时空音乐蒙太奇相反，逆时空音乐蒙太奇是指用音乐来组接同一个或不同空间场景中的多个镜头，而这多个镜头在时间上是倒序发生的。其较多地出现在影视剧中需要进行倒叙的时候。逆时空音乐蒙太奇常用音乐来完成画面之间的转接，从而形成空间上的过渡与时间上的倒转。同时，音乐的存在也能表明前后镜头之间存在的联系。

例如，在电影《莫扎特传》中，萨利埃利在精神病院中向神父忏悔罪行。当他回忆起沃尔夫冈·阿玛多伊斯·莫扎特时，音乐声伴随画面转场，一曲《唐璜》（K.527）把萨利埃利的思绪拉回到童年时期，画面变更为幼年时的莫扎特正在弹奏这首乐曲。乐曲很容易使观众被带入萨利埃利的思绪，从破旧的疯人院穿越到富丽堂皇的宫殿中。

4）交叉时空音乐蒙太奇

音乐在同一时间内组接不同空间的镜头。其关键因素是这一组蒙太奇镜头中的事件发生在不同的地点，但基本上是同时发生的，或者时间相差不多，时间之间有某种意义上的联系。

例如，导演宁浩在电影《疯狂的石头》中把一个简单的故事用非线性叙事结构展现的复杂而又巧妙，这和经典黑色幽默电影《两杆大烟枪》有很多共同之处，把并行的几条故事线索围绕核心事件穿插交织。导演很巧妙地运用交叉蒙太奇的手法，三条线索时而相接，时而断开，把一段时空分成三个角度去看，大大增加了影片的容量，也使细节更丰富，使整体看上去混乱的思路一下子清晰起来。该影片的音乐设计别具风格，用不同乐器、不同风格的音乐将三类人物角色生动地刻画出来。影片配乐的使用也是别具特色："神探"包士宏一出场，选用的是传统乐器琵琶和摇滚相结合的配乐，烘托出追车场景慌乱、搞笑的气氛；国际大盗迈克出场则选用的是快节奏电子化的音乐，刻画出国际大盗冷酷、霸气的形象；三个小偷出场则选用了贝斯弹奏的诙谐小曲，将他们诙谐的做事风格展现得淋漓尽致。此外，在第一次交代三种势力为宝石而分头准备时，选用了琵琶演奏的《四小天鹅舞曲》，这首舞曲曲风轻松活泼，节奏干净利落。选用琵琶来演奏也突出了黑色幽默的效果。因为琵琶音乐具有鲜明的颗粒性声音特色。演奏时每一个音的音色饱满圆润，明亮而坚实，弱而不虚，强而不噪。用具有颗粒性声音的传统乐器演奏西洋舞曲《四小天鹅舞曲》，表现出一种既对立又统一的幽默气氛。这样一段诙谐的音乐把三条同时发展的人物线索相串联。两路小偷的活动对白与保安科长的行动对白，在对立上产生了某种语言或者动作上的联系，形成了强烈的对比效果。三条线索不断进行碰撞，镜头快速在三个视角之间剪接，让人不敢错过任何一个细节。

3.5 声音质量主观评价

声音是你听到的一切。使用测量声音的仪器对声音进行测量，将声音信息进行"量化"，并依据客观指标得出的结论，被称为"声音质量"。声音质量主观评价是指根据现行的技术标准和自身的艺术修养对声音作品进行评价的行为。

声音质量主观评价具有以下三个特点。首先，它是一个综合性的评价：以客观指标为基础，体现在主观感受方面。需要日积月累地锻炼和提高耳朵的灵敏度，善于感知声音的特质，察觉稍纵即逝的细微之处。其次，它是一项带有艺术性的工作：《乐记》中有这样一段话“凡音之起，由人心生也。人心之动，物使之然也”。意思是声音是从人的内心产生的，而人的内心之所以会活动，是由外部世界的事物引起的。最后，声音质量主观评价具有广泛的参与性：随着传媒艺术与技术产业的不断进步，影视作品的数量和类型快速发展，影视作品的传播方式和传播范围也越来越广泛。观众对影视作品的鉴赏条件和鉴赏能力不断提高，从而对作品的声音质量做出的主观评价也具有广泛的参与性。

艺术欣赏具有主体性。由于每个人的生活经验与性格气质不同，审美能力与艺术素养不同，形成了每个欣赏者在审美感受上鲜明的个性差异。为了提高对影视声音作品的鉴赏能力，提高声音质量主观评价的意义和价值，我们需要了解人类的听觉特性，掌握影视声音的艺术特点，运用科学的体系对作品进行评价。

3.5.1 人耳听觉特性

1. 等响曲线

人类的听觉从本质上讲是非线性的。弗莱彻和芒森根据研究得出的结果，画出了平均“等响曲线”。它是将人耳在听到不同频率纯音时，对所有具有相同个音量感的声压用一条曲线表示后，所得到的曲线族。等响曲线体现了对不同频率的声音，人耳听到同样响度时所需的声压级不同。

分析等响曲线可以得出以下结论。

(1) 人耳对不同频率声音的灵敏度不同。在小声级时，人耳对低频的声音和高频的声音相对于中频声音是不太敏感的，也就是人耳听到同样声强的低频声和高频声没有中频声响，即人耳对中频段最为敏感，对高频段和低频段的敏感度下降。

从等响曲线可以看出，4000 赫兹左右是曲线的最低点，即人耳听到 4000 赫兹左右声音所需的声压级最小，因而对 4000 赫兹左右的声音最为敏感，这是由外耳道共鸣引起的。

(2) 声音声压级越高，人耳听觉频响越趋于平直；声音声压级越低，人耳听觉频响越不好，高频、低频都会有所损失。当声音的声级增大时，人耳对低频声、中频声、高频声的敏感度差别渐渐缩小。当声音的响度达到 80 分贝左右时，感觉趋于一致。

人耳对 100 赫兹以下的低频声的灵敏度会急剧下降。人耳对 20 赫兹声音的听阈为 70 分贝，因此为了进行有适当低音的调音，监听扬声器的声压级至少应为 70 分贝。通常监听扬声器的声压级为 70～90 分贝。当监听音量减小时，高频声和低频声会有所损失，因而改变监听扬声器的声压级会使不同频段的音量平衡发生变化。

(3) 曲线族之间的间隔在1000赫兹附近几乎是均等的，说明人耳对1000赫兹附近的频率，声压变化的分贝值与听觉上的音量感的变化是比较一致的。因此，选定1000赫兹声音作为各种声音的声压级基准。

(4) 人耳对高频端和低频端的敏感程度较差，低频端尤为突出。所以当放音电平（音量）较低时，人们会感到原来平衡较满意的声音变得干瘪，高音、低音显得不足。

2. 听觉现象

1) 双耳效应

双耳效应是立体声的理论基础。当声源偏离两耳正前方的中轴线时，声源到达左、右耳的距离存在差异。这将导致到达两耳的声音在声级、时间、相位上存在差异。这种微小差异被人耳的听觉所感知，传导给大脑并与存储在大脑里已有的听觉经验进行比较、分析，得出声音方位的判别。有四项物理量对其产生影响：声音达到双耳的时间差 Δt；声音达到双耳的强度差 ΔL；声音低频分量由于时间差产生的相位差 $\Delta\varphi$；由于人头对高频分量的遮蔽作用产生的音色差 Δf。

2) 鸡尾酒会效应

鸡尾酒会效应是指人的一种听力选择能力。在这种情况下，注意力集中在某个人的谈话之中而忽略背景中其他的对话或噪音。该效应揭示了人类听觉系统中令人惊奇的能力，使我们可以在噪声中谈话。

3) 哈斯效应

哈斯效应也叫作优先效应，是一种分辨来自不同声源的同样的声音的听觉效应。如果有两个不同的声源发出同样的声音，以相同的强度并同时到达听音者，那么听音者会觉得只有一个声音来自两个声源之间。如果其中一个声源延迟5～35毫秒，那么听音者会觉得这个声音来自未延迟声源的方向，而被延迟的声源是否存在并不明显。如果延迟35～50毫秒，那么听音者会感到延迟声源存在，但声音仍来自未延迟声源的方向。当延迟大于50毫秒时，听音者才能分辨出成为清晰回声的滞后声源，两者的方向分别由它们自己来确定。

4) 掩蔽效应

当两种或两种以上声音同时存在时，人耳对声音的感觉与仅有一种声音单独存在时的感觉不同。这种由于某种声音的存在而降低了人耳对另一种声音的感受能力的现象被称为掩蔽效应。

人们通过实验找到了声音发声的如下规律：当响度相当大时，低频声会对高频声产生较显著的掩蔽作用；高频声较难掩蔽低频声；掩蔽音和被掩蔽音的频率越接近，掩蔽作用越大；当掩蔽音和被掩蔽音频率相同时，掩蔽作用最大；对于复音，掩蔽作用会影响其音色（复音由多频率成分构成，每种频率被掩蔽的量不同会造成它原有的频率构成比例发生变化）。

3.5.2 影视声音的艺术属性

声音形象与人类自然的各种感官之间存在着内在的、重要的联系。各种自然现象通过多方面的感性体进入到声音范畴，使声音产生了强烈的感染力。例如，在影视声音艺术创作中，创作者可以通过语言的音调、音色、力度和节奏等物理属性来刻画人物的性格。因此，运用声音的物理属性、生理属性和心理属性，提炼生活中的声音素材，创造出与画面相符或具有特殊含义的丰富立体的声音形象，已成为影视声音创作者的重要任务。声音的艺术属性奠定了影视声音艺术创作中的声音造型基础。

1. 声音的空间感

声音的空间感是指人耳对声源所处立体空间的感觉。声源的发声在不同的空间具有不同的空间特性。一般来讲，根据自身的生活体验，人耳可辨听出室外或室内的声音，而且还可以分辨出声学特性不同、体积大小各异的封闭或非封闭空间，这是由所处环境空间的声学特性决定的。在影视作品中，声音的空间感应该与画面所表现的空间范围相一致。声音创作者运用这种空间感来表现声音所处的具体空间，能给人以真实、亲切的感觉。影视中的声音除了可以表现画内的空间外，还可以表现画外的空间。例如，画内是几个人在室内交谈，这时从画外传来了远处警车的警报声，由于室内语言和室外音响的空间感完全不同，因此声音给观众展示了两个不同的空间环境。

声音的空间感主要反映在如下几个方面。

（1）环境感。环境感是指影视作品中的声音空间环境。在现实生活中，我们的生活空间充满了各种各样、连绵起伏的声音，因此我们可以说，声音具有无限的连续性。由于人耳与人眼具有不同的特性，可以接收来自任何方向的声音（当然耳郭前后的接收灵敏度是有所不同的），因此听觉的这一特性是我们进行影视声音艺术创作的基础。通过具有典型性的环境音响可营造出不同的画内或画外空间环境，使观众感知到所处画面的空间环境。

（2）透视感。声音的透视感又称为距离感、远近感或深度感。在不同的空间环境里，声音的直达声和反射声的比例以及声音振幅（音量）的大小，可以使我们产生声音远近距离的感觉。在影视作品声音创作中，当声音景别的透视感和画面景别的透视感相吻合时，可以使观众产生声音的真实感。

（3）方向感。声音的方向感又称为方位感。在不同的空间环境里，声音到达耳朵的时间、强度和音色是大小不同的，由此可以使我们辨别出声源的具体方向和所处位置。应该说，方位感中含有距离感的因素。在影视立体声的声音创作中，方位感能使我们感觉到声音的水平定位和深度定位，从而使观众产生身临其境的感觉。

2. 声音的运动感

任何声源在运动时，其声音都会随着位置的改变而引起音量和音调的明显变化，这在声学上称为多普勒效应。这种效应使观众在听觉上产生声音运动的感觉。声源的移动速度越快，多普勒效应就越明显。在影视声音创作中，录音师常运用这个效应来表现影视作品中的人、动物或物体的运动速度。当声源移动得不快时，多普勒效应就不太明显，这时同期录音就体现出其特有的能力，它能够及时捕捉声音应有的动感。

声音的运动感还包括声源种类的变化。各种声源在内容、音量、音色和远近上的交替变化形成了生动的声音运动感。当声音运动感与镜头的运动有机地结合在一起时，可以使影视作品的内容变得更加真实可信。

3. 声音的色彩感

声音和画面不同，它没有具体的实在外形，它的色彩感是对它的艺术属性的特别描述，其目的是便于读者能够加深理解和认识声音。

(1) 地域色彩。声音可以反映一个地区的地域特色。地域色彩通常由地域环境、生活习俗所决定。在影视艺术作品中，适当运用带有地域特征的声音（如方言、民歌和音响等），可以创造出色彩鲜明的声音形象，能够生动地表现该地域的社会习俗和风土人情，营造出生活气息和艺术感染力。

(2) 民族色彩。声音可以反映一个民族的特点和风俗。特定的生活环境、内容和条件，可以构成不同国家、不同民族的社会生活色彩，形成与其他民族不同的传统和习俗。这些都可以通过声音的内容和形式反映在影视艺术作品中。运用这些富有民族特色的声音及其独特的表达方式，可以创造出观众喜闻乐见的不同声音形象，反映出特定的民族社会生活，达到强烈的艺术效果。

(3) 时代色彩。声音可以反映时代的特征和风貌。由于不同的时代具有不同的政治、经济、文化和社会生活，因此声音的内容会受时间的影响而带有时代所留下的不同印痕。在影视艺术作品中，为了真实地反映不同时代的社会现状，这些带有时代特色的声音，可以生动地再现当时的生活环境和社会面貌，达到烘托时代气氛、深化主题的目的。

4. 声音的平衡感

影视艺术作品的拍摄顺序与完成镜头的排列顺序一般是不同的。一部影视作品的拍摄通常需要几十天甚至几个月才能完成。因此，如何使不同时间和不同地点所录制的同期声音，在镜头组接时保持平衡和统一，是录音师的重要工作之一。

在影视艺术作品中，为了让角色的视觉形象保持平衡和统一，一般要使化妆、服装和造型等方面连贯一致。同样，为了让角色的听觉形象也保持统一平衡，应该使演员的语言音色与角色形象相吻合，而且保持音色的一致，避免一个人的语言在镜头切换或场景变化时，产生音色和音量的突然变化。除了演员自身的音量和音色需要保持平衡外，还应注意演员之间的音量和音色平衡。这就需要录音师掌握好调音技巧，使演员相互之间的音量和音色协调一致。

5. 声音主题

主题又称为主导动机，原是音乐中的一个术语。在影视艺术作品中，声音主题是指将具有某种含义的声音（语言、音乐和音响）赋予某个角色或某个环境，并使得这一声音多次地出现或贯穿始终，以达到刻画人物性格、表达作品主题等目的。

6. 声音的意境

在影视艺术作品中，可以通过声音将生活环境和思想情绪融为一体，形成一种艺术境界。例如，在影视作品中，虚化掉现实中的各种环境声音，突出和强调角色发出的某一种声音，可以使观众体验与角色相同的心境，从而使观众在情绪上引起共鸣。

3.5.3 声音质量主观评价术语

1. 广播节目声音质量主观评价术语

1996年7月，当时的国家技术监督局颁发了中华人民共和国国家标准《广播节目声音质量主观评价方法和技术指标要求》（GB/T 16463—1996）。该标准的适用范围：对广播节目声音质量进行主观评价，也适用于对其他节目的声音质量进行主观评价时参考。该标准推荐的八个音质评价用术语及其含义如下。

（1）清晰：声音层次分明，有清澈见底之感，语言可懂度高。反之模糊、浑浊。

（2）丰满：声音融会贯通，响度适宜，听感温暖、厚实、具有弹性。反之单薄、干瘪。

（3）圆润：优美动听、饱满而润泽不尖躁。反之粗糙。

（4）明亮：高、中音充分，听感明朗、活跃。反之灰暗。

（5）柔和：声音温和，不尖、不破，听感舒服、悦耳。反之尖、硬。

（6）真实：保持原有声音的音色特点。

（7）平衡：节目各声部比例协调，高、中、低音搭配得当。

（8）立体效果：声像分布连续，构图合理，声像定位明确、不漂移，宽度感、纵深感适度，空间感真实、活跃、得体。

GB/T 16463—1996标准中提及的总体音质效果是指节目处理恰如其分，音质变化流畅、自如，气势、色调、动态范围等与原作相符，形成协调统一的整体。运用艺术声学、技术手段求得亲切、舒适、完整、统一的效果，防止顾此失彼。

2. 声学处理相关的主观评价术语

与声学处理有关的主观评价术语，主要是直达声（直）、反射声（反）和混响时间相关的主观评价术语等。

（1）靠前（近）：直达声强，有一个50毫秒以内的反射声。当增加音量或多或少增加低频时，也可将声音“推前”。

（2）靠后（远）：直达声弱，50毫秒以后的反射声大于直达声。当减少音量或增加中高频时，也可以使声音“推后”。另外瞬态失真大时也能使声音“靠后”。

（3）有水分：在整个音频范围内，混响合适，高、低频协调，环境感强。

（4）干：在整个音频范围内，混响不足。

（5）活：直达声够，有小于50毫秒的反射声，中高频的混响。

（6）死：环境的混响声能太小，无反射声。另外，在录音过程中声源处在声场中扩散度极差的位置，声音也发“死”。

（7）辽阔：直达声够，大于50毫秒的反射声较多，有大场面的环境感。

（8）空旷：直达声弱，有大于50毫秒的反射声，混响较长。

（9）嗡：在低频段某一频率的混响时间过长，录音场所或还音场所在低频有共振。

3. 设备技术指标相关的主观评价术语

设备技术指标相关的主观评价术语是指主要与电声器件、设备（包括录音设备和还音设备）的技术指标相关的主观评价术语。

1）与频率响应相关的术语

（1）宽：声音频带宽，失真小，线性好，动态范围大，频率分布均匀，中、低频段能量比较突出，混响比例适合；听音时，感到音域宽广，丰满舒适，同时感觉到声场有足够的横向宽度和纵深度。

（2）窄：高、低音两头欠缺，频带不宽，混响时间偏短，中频过分突出。如果用频率均衡器将800赫兹左右的信号提升过多，那么会感到声音窄，高音缺少层次，低音丰满度差，同时感到音响只是在某个狭小的空间范围内律动，好像是通过窗口聆听室内的声音一样。

（3）扁：低频、高频出不来。中高频不够或缺乏反射声，也能导致声音发“扁”。

（4）瘪：低频、高频够，中频缺乏，直达声不够，并有失真。

（5）亮：声音响亮又称为明朗度好或明亮度好。声音响亮是指在整个音域范围内，直达声的低音、中音适度，高音能量充足，并有丰富的谐音和较慢的谐音衰变过程。同时，混响比例合适，失真小，瞬态响应好。亮度是提高清晰度、可懂度的先决条件。亮度好，在听音时会给人一种亲切感、活跃感，听起来不费力，明亮突出。如果声音亮度不够，那么增加小于50毫秒的反射声及中高频的混响也能使声音变“亮”。

（6）暗：缺少高频及中频，尤其在6000赫兹以上，有明显的衰减。直达声弱及中、高频混响时间短，就会在听觉上感到声音暗哑无光彩。

（7）闷：低频、中低频过多，中高频严重缺乏。

2）与互调失真、谐波失真、瞬态失真和本底噪声相关的术语

下列术语是指声部之间、乐器之间、语言之间的相关术语

（1）干净：噪声低，干扰少，无附加成分，失真度小，保真度高，瞬态响应好，混响适度，信噪比高。

（2）不干净：噪声大，谐波失真、瞬态失真大。

（3）毛、刺：中高频、高频略多，谐波失真、瞬态失真稍大。

(4) 喳：中高频多，谐波失真、瞬态失真大。

(5) 破、劈：声能密度太大，有严重的谐波失真和互调失真，在电声系统中，任何一级有过载削峰现象。

(6) 圆润：频带较宽，音质纯真，失真极小，有一定的力度和亮度，低音不浑，中音不硬，高音不刺耳、不发毛，瞬态响应好，混响声与直达声的比例、混响特性和混响时间都较合适，在听觉上感到丰满、明亮、清晰、保真度高。

(7) 硬：低频、中低频合适，中高频较多，谐波失真、瞬态失真较大。

(8) 脆：低频、中低频少，中高频过多，有谐波失真、瞬态失真。

(9) 燥：中高频过多，谐波失真、瞬态失真较大。

(10) 金属声：中高频突出，谐波失真、瞬态失真严重。

(11) 紧：音量的动态变小，它与电声件及设备的线性（动态范围）有关。

(12) 沙：全频带失真较大，有附加的高次谐波，且伴有瞬态失真现象；在电声器件、声频设备中，如有过载失真，即可能产生沙哑的感觉。

4. 综合性评价用语

(1) 实：中低频声平均能级较大，高频、中高频不缺，直达声比例较强，50 毫秒以内的反射声适度，声音厚实、明亮、失真小、响度高。

(2) 厚：声音厚而有力，低音丰富，高音不缺，有一定的亮度，低频、中频能量较强，尤其是 200～500 赫兹的声音能听得出来，混响声适度，失真小。声音厚也叫作声音浓。

(3) 丰满：直达声强，低频、中低频较多，中高频、高频适当，低频、中低频的混响声适度。

(4) 薄：音色单薄，缺乏力度，共鸣差，混响时间短，声能平均能级较小，缺少低频、中低频，整体频响在 500 赫兹以下衰减过多时，即有薄的感觉。声音薄也叫作声音单。

(5) 虚：直达声弱，大于 50 毫秒的反射声强，中低频缺乏。

(6) 抱团：声音较实，谐波失真、瞬态失真小，能反映声源的各个声部。

(7) 散：缺乏中频，谐波失真、瞬态失真较大，不能均衡地反映出声源的各个声部。话筒的方向性过“窄”容易使声音发“散”。

(8) 平衡：能适当地反映声源各声部的音量、频谱，与声场的扩散度有关。

(9) 纯：能还原声源的音色，无怪味，即频带宽、失真小、混响声适度。

(10) 软：有两种截然不同的理解方式，一种是说其频率相应范围小，缺乏中、高音，主音不够突出，没有力度，说明音响系统较差；另一种是说中、低频相应范围宽，声音松弛，失真度低，阻尼性能好，听音感觉柔软舒适，说明音响系统好。

(11) 硬：缺乏低音，中、高频偏多，且高频的谐音衰变过短过快，低频混响声短，有明显互调失真，瞬态响应不好，阻尼差。

(12) 透：失真很小，瞬态响应好，频响宽而均匀，中高频、高频分得出来，混响声适度，尤其是中、高频混响充分，低音不含糊，有一定的力度，清楚明亮，层次感好。

（13）糊：含糊不清，音色糊成一片，低音过多，低频混响时间过长，缺乏中高频，有互调失真，听觉上感到明亮度差、清晰度差、响度高。

（14）不透：低频、中低频略多，中高频欠缺，直达声弱，有谐波失真、瞬态失真。

（15）清晰：直达声够，有小于 50 毫秒以内的反射声，混响时间适度，中高频略多，谐波失真、瞬态失真小，噪声低。

（16）有弹性：直达声强，低频、中低频足量，低频、中低频的混响时间稍长。

（17）柔和：低频、中低频能量充足，声音厚实、松弛，响度适中，混响时间稍长，失真小，瞬态响应好，中高频、高频适量。在主要频段内，频响比较均匀，并有一定的亮度，起来不费劲，音色丰富、柔和。

（18）尖：频响分布不均匀，缺乏低音和中高音，尤其是高音分量过多，失真较大，感到刺耳。

（19）粗：低频声能密度较大，中高频相对较小，音色粗，力度、明朗度和混响感都较差。

（20）细：声能密度小，响度不够，声音纤细无力，缺乏低频，偏重中高频、高频，混响声不足。

（21）混浊：低频、中高频混响太长或能量过多，缺乏中高频，明亮度差，谐波失真或互调失真大，瞬态响应不好。

（22）有力度：直达声强，有小于 50 毫秒以内的反射声，低频、中低频足量，混响时间适度。

（23）飘：直达声多，但缺乏中、低频，显得声音的分量不够。

（24）明朗：它是“透”和“亮”的综合术语，它包含中高频足量，混响时间适度，谐波失真、瞬态失真小，音量动态范围大，直达声强。

（25）有层次：谐波失真、瞬态失真小，噪声低，能清晰地反映出声源的各个声部。

（26）闷：缺乏高音和中高音；在 3000 赫兹以上，有严重衰减；高频混响不足，低频能量过多；在 150 赫兹左右，低频线性失真大，瞬态响应不好。

（27）脆：频响不均匀，缺乏低频，中高频、高频偏多，失真较大，声音单薄，不厚实；若在 7000～8000 赫兹内提升过多，则会有脆的感觉。

（28）松与紧：如果声音比较松散、比较圆润，有一定水分且不使人耐受，那么就叫作松；如果声音有力度，但比较干涩、灰暗，那么就叫作紧。声音紧会使人感觉不愉快。

（29）丰满：中低音充分、醇厚，高音适度，响度适中，听感温暖舒适而富有弹性。

（30）干瘪：混响的余音过短。其对语言清晰度有利，但使音乐失去生动活泼的感觉。

（31）饱满：中频、低频分量充足且有一定的混响，允许有适当的扩张。若虽有混响但中频和低频严重不足，则声音会发飘。

第4章

软件基础操作

本章导读

通过前面章节的讲解，相信大家对镜头的组合方式已有初步了解，接下来，我们将正式进入所谓的“剪辑阶段”。Pr（非线性编辑软件）和Adobe Audition（声音处理软件，简称“Au”）是初学者常用的剪辑软件。本章将对两款软件的操作界面和基本操作方法进行详细讲解。通过对本章的学习，学生可以了解并掌握后期剪辑的基础知识，并能熟练操作项目文件。

知识目标

掌握后期剪辑所使用的两个软件的操作界面和基本操作方法。

能力目标

提高学生的实际应用能力，增强学生的软件使用技巧。

素养目标

学会思考，要求学生不能一味地模仿老师的制作效果，作品中要有自己的构思和创意；学会做事，按照从简到繁的认知规律，不断让学生体验成功，增强自信心，提高学习兴趣。注重培养学生做成事、做好事和良好的团队协作能力。

思政目标

在视频剪辑中，有机融入爱国主义、社会主义核心价值观，中国优秀传统文化，培养学生勤学好问、求真务实、开拓进取的精神。

4.1 Pr基础知识

4.1.1 Pr的操作界面介绍

☆课上跟练：
Pr创建工程文件、界面介绍

我们不管是学习什么软件，都是从了解软件界面各个板块的功能开始。Pr的操作界面主要包括“菜单栏”“功能面板”“项目面板”“工具栏”“时间线面板”“节目监视器面板”“源面板”7个板块，如图4-1所示。

图4-1 Pr的操作界面

（1）菜单栏。菜单栏可以说是整个软件的功能导图，为软件中大多数功能提供了菜单入口，Pr软件中的绝大多数功能在对应的菜单栏中都可以找到。

（2）功能面板。功能面板是软件为剪辑、调色、音频、字幕等不同功能定义的界面布局方案。点击对应的功能，软件会自动切换到使用该功能时的界面布局。

（3）项目面板。项目面板主要用于输入、组织和存放供时间线面板编辑合成的原始素材。我们导入到软件中的素材及新建的序列、字幕等素材全部都存放在项目面板中。

（4）工具栏。工具栏集合了所有视频剪辑工具，当然有一些是辅助剪辑工具。

（5）时间线面板。时间线面板可以简单地理解为剪辑工作台，我们对素材的剪辑工作全部都是在时间线面板中操作完成的。

（6）节目监视器面板。节目监视器面板主要用于监视时间线上剪辑的画面，可以实时播放。

（7）源面板。源面板主要是为项目面板中的素材（视频、音频、图片）提供实时预览，双击项目面板中的素材即可在源面板中进行播放预览。

4.1.2 创建工程文件

在文件菜单栏里选择〖新建〗，打开〖新建项目〗对话框，先给自己的项目文件命名，以方便后期编辑查找。在这里一定要养成给文件命名的好习惯，切不可默认系统给出的名字或者随便输入一些阿拉伯数字命名。如图 4－2 和图 4－3 所示，点击确认按钮就可以进入软件的操作界面当中。

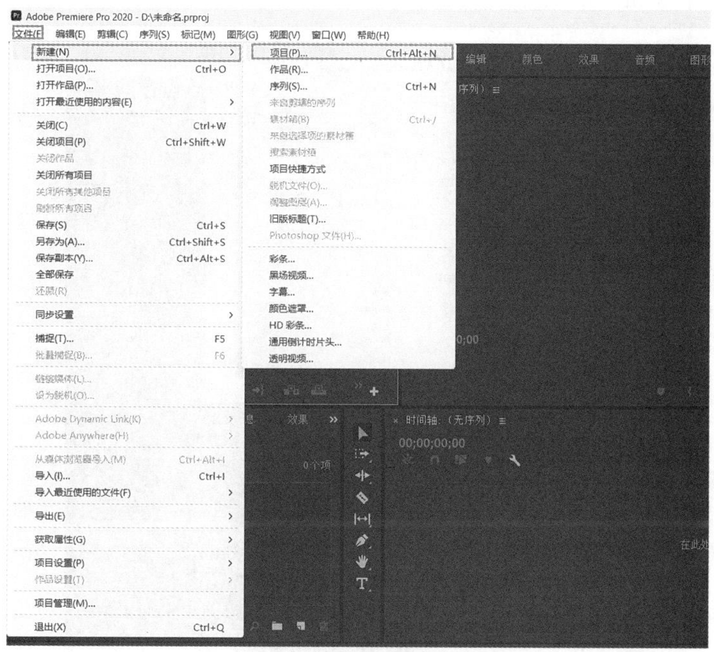

图 4－2　创建工程文件（1）

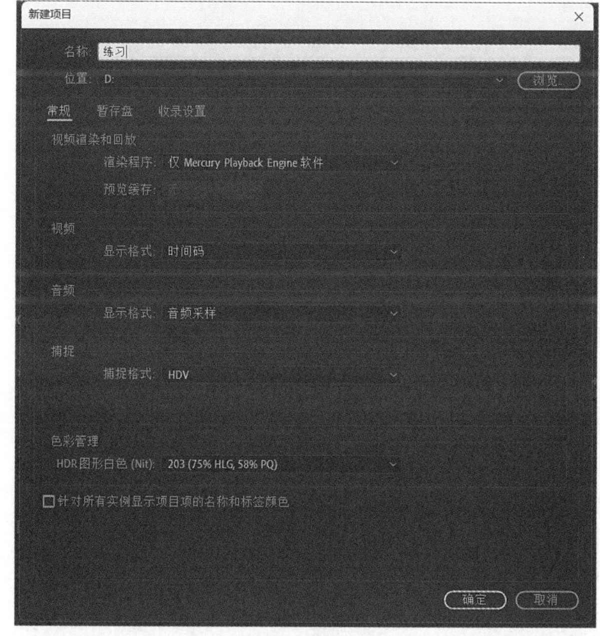

图 4－3　创建工程文件（2）

接下来创建序列：一种方法是在文件菜单栏里选择〖新建〗，打开〖新建序列〗对话框，选择一个合适的尺寸大小，新建序列，如图 4－4 和图 4－5 所示；另一种方法是拖拽素材到时间线面板上的〖在此处放下媒体以创建序列〗，这样我们可以快速创建一个与素材分辨率和帧速率等相匹配的序列文件，如图 4－6 所示。

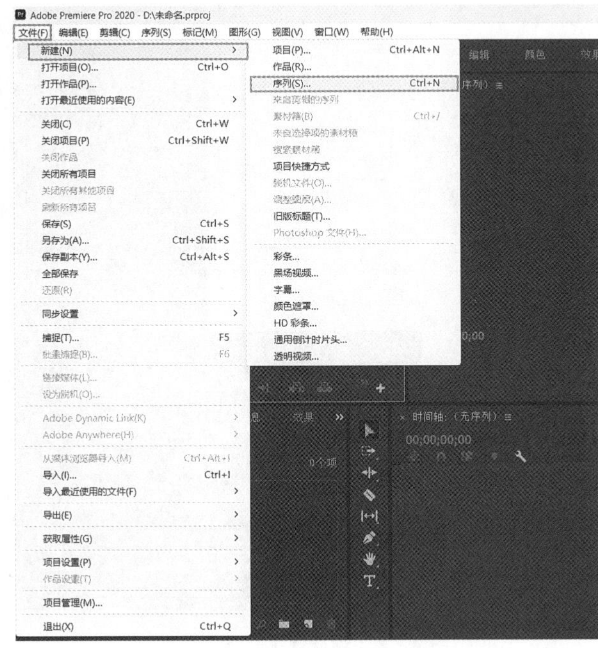

图 4－4　创建序列方法一（1）

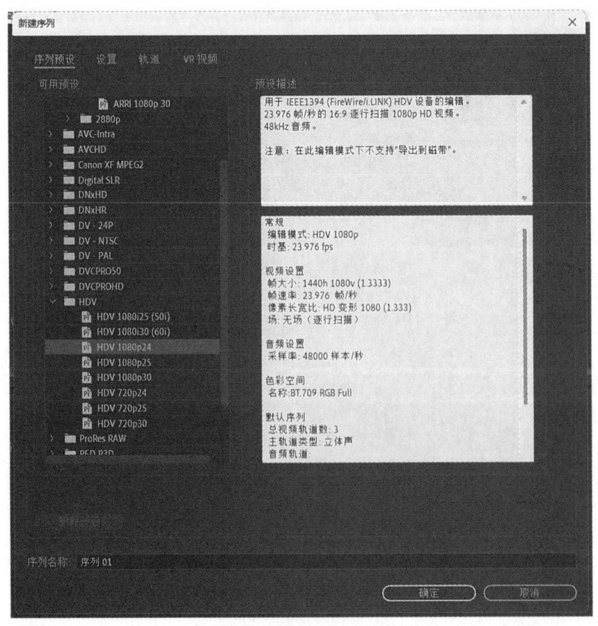

图 4－5　创建序列方法一（2）

图 4－6　创建序列方法二

4.1.3　项目面板

☆课上跟练：
Pr项目面板

在 Pr 中导入素材的方式有很多种，这里介绍三种方法。

方法一：将素材直接拖到项目面板，或者使用快捷键导入素材，导入素材的快捷键为〖Ctrl＋T〗，如图 4－7 所示。

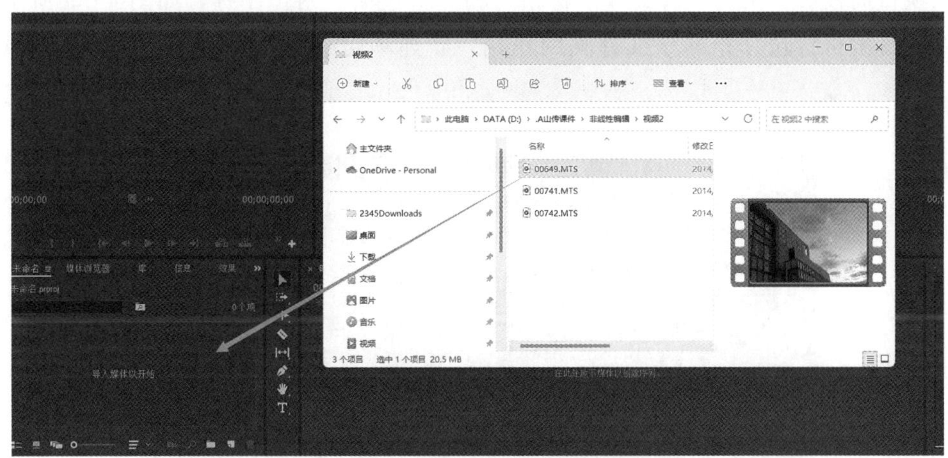

图 4－7　导入素材方法一

方法二：在项目面板空白处，双击鼠标左键，弹出素材文件夹，选择素材打开。

方法三：选中项目面板的〖媒体浏览器〗，找到文件所在位置，选择素材打开，如图 4－8 所示。使用该方法的好处：可以启用过滤功能，以显示自己需要的文件类型；自动检测摄像机数据，以便正确显示原始素材；查看和自定义要显示的元数据种类；正确显示摄像机直接产生的各类媒体文件或放在不同存储卡上的剪辑文件。

在项目面板左下角可以看到〖列表视图〗和〖图标视图〗两个图标，如图 4－9 所示。如果切换到图标视图，可以看到主序列的内容缩略图，在时间线面板中也可以看到这个序列。

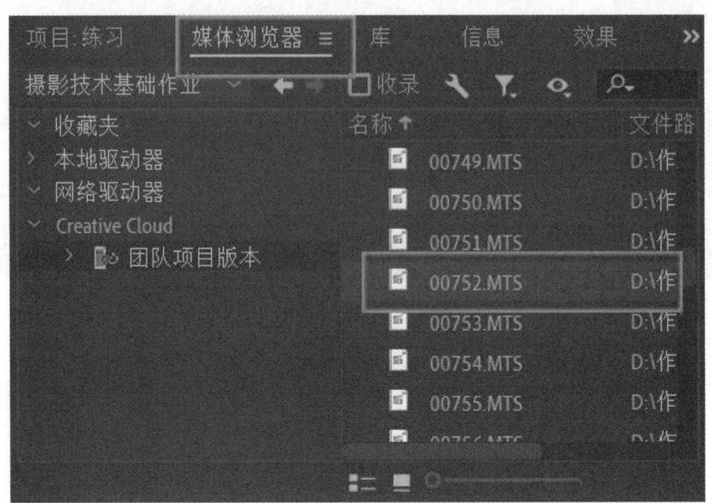

图 4－8　选择素材打开

在项目面板右下角可以看到〖素材箱〗和〖新建项〗两个图标，如图 4－9 所示。素材箱可以将素材打包，相当于文件夹的作用，新建项可以新建序列等元素，如图 4－10 所示。

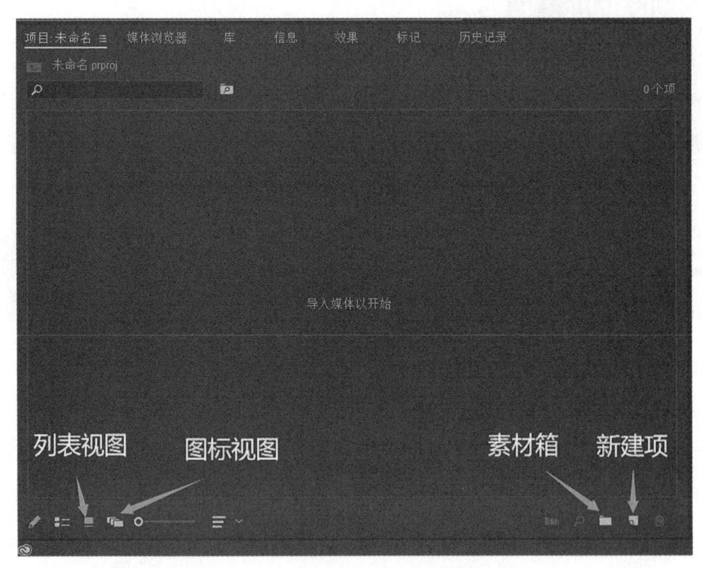

图 4－9　〖列表视图〗和〖图标视图〗图标

如果点击拖动导航条，可以看到很多关于这些剪辑的信息。例如，“视频信息”标题下方列出了这些剪辑的分辨率。如果点击标题，则会根据标题内容对项目面板中的项目进行排序。如果再点击标题，项目的排序就会颠倒。再次点击该标题，就会恢复正常的字母排序。左下角的空间可以调整这些缩略图的大小。将鼠标悬停在缩略图上，可以预览剪辑内容，左边是剪辑的开头，右边是剪辑的结尾，通过这种方式可以快速查看剪辑内容。Pr 中的这种功能叫作“悬停擦洗”。

如果单击选中一个剪辑，可以得到一个迷你时间线和一个指示所在位置的小播放头，不要双击，双击会在素材监视器中打开剪辑。

可以点击这个小播放头，将它拖动到不同的位置；还可以使用空格键播放和暂停播放。

项目面板顶部有一个搜索栏，可以在这里输入任何文本，查找与输入文本相匹配的剪辑。

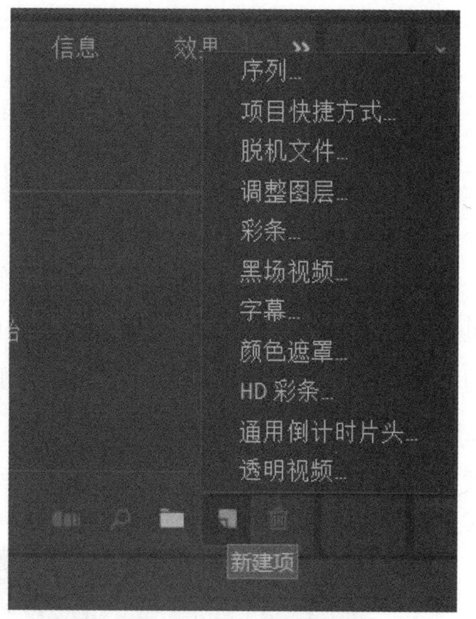

图 4－10　项目面板

4.1.4　工具栏

☆课上跟练：Pr工具栏1

工具栏集合了所有视频剪辑工具，如选择工具、向前向后选择工具、波纹编辑工具等，如图 4－11 所示。

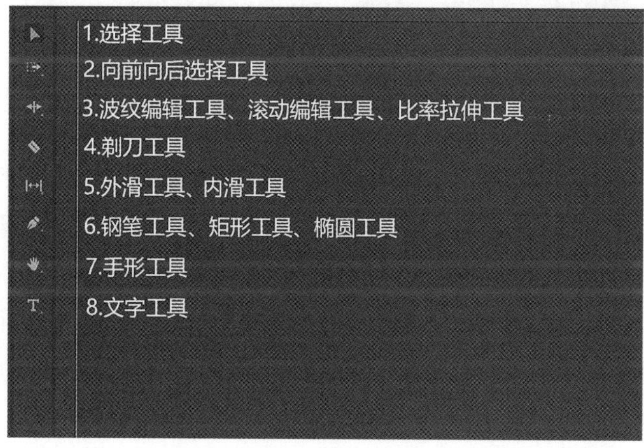

图 4－11　工具栏

1. 选择工具（V）

选择工具是最常用的工具，其常规功能是移动素材和控制素材的长度。

其配合〖Ctrl〗键可以强行插入素材。如果想在已剪辑好的片段中插入素材，那么可使用上面的组合键拖拽素材，移动到切入点，松开后素材就能插入已剪辑好的片段中了。

其配合〖Shift〗键可以选择多目标。

其配合〖Alt〗键忽略编组或链接而移动素材。如果要对已经编组或链接的素材进行细微的调整，那么使用该组合键可以在不取消编组或链接的情况下移动素材。

2. 向前轨道选择工具（A）/向后轨道选择工具（Shift+A）

轨道选择工具可以向前和向后选择轨道。向前轨道选择工具的快捷键为〖A〗，向后轨道选择工具的快捷键为〖Shift+A〗。使用向后轨道选择工具可以选择该轨道上箭头以后的所有素材，视音频链接在一起的则音频同时也被选中，如图 4－12 所示。按住〖Shift〗键可以变为多轨道选择工具，且单箭头变为双箭头，此时即使是单独的声音（如音效、音乐等）也会被同时选中。

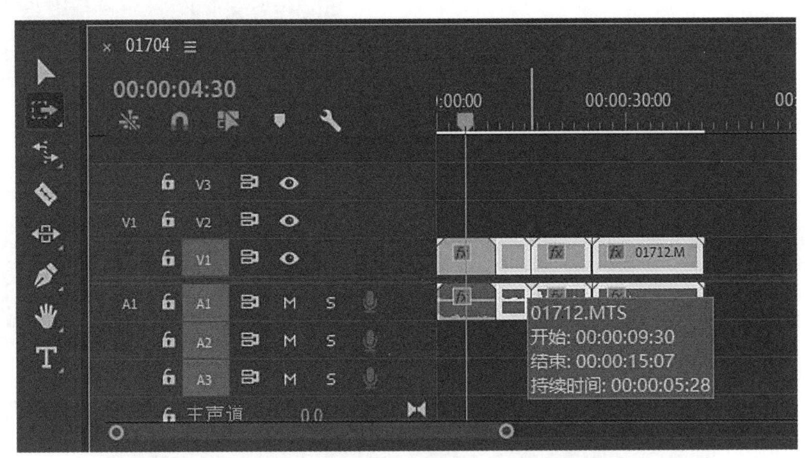

图 4－12　向前轨道选择工具和向后轨道选择工具

3. 波纹编辑工具（B）

改变选中波纹接口处的波纹入口时间点（简称“入点”）和出口时间点（简称“出点”），并将之后的素材整体向前移动或者向后移动，会导致整个序列的时长改变。

（1）改变出点。切换至波纹编辑工具，然后放在未解链的素材任意一个接口，当素材接口处出现黄色右中括号时，可以对右中括号左边第一个素材的出点进行编辑（拉长或者缩短），然后可以整体移动出点之后的素材。这相当于将选择工具放在波纹接口处对波纹出点进行编辑，然后整体移动之后的素材，如图 4－13 所示。

（2）改变入点。切换至波纹编辑工具，然后放在未解链的素材任意一个接口，当素材接口处出现黄色左中括号时，可以对左中括号右边第一个素材的入点进行编辑（拉长或者缩短），然后可以整体移动入点之后的素材，如图 4－14 所示。

（3）进行错乱波纹编辑。所谓的错乱编辑是指对音频和视频接口片段不一一对应的情况下进行编辑。此时我们的素材片段必须是解链解锁的情况下才可以操作。方法是在波纹

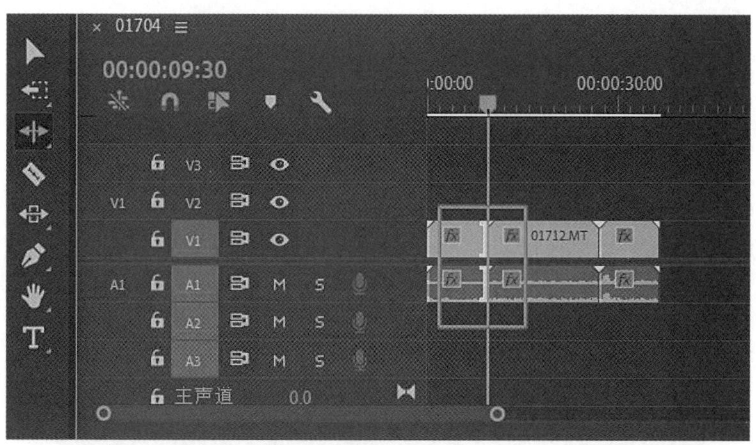

图 4－13　改变出点

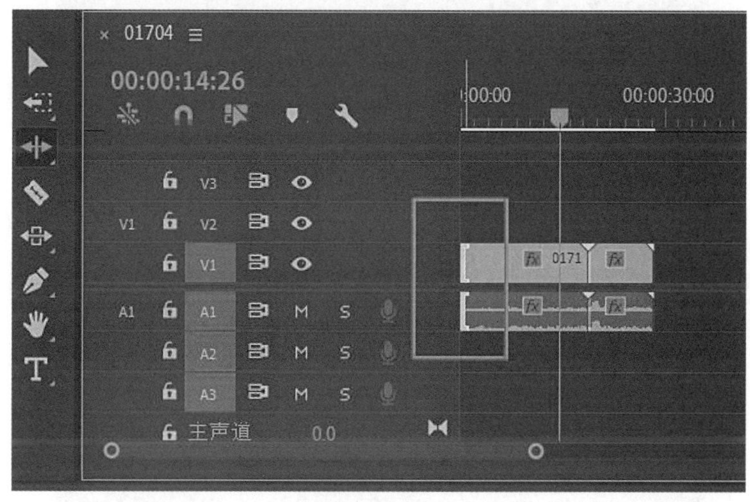

图 4－14　改变入点

编辑工具的情况下按住〖Shift〗键，点选不同的接口，然后拖动中括号，整个过程〖Shift〗键不能松手。

4. 滚动编辑工具（N）

滚动编辑工具可以很方便地调节剪辑点两侧素材的出点和入点。此工具的作用是改变前一个素材的出点和后一个素材的入点，且总长度保持不变。但当其作用于首尾素材时，改变的是第一个素材的入点和最后一个素材的出点，总长度发生改变。

选中〖滚动编辑工具〗，将第一段视频向右拖动，如图 4－15 和图 4－16 所示。

5. 比率拉伸工具（R）

比率拉伸工具用来对素材进行变速，可以制作出快放、慢放等效果。具体的变化数值会在素材的名称之后显示，如图 4－17 所示。

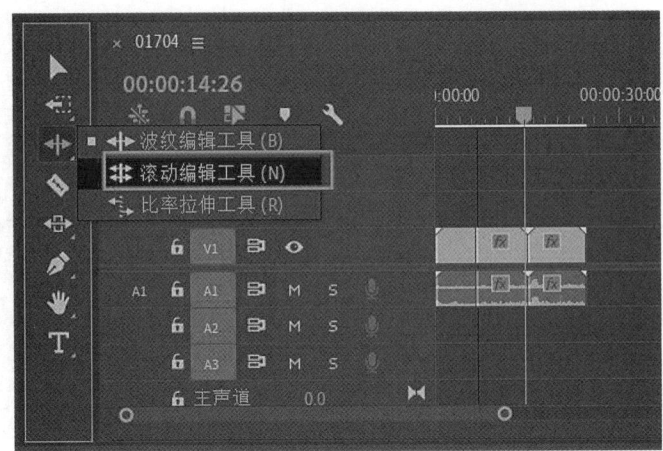

图 4－15　选中〖滚动编辑工具〗

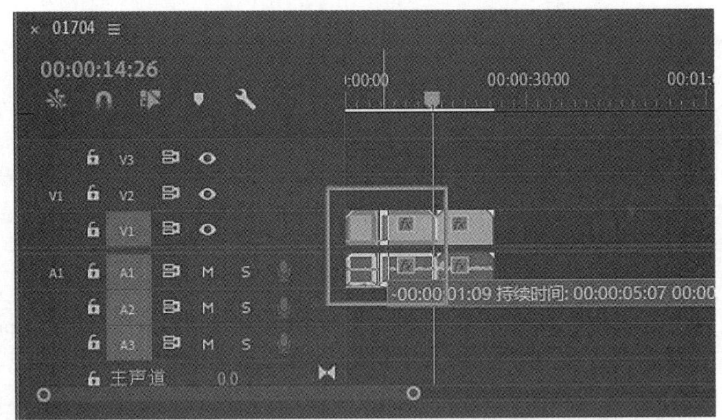

图 4－16　将第一段视频向右拖动

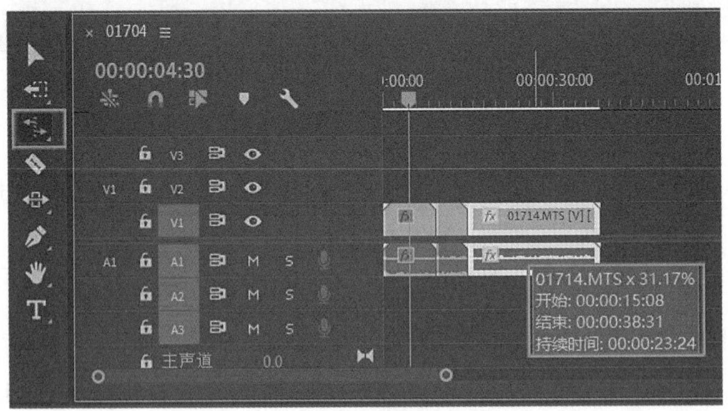

图 4－17　比率拉伸工具

☆课上跟练：
Pr工具栏2

6. 剃刀工具（C）

剃刀工具用于在时间线面板上切割素材，以便重组素材。

7. 外滑工具（Y）/内滑工具（U）

为了便于对外滑工具和内滑工具的理解，举个例子。一个轨道上有三段素材 A、B、C，如图 4－18 所示，把外滑工具放在某一素材上，左右滑动，可以看到被选中素材的总长不变，变化的是被选中素材的入点和出点。把内滑工具放在素材 A 上，向右滑动，可以看到变化的是素材 B 的入点，而素材 A 的入点、出点和总长度不变；把内滑工具放在素材 C 上，左右滑动，改变的是素材 B 的出点，而素材 C 的入点、出点和总长度不变；把内滑工具放在素材 B 上，左右滑动，可以发现素材 A 的出点和素材 C 的入点发生变化，而素材 B 的入点、出点和总长度不变。

提示

在使用外滑工具或内滑工具时，监视器窗口中的视图会变化，注意对照。

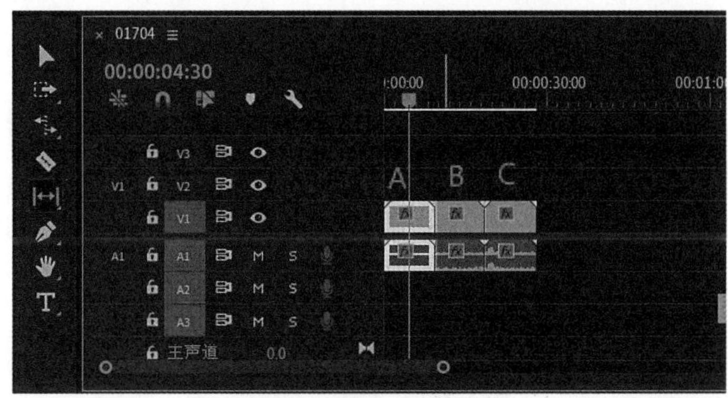

图 4－18　轨道上的三段素材

8. 钢笔工具（P）、矩形工具和椭圆工具

钢笔工具、矩形工具和椭圆工具主要是用来绘制形状的。选中钢笔工具，在需要的位置点击一下确定起点，直接点其他位置可以绘制直线，可以在效果控件中设置形状属性，如图 4－19 所示，而在点第二个点的同时按住鼠标不放并进行拖拽可以绘制曲线，如图 4－20所示。矩形工具和椭圆工具的绘制方法同理。

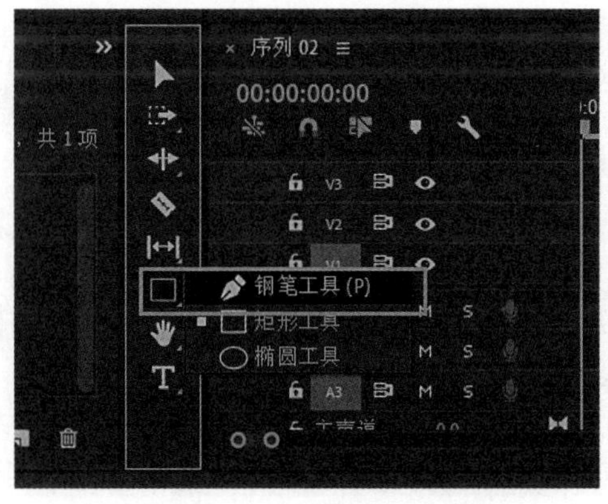

图 4－19　选中钢笔工具

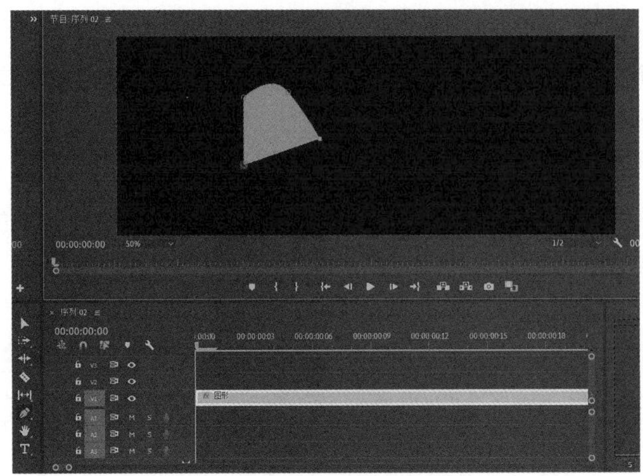

图 4－20 绘制曲线

9. 手形工具（H）

手形工具主要用来对轨道进行拖拽，它不会改变任何素材在轨道上的位置。

10. 缩放工具（Z）

缩放工具可以对整个轨道进行缩放。如果想着重显示某一段素材，可以选择此工具后进行框选，这时会出现一个虚线框，松开鼠标后此段素材就会被放大。

提示

提示：按住〖Alt〗键可以在放大和缩小之间进行切换。

11. 文字工具（T）

工具栏选择文字工具，直接在项目中单击添加字幕。当我们添加完字幕后，选择字幕层的效果控件项目即可看到多了一个文本效果，在这里可以对当前文本的字体、颜色、描边、位置等参数进行修改，如图 4－21 所示。

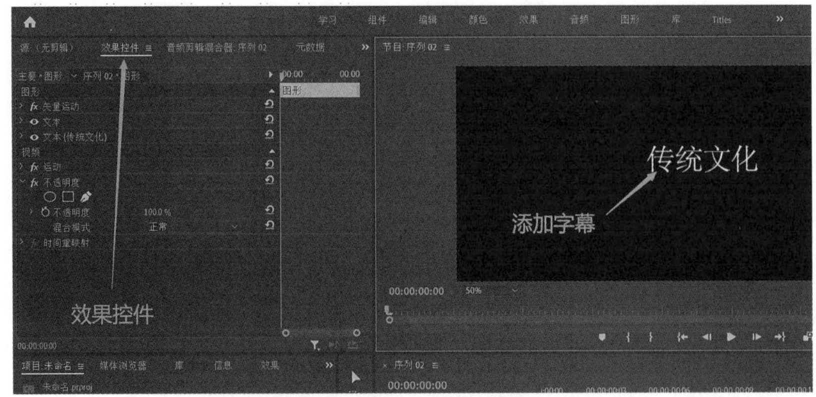

图 4－21 文字工具

实 例

工具栏的使用

(1) 新建 Pr 项目，并命名。

(2) 导入素材。在左侧项目面板空白处双击鼠标左键，导入所需要的素材，选择素材点击〖打开〗，此时可以把素材导入 Pr 软件中。除上述方法外，还可以使用快捷键导入素材，导入素材的快捷键为〖Ctrl＋I〗。

(3) 创建序列。拖拽素材到〖在此处放下媒体以创建序列〗，如图 4－22 所示。这样我们可以快速创建一个与素材分辨率和帧速率等相匹配的序列文件。

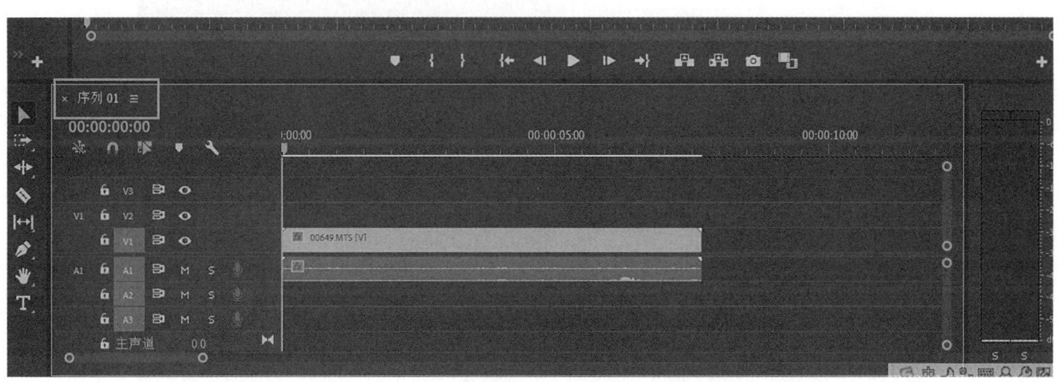

图 4－22　创建序列

(4) 剪辑。直接拖动鼠标剪辑：把时间线拖拽到需要裁剪的地方，此时可以使用鼠标调整大概时间线，然后通过〖◀〗〖▶〗键进行逐帧调整。调整到适合剪辑的帧时，鼠标调整到素材末尾，使光标变为另一种图标，如图 4－23 所示。

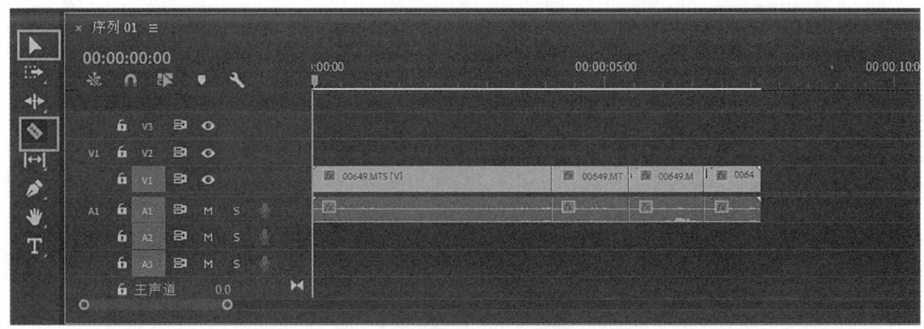

图 4－23　剪辑

向前移动鼠标至时间线指针处可以感觉有明显的吸附感，此时可以放开鼠标完成剪辑。按〖C〗键可以出现剃刀工具，在相应的位置进行裁剪，取消剃刀状态可以按〖A〗键，将分割好的视频条重新组合排列，预览进行修改。

(5) 导出素材。点击工具栏中的〖文件〗，选择〖导出〗→〖媒体〗，如图4－24所示。除此之外，我们还可以使用导出快捷键〖Ctrl＋M〗导出素材。点击之后弹出〖导出〗对话框，如图4－25所示。

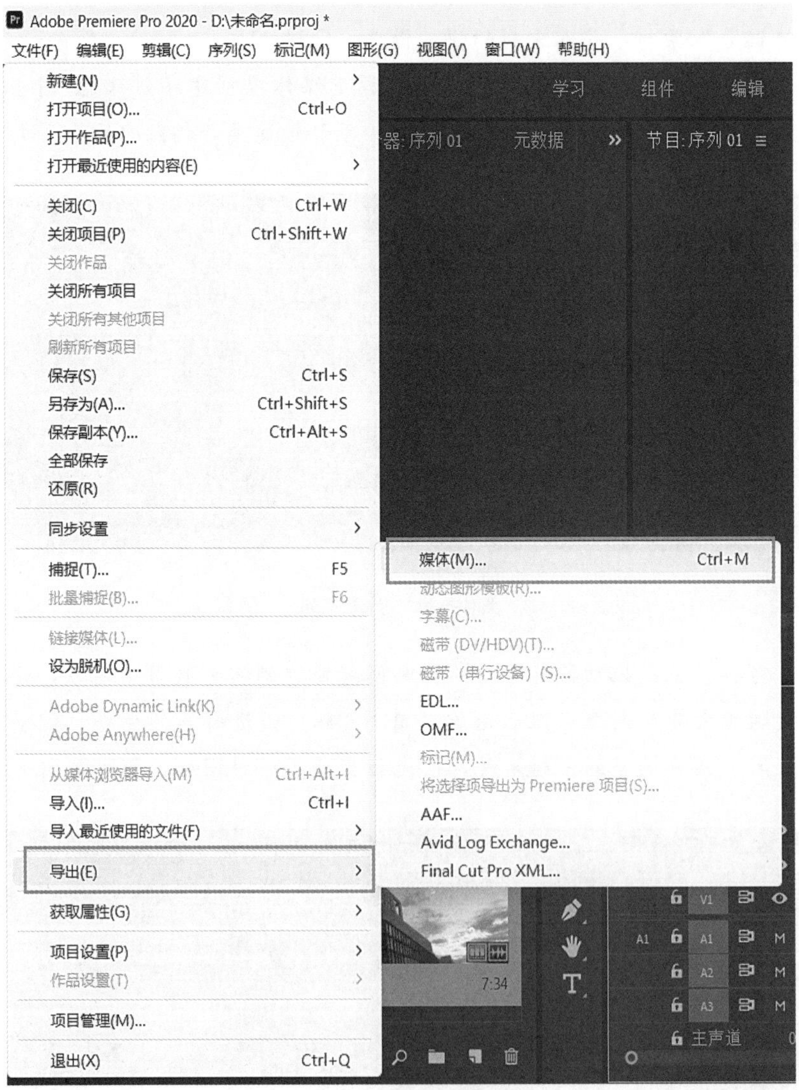

图4－24　导出素材

图 4-25　〖导出〗对话框

提示

前面章节中已经讲解了关于视频格式和编码的问题，这里可以对照前面的知识点，梳理一下视频的格式和编码选项。本练习格式选择 H.264，双击输出名称，更改保存文件位置及重命名。

4.1.5　时间线面板

☆课上跟练：
Pr时间线面板

时间线面板是 Pr 的核心部分，在编辑影片的过程中，大部分工作是在时间线面板中完成的。通过时间线面板，可以轻松地实现对素材的剪辑、插入、复制、粘贴、修整等操作，如图 4-26 所示。

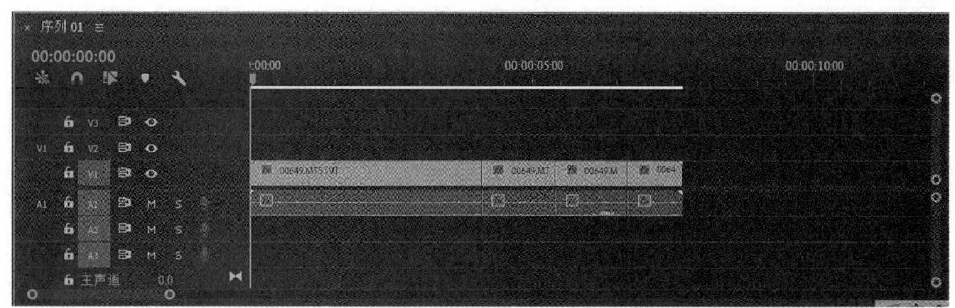

图 4-26　时间线面板

1. 时间线面板工具

V1、V2、V3 等表示视频轨道，A1、A2、A3 等表示音频轨道。应将视频或音频剪辑拖入到相应类型的轨道。Pr 采用层叠式轨道结构，视频轨道可以随意添加。音频轨道最多支持 32 个声道。

对于大小不一的剪辑，可使用效果控件面板里的〖视频/运动/缩放〗，或者在剪辑上右击，选择〖缩放为帧大小〗或〖设为帧大小〗。

改变时间线视图的方法有两种：(1) 横向缩放与平移。〖+〗键放大、〖-〗键缩小，或者〖Alt〗+滚动鼠标滚轮。按住〖Ctrl〗+滚动鼠标滚轮或者按〖PgUp〗键和〖PgDn〗键，可左右平移视图。按〖\〗键可以显示全部剪辑。(2) 纵向缩放与平移。滚动鼠标滚轮，可上下平移轨道视图。〖Shift++/-〗键可以快速切换所有轨道高度（最小化和展开）。双击轨道头左侧空白处，可以快速切换此轨道的高度。〖Ctrl++/-〗键可以逐步增加或减小所有视频轨道的高度。在轨道左侧空白处按住〖Shift〗+滚动鼠标滚轮可以逐步增加或减小所有视频或音频轨道的高度。

提示

有一些与时间线视图有关的设置可以在面板左侧的🔧按钮中进行。

时间线面板的左上有五个按钮以及一个菜单栏，如图 4-27 所示。

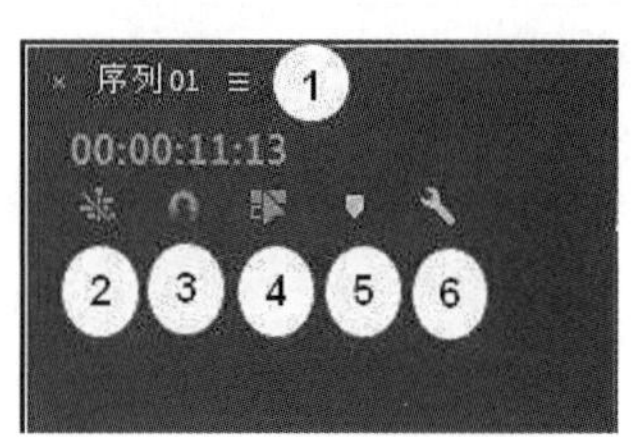

图 4-27　时间线面板

(1) 序列 01 ≡ 面板名称和时间轴面板控制菜单。双击面板名称，可以最大化时间轴面板。打开时间轴面板控制菜单，可进行更改剪辑缩览图样式等操作，如图 4-28 所示。

(2) 将序列作为嵌套或个别剪辑插入并覆盖。默认为嵌套状态（白色），当把另一个序列拖入到当前序列来时，则将此序列作为当前序列的一个剪辑。个别状态（蓝色）下，则拖入的序列中的所有剪辑以原有的轨道布局添加到当前序列中。

(3) 在时间轴中对齐。默认启用对齐，当移动剪辑时，会自动靠拢并对齐其他剪辑或当前播放指示器位置。

(4) 链接选择项。默认启用，剪辑中自带的音频与视频成链接关系。若禁用，则可单独选择视频或音频，也可按〖Alt/Opt〗键点击剪辑取消链接关系，还可在剪辑上右击选择〖取消链接〗。

(5) 添加标记。可在播放指示器位置添加剪辑标记或序列标记（未选中任一剪辑的前提下）。

图 4－28　面板名称及面板控制菜单

（6）时间轴显示设置。时间轴显示设置又称为“扳手”按钮，可进行有关时间轴上剪辑显示的一些设置，包括最小化所有轨道、展开所有轨道等，如图 4－29 所示；也可以在时间轴面板轨道头上拉动两轨道之间的线来改变单个轨道的显示高度。

2. 轨道头选项

轨道头选项主要对时间轴上不同轨道的编辑，共有 8 个工具，如图 4－30 所示。

图 4－29　时间轴显示设置

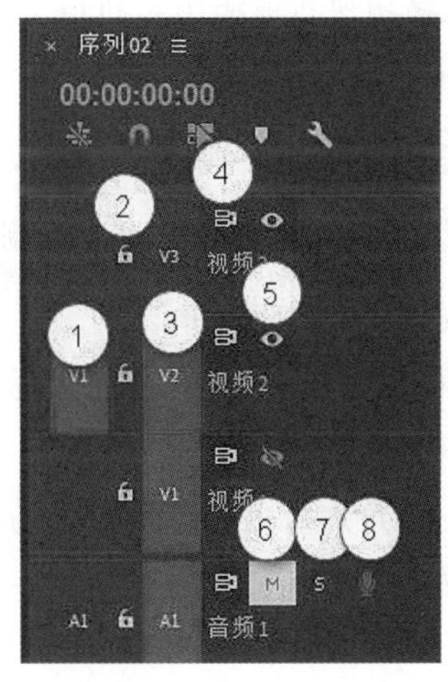

图 4－30　轨道头选项

（1）V1 源轨道选择器。通过源面板插入或覆盖剪辑的工作轨道，只能点亮一个视频和音频轨道。例如，A1 没点亮时，仅插入视频到点亮 V1 的轨道上，反之亦然。在使用源面板或快捷键插入剪辑时要特别留意此标志所在位置。

提示

源轨道选择器的显示与否跟项目面板及源面板中选中的素材有关。例如，选中无音频的视频素材时，将不会显示 A1。

（2）切换轨道锁定。轨道被锁定后就不可以进行任何修改操作了。被锁定的轨道的剪辑上显示出斜线。

（3）V2 序列轨道指示器。可以激活或不激活一个或多个轨道。如果关闭，则该轨道不参与序列操作命令。例如，使用光标上、下键只会跳转到激活轨道上的编辑点。或者，按〖Ctrl＋K〗键时只会剪切激活轨道上的剪辑。或者，按〖Ctrl＋C〗键复制剪辑后，使用〖Ctrl＋V〗键进行粘贴时，会自动粘贴到数字最小的激活轨道上。

（4）切换同步锁定。默认开启序列整体同步。在插入或波纹删除时，开启同步锁定的轨道上的相应剪辑将同步移动。若关闭同步锁定，则相应轨道上的剪辑不受影响。

提示

覆盖操作由于不会改变序列的持续时间，因此不受同步锁定影响。

（5）切换轨道输出。轨道上的剪辑内容在播放中是否可见。

（6）M 静音轨道。不播放该轨道的音频。

（7）S 独奏轨道。除了该轨道，其他轨道的音频都将被静音。

（8）画外音录制。常用于录制旁白。

3. 在素材上进行标记

把时间指针移动至需要进行标记的位置，找到左下角〖添加标记〗，其快捷键为〖M〗，如图 4－31 所示。

点击右下角加号可以选择更多的按钮，点击右下角按钮〖编辑器〗添加〖转到上一标记〗与〖转到下一标记〗，〖转到上一标记〗的快捷键为〖Ctrl＋Shift＋M〗，转到下一标记的快捷键为〖Shift＋M〗，如图 4－32 所示。

图 4－31　〖添加标记〗

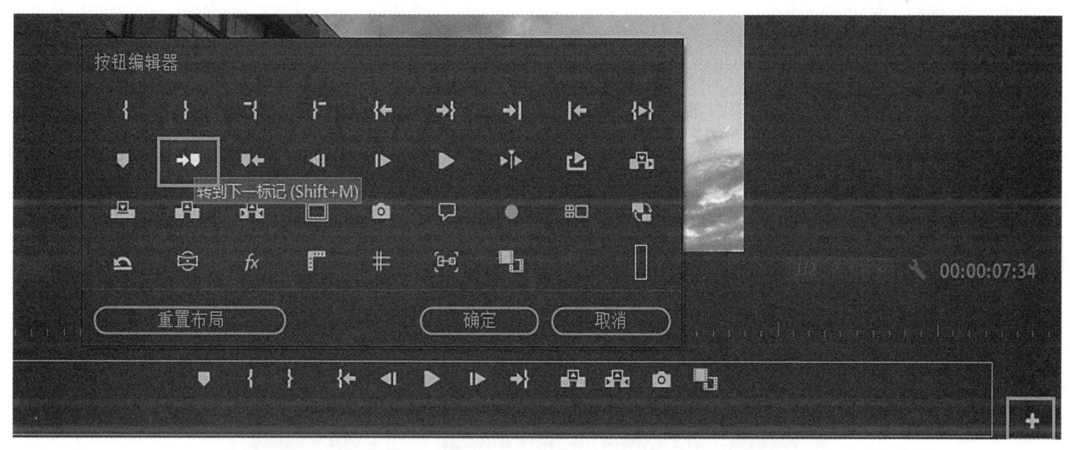

图 4－32　〖转到下一标记〗

如果想要清除标记，可以在时间线右击，找到〖清除所选的标记〗或〖清除所有标记〗选项，如图 4－33 所示。

如果想对标记进行编辑，找到标记处，点击鼠标右键，选择〖编辑标记〗，如图 4－34 所示。可以在〖编辑标记〗页面增添一些剪辑注释，如图 4－35 所示。添加注释，有助于其他剪辑人员迅速获取相关信息，提高工作效率。

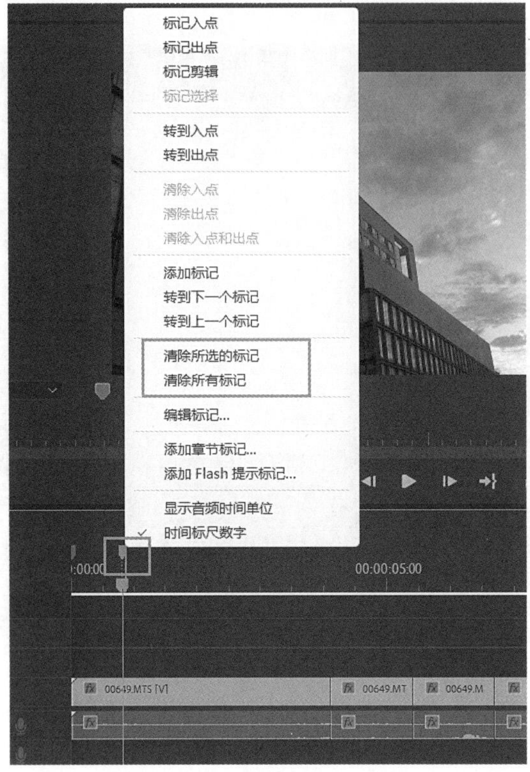

图 4－33　清除标记

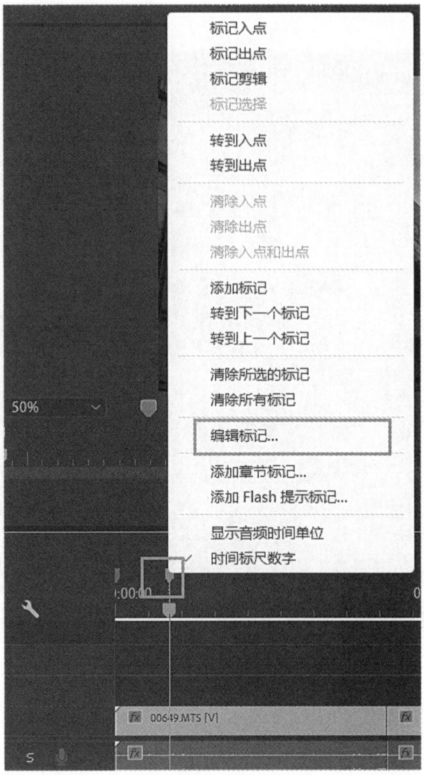

图 4－34　选择〖编辑标记〗

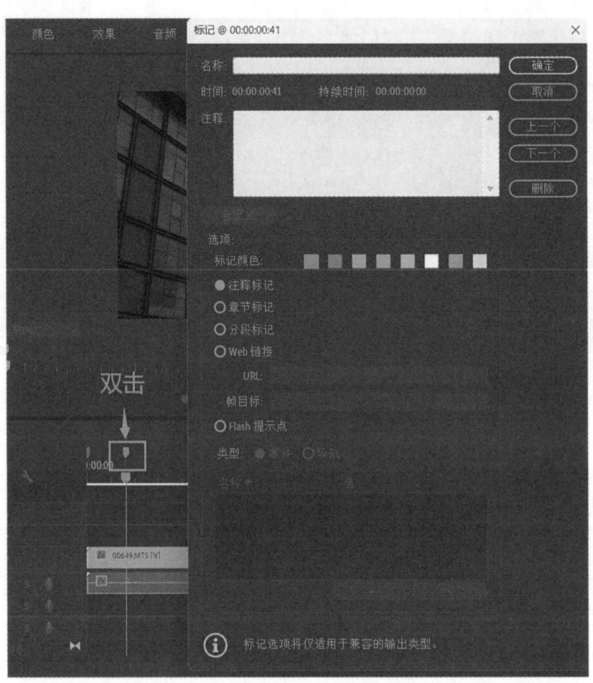

图 4－35　增添一些剪辑注释

4. 时间线上剪辑素材的替换方法

1）从时间线上替换素材

已经完成素材的剪辑后，如果需要进行素材的替换（见图 4－36），那么最简单的方法就是选择时间线上需要替换的素材，按〖X〗键，创建出点、入点，如图 4－37 所示。对需要插入覆盖素材进行出点、入点的标记，点击覆盖即可，如图 4－38 所示。

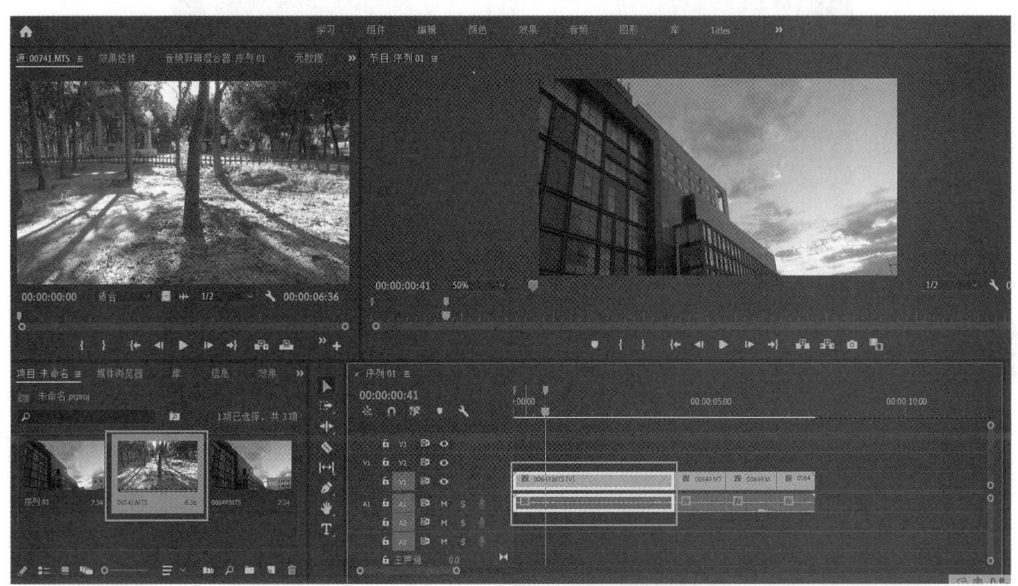

图 4－36　需要进行素材的替换

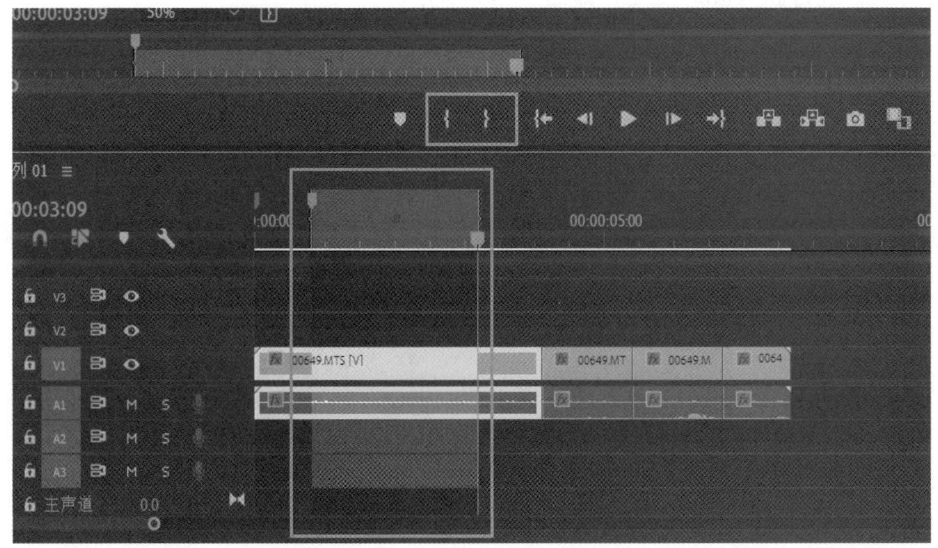

图 4－37　创建出点、入点

图 4-38　进行出点、入点的标记

提示

同时设置出点和入点，会造成电脑不知道按照哪一个点进行覆盖（出点、入点），如果素材只有入点进行替换，此时可以清除出点，直接进行覆盖。

如果素材时间为不可修改的，此时选择好替换素材合适的出点和入点，点击覆盖，便能按照对话框进行相对应的匹配，如图 4-39 所示。

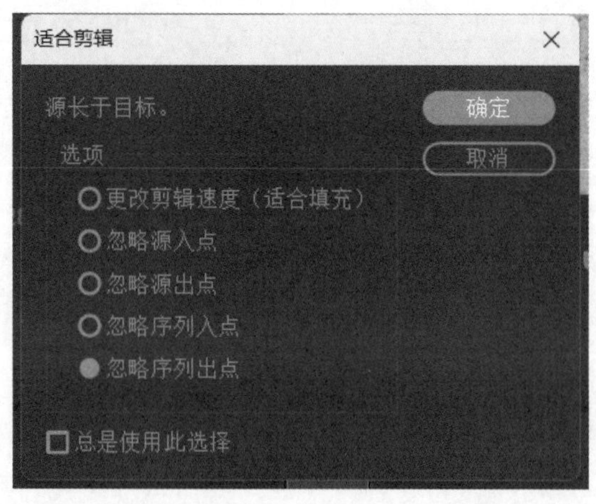

图 4-39　素材覆盖

以上效果只适用于没经过处理的素材（如调色等特效命令）。

如果被替换素材添加过效果，在时间线的素材上点击鼠标右键，在下拉列表中依次选择〖使用剪辑替换〗→〖从源监视器〗(见图 4－40)，可以看到素材已经替换，如图 4－41 所示。此时查看效果控件可以发现原来的效果已经替换到素材里面。

图 4－40　找到〖使用剪辑替换〗

图 4－41　从时间线上替换素材的效果

2）从源监视器

从源监视器进行匹配入点，不会整段进行替换，此选项只会按照一个点进行匹配并且向素材延伸，如图 4 - 42 和图 4 - 43 所示。

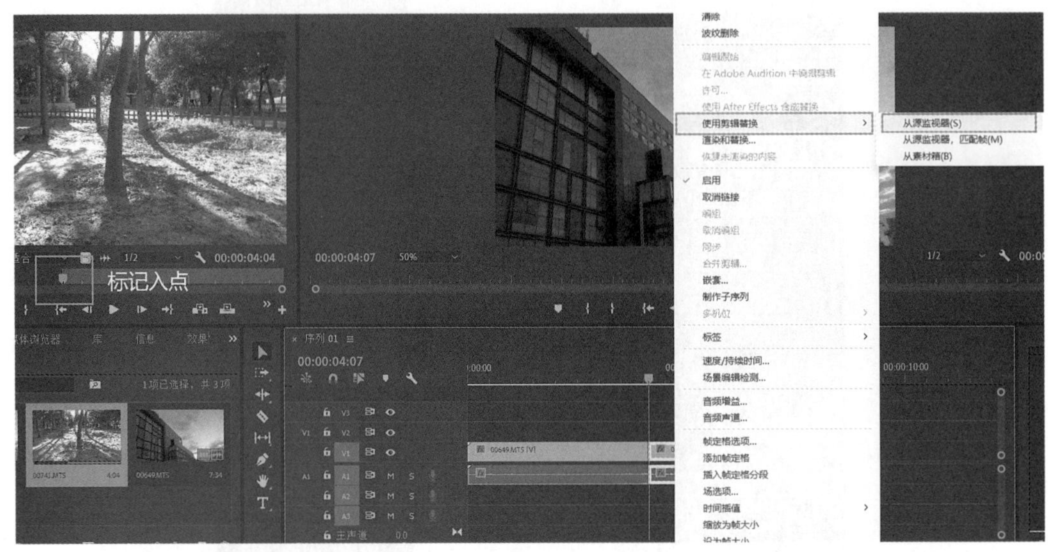

图 4 - 42 〖从源监视器〗匹配入点

图 4 - 43 〖从源监视器〗按照一个点进行匹配

替换素材的源监视器第一帧与时间线第一帧除控制效果以外，其余的都相同。在源监视器中找到需要插入的那一帧，选择〖从源监视器、匹配帧〗即可，如图 4 - 44 和图 4 - 45 所示。

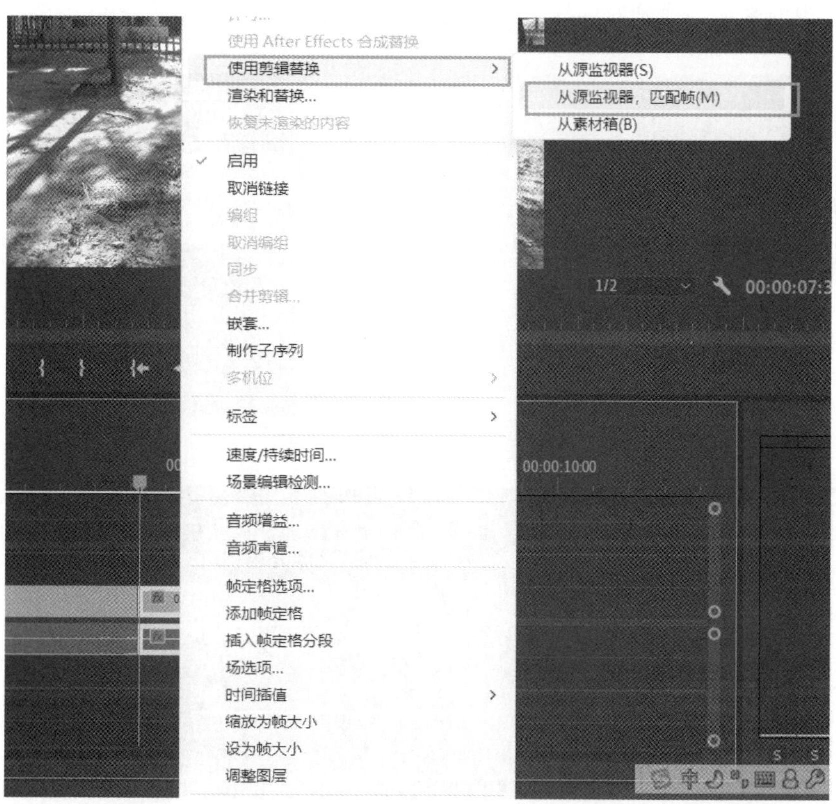

图 4 - 44　选择〖从源监视器、匹配帧〗

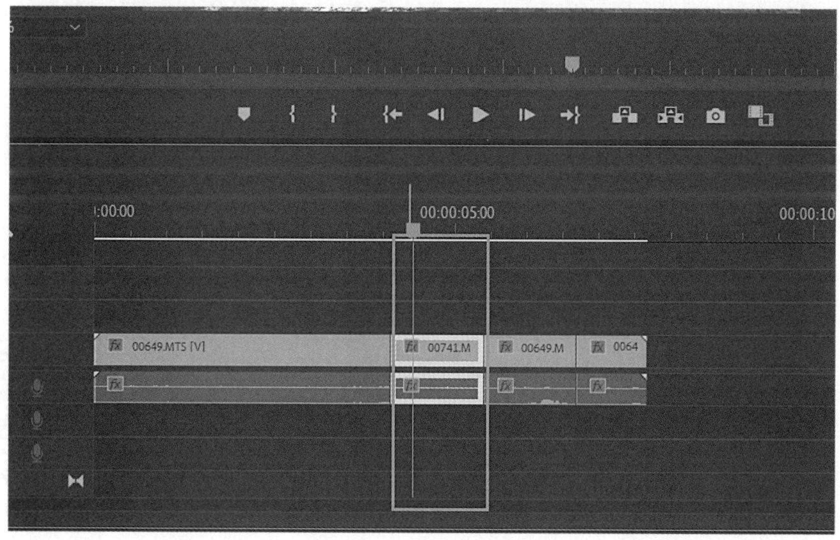

图 4 - 45　〖从源监视器、匹配帧〗匹配帧后的效果

3）从素材箱

首先选择时间线中的素材，然后选择素材箱中的素材，此时把鼠标拖回时间线，在时间线上点击鼠标右键，在下拉列表中依次选择〖使用剪辑替换〗→〖从素材箱〗，此时可以把素材箱中的素材替换到时间线上，如图4-46和图4-47所示。

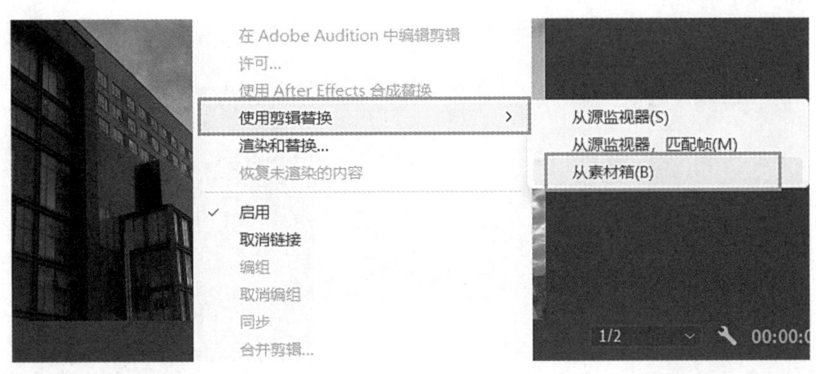

图4-46　选择〖从素材箱〗

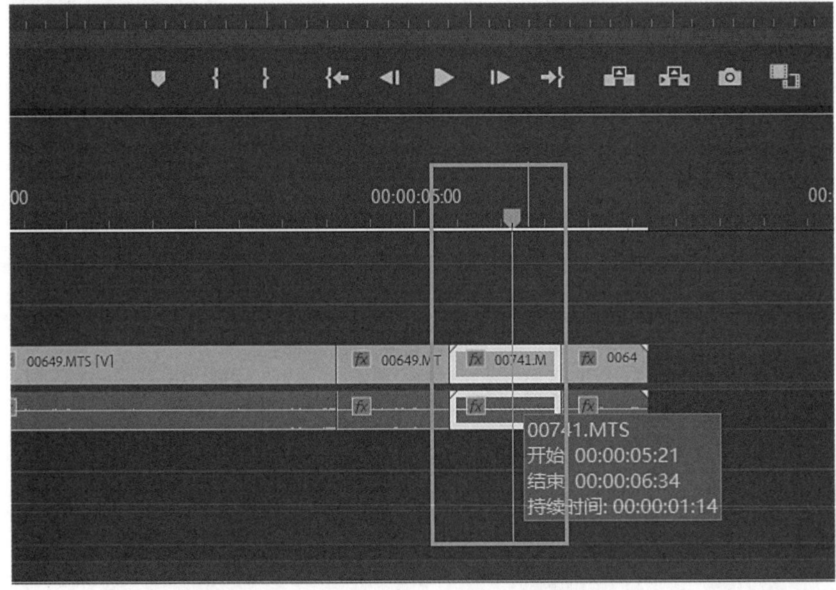

图4-47　〖从素材箱〗替换素材的效果

4.1.6　节目监视器面板

节目监视器面板用于显示时间线面板上编辑的最终结果。（各种面板的大小可根据需要自由调节）

☆课上跟练：Pr节目监视器面板、源面板

（1）播放指示器：显示播放时间进度。

（2）选择缩放级别：放大/缩小源监视器面板的显示范围。

（3）选择回放分辨率：节目监视器面板的分辨率大小与导出的

视频分辨率无关。

（4）小扳手：设置面板工具选项。

（5）最后的时间：表示素材的总时长，如果有入点和出点，则表示入点和出点的持续时间。

（6）标记：添加标记（快捷键为〖m〗），清除标记（点击鼠标右键，选择〖清除所选标记〗或〖清除所有标记〗）。标记入点快捷键为〖I〗，标记出点快捷键为〖O〗，清除入点快捷键为〖Ctrl＋Shift＋I〗，清除出点快捷键为〖Ctrl＋Shift＋O〗，全部清除快捷键为〖Ctrl＋Shift＋X〗。

（7）转到入点（与之相对应的转到出点）：转到刚添加的入点（出点）。

（8）前进一帧（与之相对应的后退一帧）：快捷键为〖◀〗〖▶〗键。前进/后退五帧：快捷键为〖Shift＋◀〗或〖Shift＋▶〗键。

（9）播放（暂停）：开始（暂停）视频、音频的播放。

（10）提升：选择入点和出点后删除内容，删除区域空白。

（11）提取：选择入点和出点后删除内容，删除区域自动缝合。

（12）导出帧：可以将当前帧导出成图片（可以勾选导入项目中）。

（13）比较视图：可以将参与窗口以及当前窗口进行参考。

4.1.7　源面板

导入素材后，选中素材，我们会发现信息面板上会出现选中素材的信息。

在项目面板上双击某个素材，该素材就会出现在源面板中，可以使用源面板上的按钮对素材进行编辑，如图 4-48 所示。

（1）插入：根据时间线的位置插入到时间线素材（若时间线在素材中，则会把原素材分成两块，产生素材位移；若时间线不在素材中，则正常插入），总时长发生改变。

（2）覆盖：见文知意。

源面板又叫作源监视器面板，用于显示某一指定素材。源面板工具栏中大部分工具与节目监视器面板的工具类似，这里不再赘述。源面板中最常用的功能是源截取。

下面通过练习来了解源截取的操作方法。

（1）导入素材后，双击素材，可以在源面板中浏览素材，如图 4-49 所示。

（2）截取想要的素材片段，点击〖标记入点〗按钮或输入字母〖i〗，此时以当前帧为起始点，如图 4-50 所示。向右移动时间线，点击〖标记出点〗按钮或输入字母〖o〗，截取帧结束的部分为最终点，如图 4-51 所示。

（3）对截取的片段进行排列剪辑，剪辑前要新建序列，如图 4-52～图 4-54 所示。

（4）把截取的部分拖拽到新建序列上，完成源截取，如图 4-55 所示。

这是剪辑常用的一个流程，通过键盘上〖◀〗〖▶〗键，可以逐帧确定所需素材的开始或者结束画面。按此步骤剪辑素材更加精确、快速、高效。

图 4-48　使用源面板上的按钮对素材进行编辑

图 4-49　浏览素材

图 4－50　标记入点

图 4－51　标记出点

图 4－52　选择截取到的片段

图 4－53　对截取的片段进行排列

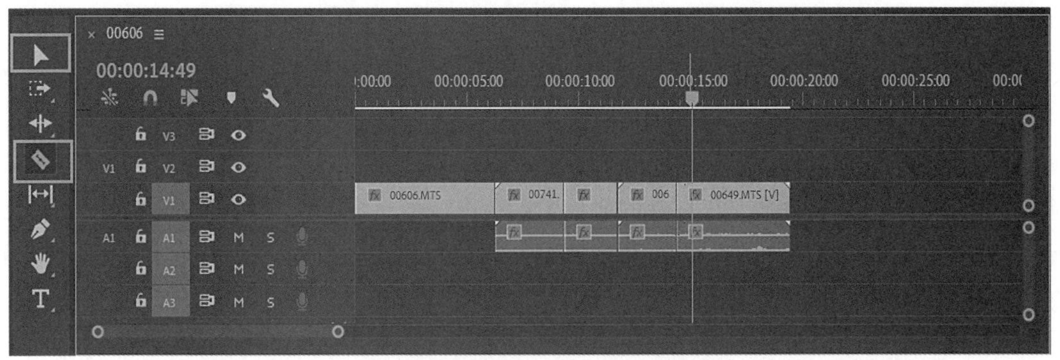

图 4-54　对截取的片段进行剪辑

图 4-55　完成源截取的效果

4.1.8　多机位剪辑

在剪辑多机位素材时，要先明确所有素材的同步点。通过同步点的设定，不同时长的素材可以自动对齐内容。内容对齐后，执行一次剪辑操作就可以完成制作。

下面通过练习来讲解多机位剪辑的操作流程。

（1）将案例的视频素材导入项目面板中。

（2）在项目面板中双击素材，源面板中将显示素材，将指针停在合板时的位置，添加标记（快捷键为〖M〗），如图 4－56 所示。由于拍摄的角度不同，会看到无法合板的画面，这时需要以合板的声音为参考添加标记。

（3）在源面板中，切换到音频波纹显示，在合板的声音处添加标记，如图 4－57 所示。

（4）在项目面板中，选中所有素材，点击鼠标右键，在下拉列表中选择〖创建多机位源序列〗，如图 4－58 所示。在打开的面板中，选中〖剪辑标记〗，所有素材会自动在标记点处对齐，如图 4－59 所示。在项目面板中，选中新生成的多机位源序列，点击鼠标右键，在下拉列表中选择〖从剪辑新建序列〗，生成剪辑序列，如图 4－60 所示。

图 4－56　添加标记

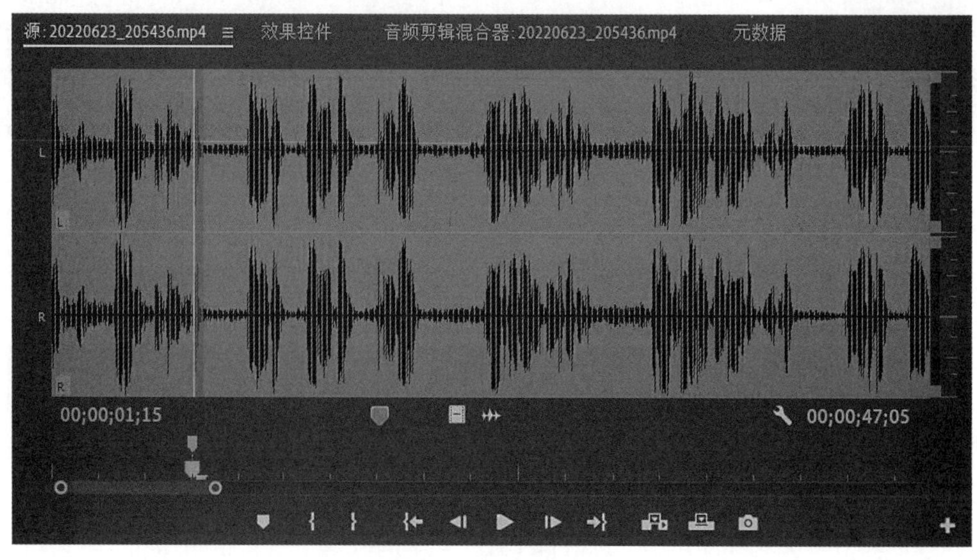

图 4－57　音频波纹显示

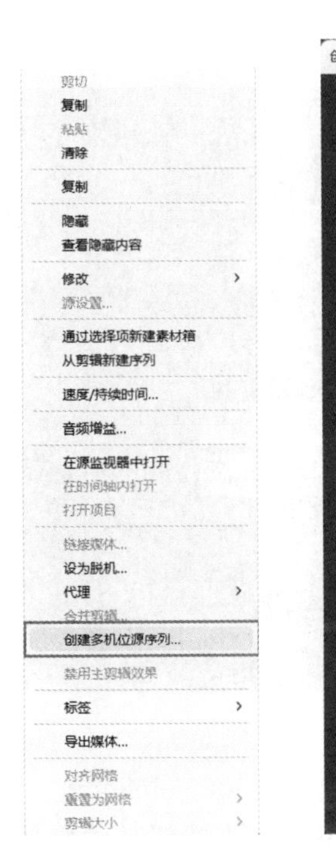

图 4 - 58　选择〖创建多机位源序列〗

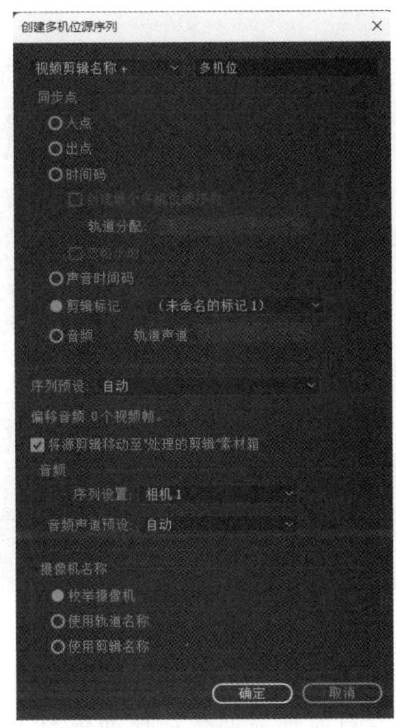

图 4 - 59　选中〖剪辑标记〗

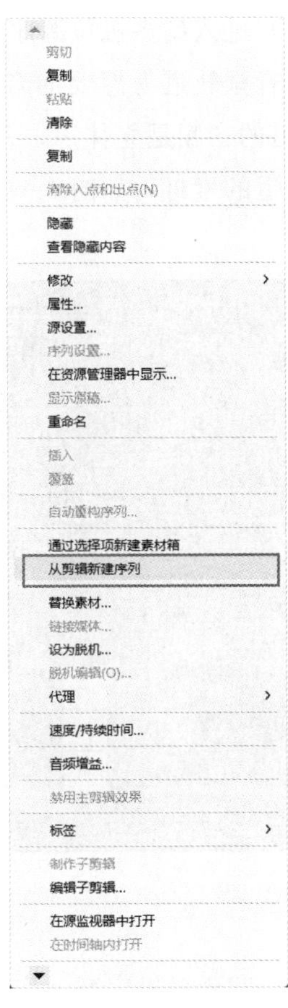

图 4 - 60　选中〖从剪辑新建序列〗

（5）在时间线中，按〖Ctrl〗键的同时双击多机位源序列，如图 4 - 61 所示。

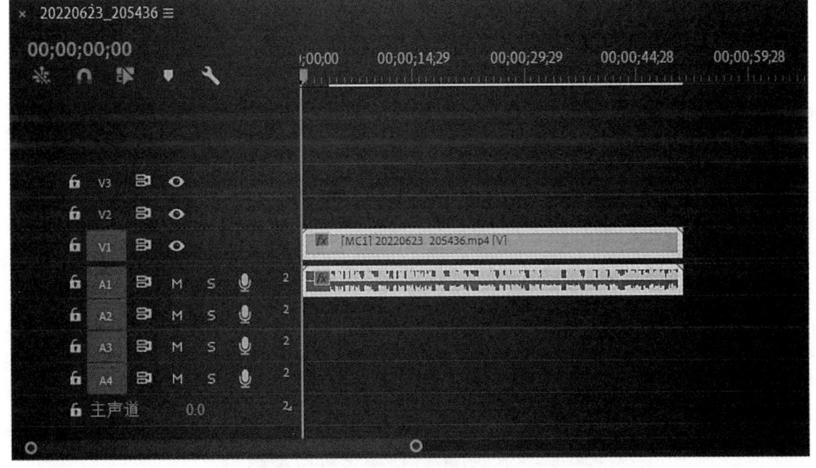

图 4 - 61　双击多机位源序列

（6）进入到多机位源序列内，查看视频素材的标记点处是否对齐，查看音频波纹，选择一条音频轨道为想要的音乐，静音其他音轨。这里通过音频波纹显示可以看到，只有 A1 轨道的音频是立体声，左右声道均有音频波纹，因此保留 A1 轨道的声音，静音其他音频轨道的素材，如图 4－62 所示。

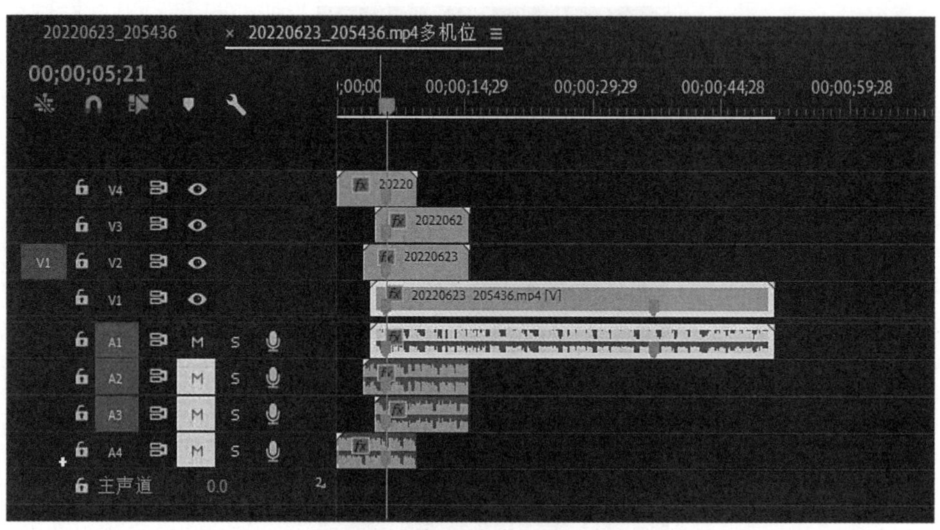

图 4－62　音频波纹显示

（7）回到剪辑序列，切换到节目监视器面板，在面板右下角点击按钮〖编辑器〗，在按钮编辑器面板中点击〖切换多机位视图〗，将其拖曳到节目窗口的播放栏中，如图 4－63 所示。

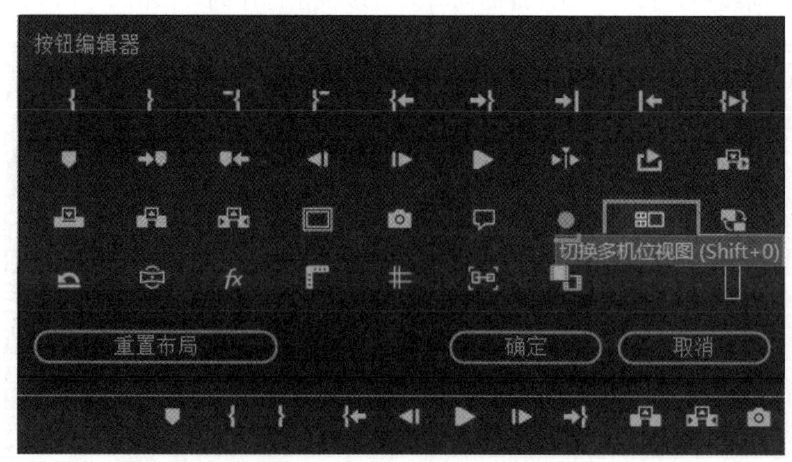

图 4－63　点击〖切换多机位视图〗

(8) 切换到时间线中，按空格键播放，播放的同时按数字键〖1〗〖2〗〖3〗〖4〗，或者点击画面中的镜头画面，进行镜头切换。

提示

到此，基本的剪辑已经完成，接下来对视频素材进行修改和调整。

(9) 删除穿帮的镜头和废镜头。这里删除前期准备阶段的穿帮画面，如图 4 - 64 所示。

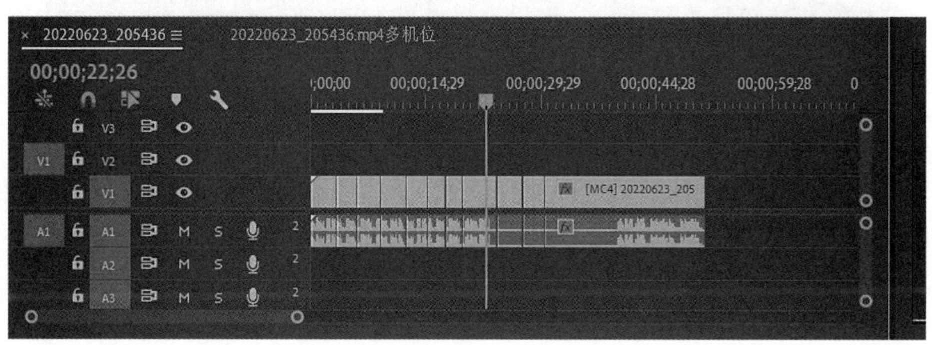

图 4 - 64　删除穿帮画面

(10) 更换画面内容。对有些镜头的画面内容不满意，想换成其他画面，需将指针放在要更换画面的镜头上，在〖多机位〗窗口中，点击想要的画面，指针所在位置的镜头就会换成刚刚选好的画面。

(11) 调整镜头时长。有些镜头过长或过短，用工具栏中的滚动编辑工具，移动编辑点，调整镜头时长。

(12) 修改完成后，点击〖切换多机位视图〗，关闭多机位视图模式，即可。

提示

至此，多机位剪辑制作结束，最后渲染输出即可。

4.1.9　效果控件

☆课上跟练：
Pr效果控件

效果控件中的视频效果主要有三类：运动、不透明度、时间重映射，如图 4 - 65 所示。

(1) 运动：可以对视频进行缩放、位置移动、旋转等操作，如图 4 - 66 中框内的各项参数数值。

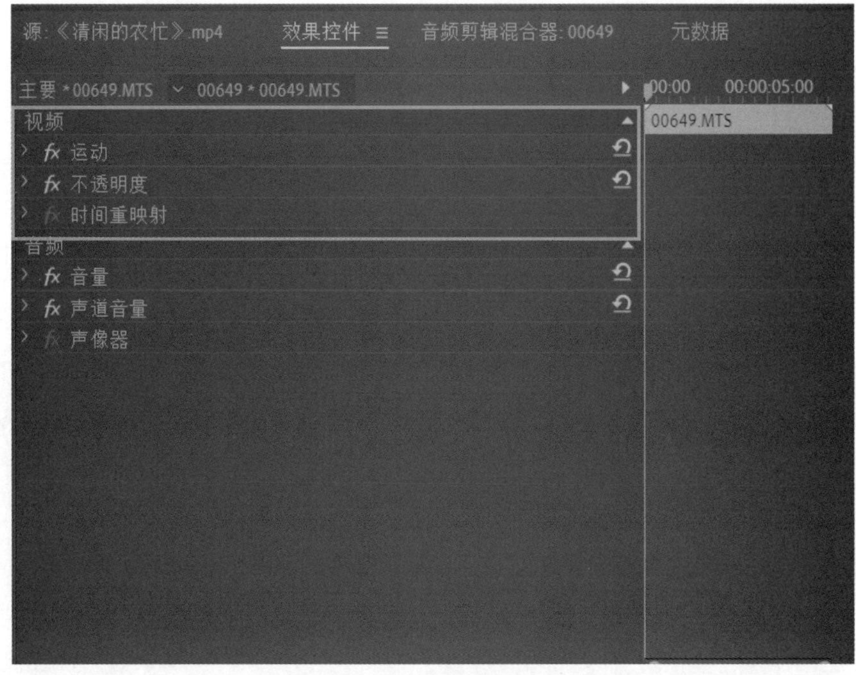

图 4－65　效果控件

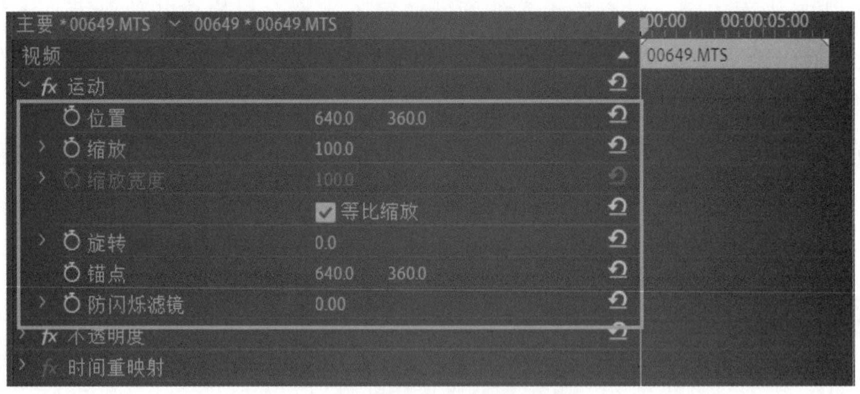

图 4－66　运动各项参数数值

（2）不透明度：可以调节视频的不透明度，可以运用在视频缓入、缓出等操作中。

（3）时间重映射：用 Pr 的速度持续时间修改速度，需要剪辑片段以及设置参数，步骤比较烦琐。而使用时间重映射这一个工具就可以迅速实现加速、减速、倒放、静止，可使画面产生节奏变化，再配合恰当的背景音乐，剪辑效果瞬间提升。

4.1.10 音频混合器

☆课上跟练：
Pr音频混合器

Pr 有两种音频混合器：音频剪辑混合器和音轨混合器。音频剪辑混合器一般作用于选定的音频剪辑上，如用于人声录音中的修复咬字、去除呼吸声等操作。音轨混合器可分别处理每条音轨并控制合成输出，是混音工作的主要控制台。

1. 音频剪辑混合器（见图 4－67）

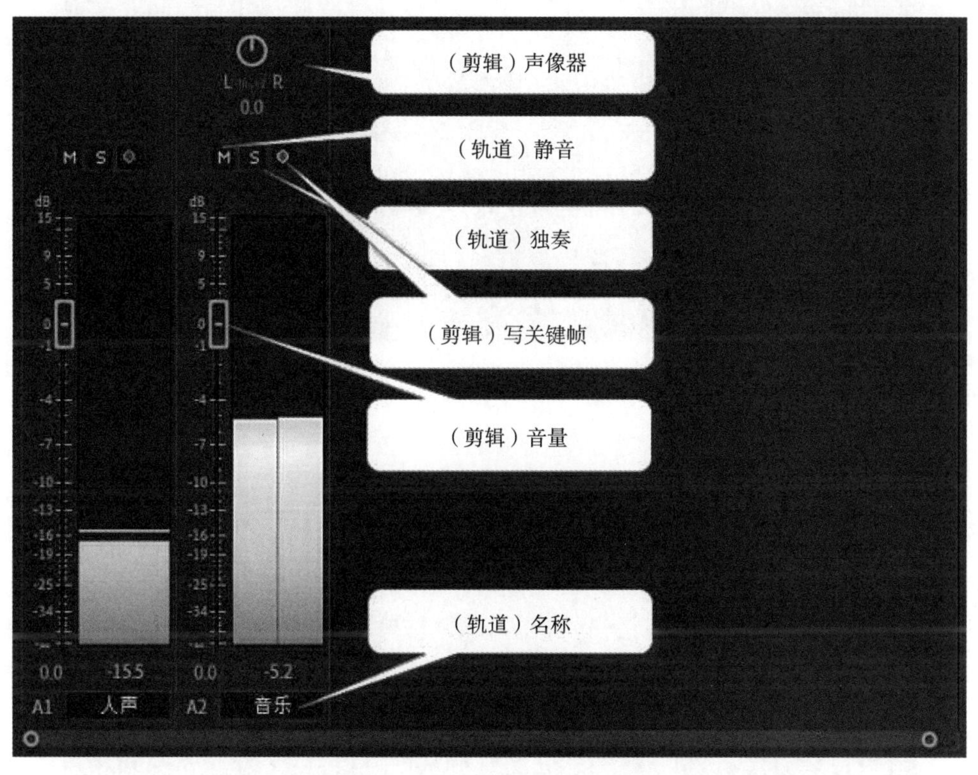

图 4－67　音频剪辑混合器控件

音频剪辑混合器上的静音（M）、独奏（S）两个按钮是针对整个音轨的。

音量和声像器这两个控件主要是对选中的音频进行剪辑。这两个控件与效果控件面板上的“音量/级别”和“声像器/平衡”完全对应。

音频剪辑混合器最有用的功能其实是对音频剪辑自动写关键帧。

开启〖写关键帧〗功能后，点击项目窗口中的〖关键帧闭锁模式〗，就可以在面板控制菜单中选择自动模式，如图 4－68 所示。在〖首选项〗→〖音频〗→〖自动关键帧优化〗里，可增加〖最小时间〗，以防止产生过多的关键帧，如图 4－69 所示。所有的关键帧都可在时间线面板和效果控件面板上使用选择工具或钢笔工具进行调整，如图 4－70 所示。

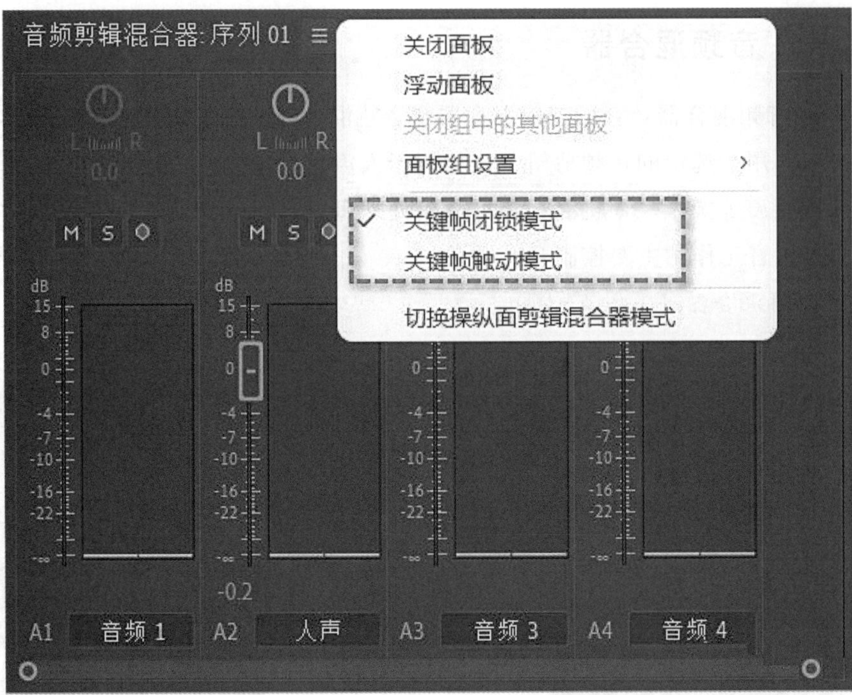

图 4-68　选择〖关键帧闭锁模式〗

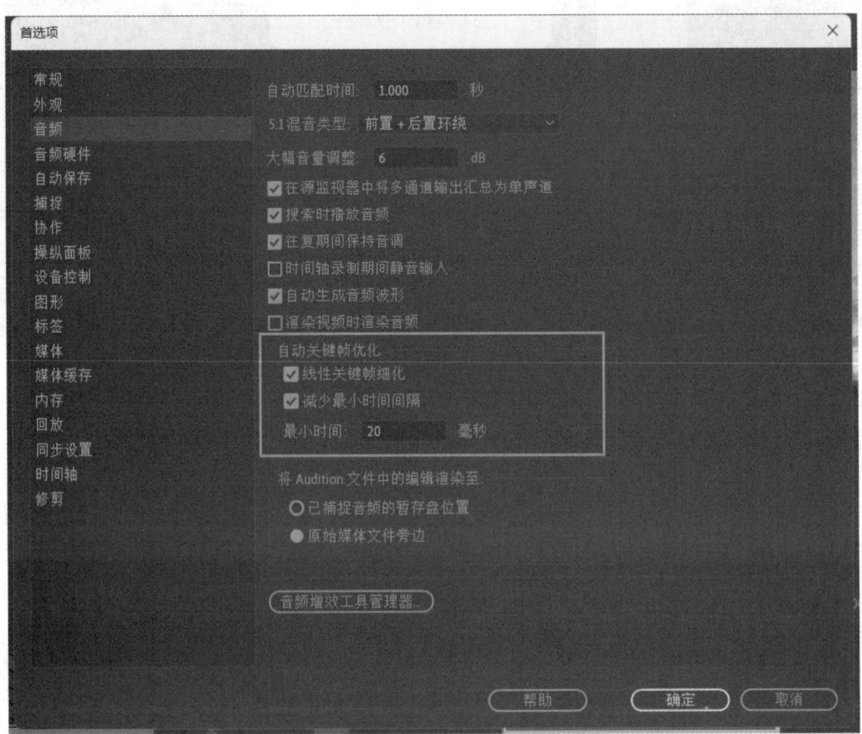

图 4-69　增加〖最小时间〗

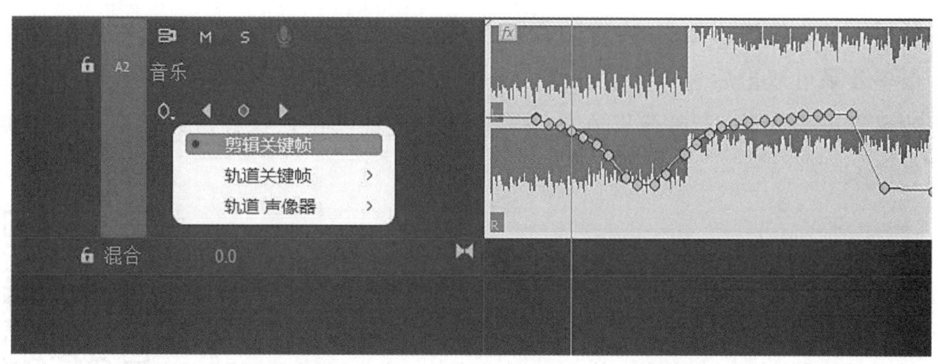

图 4－70　使用选择工具或钢笔工具进行调整

在播放时，音量推子或平衡控件滑块会随着设置好的关键帧进行变化。若要清除这些关键帧，建议在效果控件面板中框选后删除。

2. 音轨混合器

音轨混合器主要通过对不同音轨的控制来实现多轨混音。在音轨混合器中，可调整每条音轨的左右声道平衡、音量控制及设置静音、独奏等，还可以进行录制，如图 4－71 所示。更重要的是，音轨混合器可以为轨道添加效果、分配发送、分配轨道输出及使用自动模式写入关键帧。

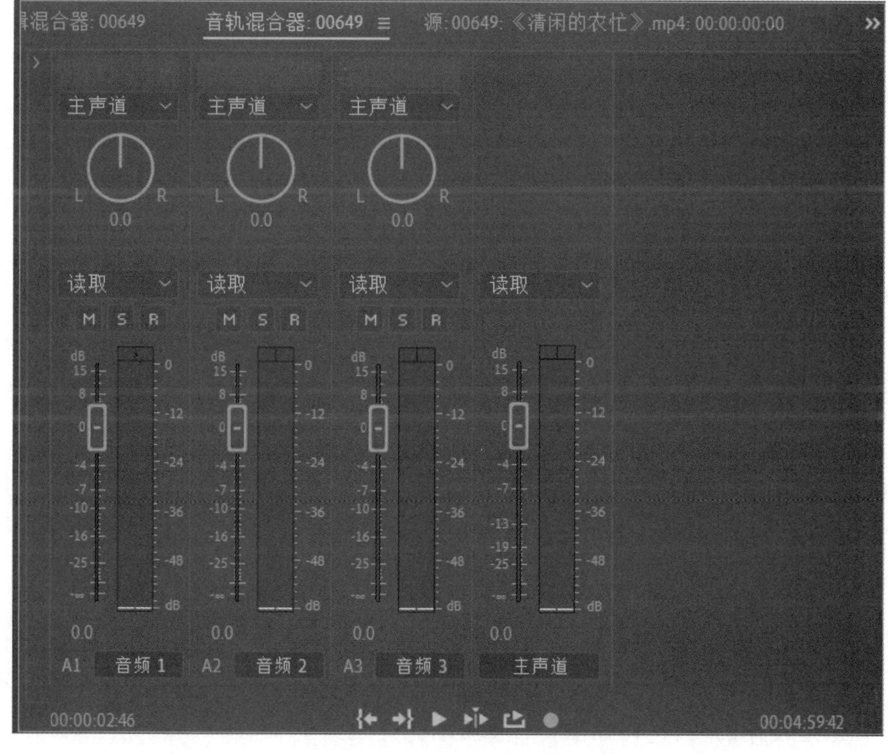

图 4－71　音轨混合器控件

展开后，可为轨道添加 Pr 内置的音频效果器，安装好的第三方效果控件也可在此处选择。很多效果可双击后进入参数设置，或在已添加的效果器名称上点击鼠标右键，直接选用该效果器中的预设。“效果”在轨道音量控制之前实施，这样可以保证干声、湿声的音量同步增减。

4.1.11 其他工具设置

☆课上跟练：
Pr其他工具设置

1. 首选项设置方法

打开 Pr 界面，点击〖编辑〗找到〖首选项〗，此时可以看到可供调节的参数，如图 4－72 所示。

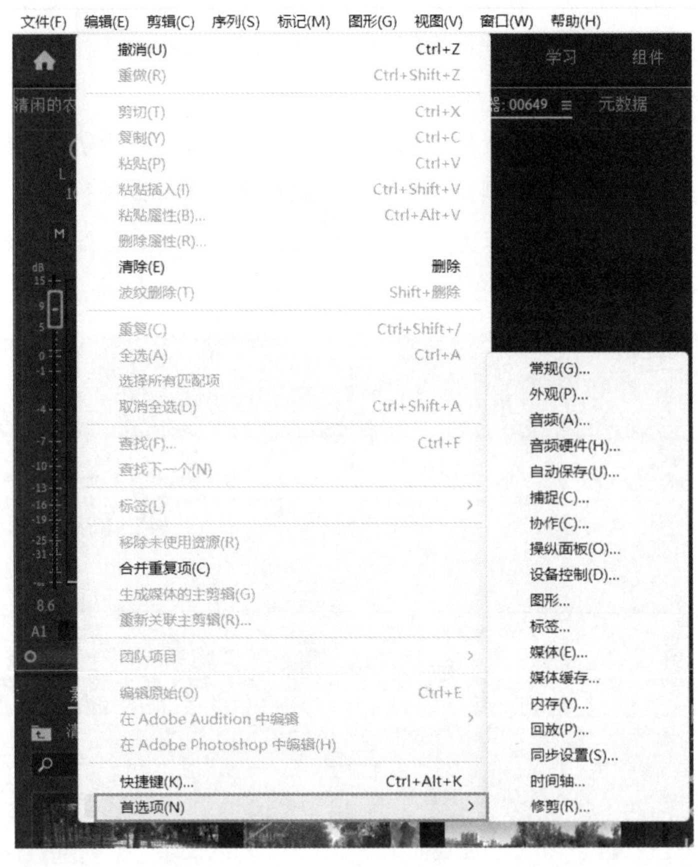

图 4－72 〖首选项〗路径

点击任意选项后，可以看到所有可调参数，如图 4－73 所示。

（1）常规：如果项目过多，可以在〖常规〗一栏中找到〖启动时〗，选择〖显示主页〗或者〖打开最近使用的项目〗，如图 4－74 所示。

（2）外观：可以按照个人喜好进行选择，一般默认设置，如图 4－75 所示。

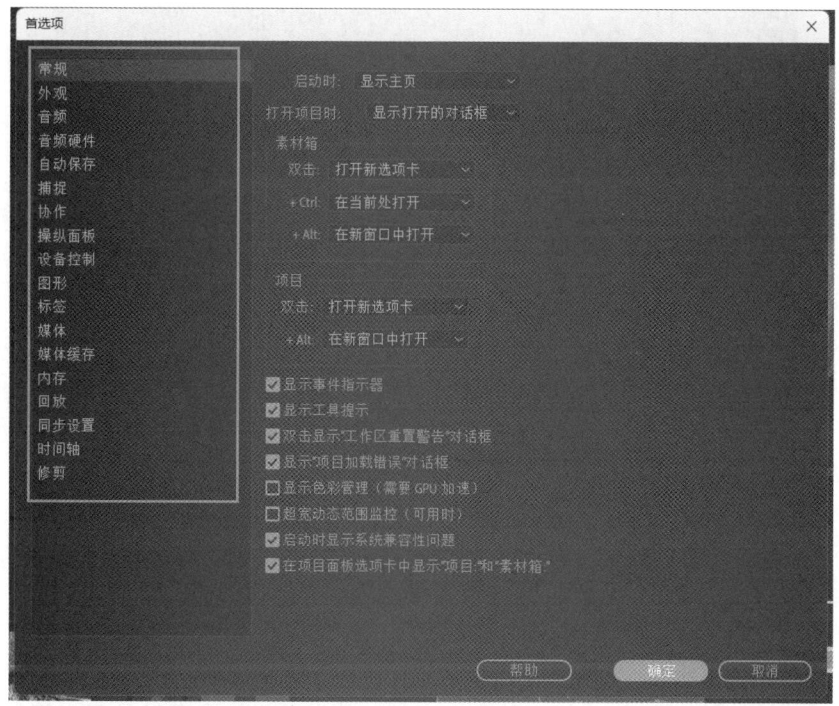

图 4－73　可调参数

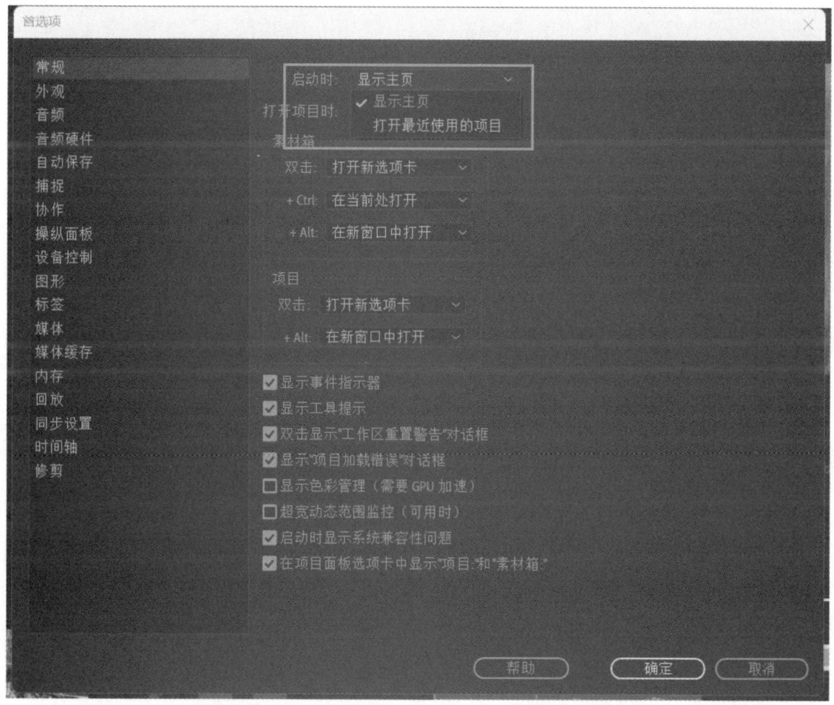

图 4－74　启动时选择〖显示主页〗

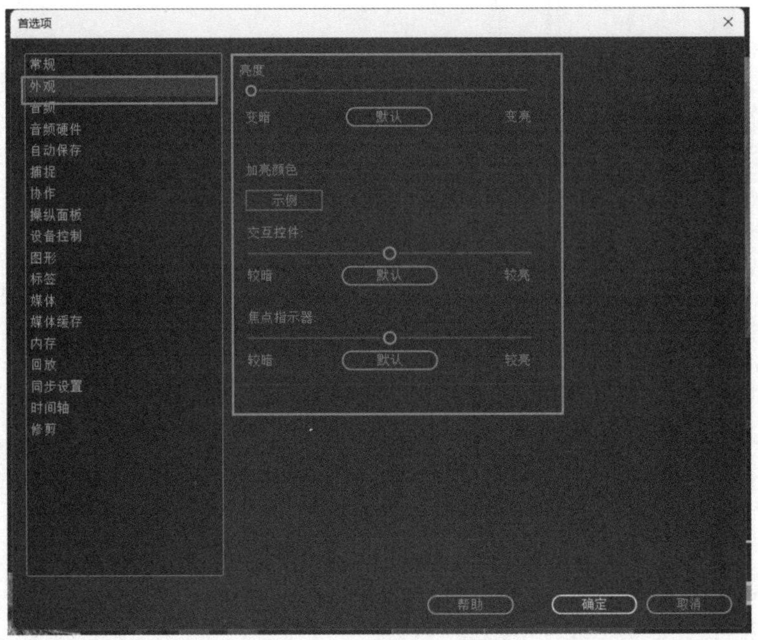

图 4-75 〖外观〗选项卡

(3) 音频硬件：如果打开剪辑文件没有声音，首先需要排除素材是否有问题，如果素材没有问题就要考虑设置是否有问题。假设剪辑设备插有音响等设备，极有可能是“输出端口”选择不正确，进而导致软件播放素材时没有声音，如图 4-76 所示。

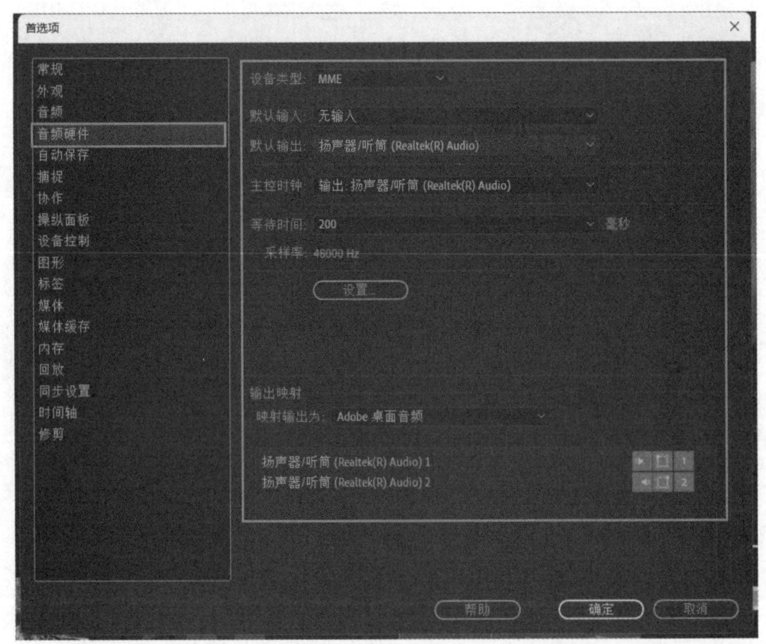

图 4-76 〖音频硬件〗选项卡

（4）自动保存：此选项设置极其重要，建议 15 分钟自动保存一次备份，防止设备死机导致文件丢失。时间太短使文件频繁保存反而会增加电脑工作的负担，如图 4－77 所示。

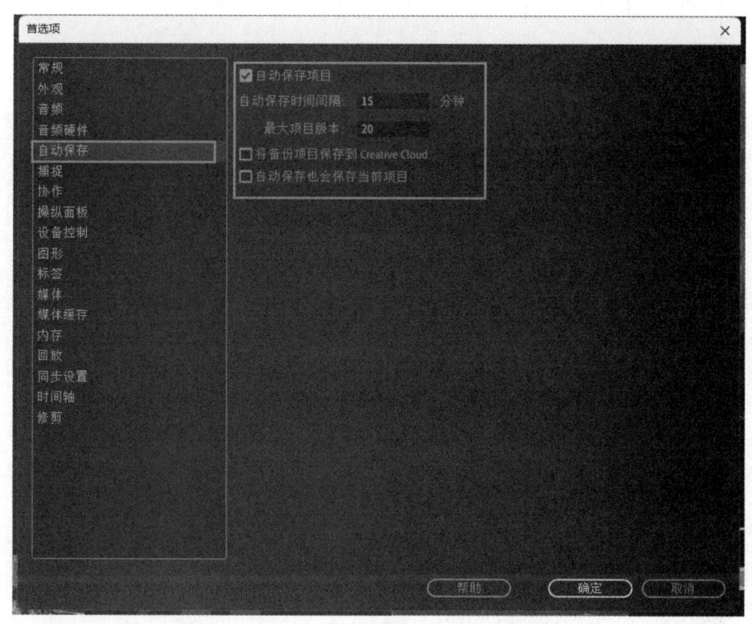

图 4－77　〖自动保存〗选项卡

（5）媒体：此设置较为重要的是〖不确定的媒体时基〗，如图 4－78 所示。当导入动画变长或变短时，应该是播放速率不对，一般默认为 25 fps。

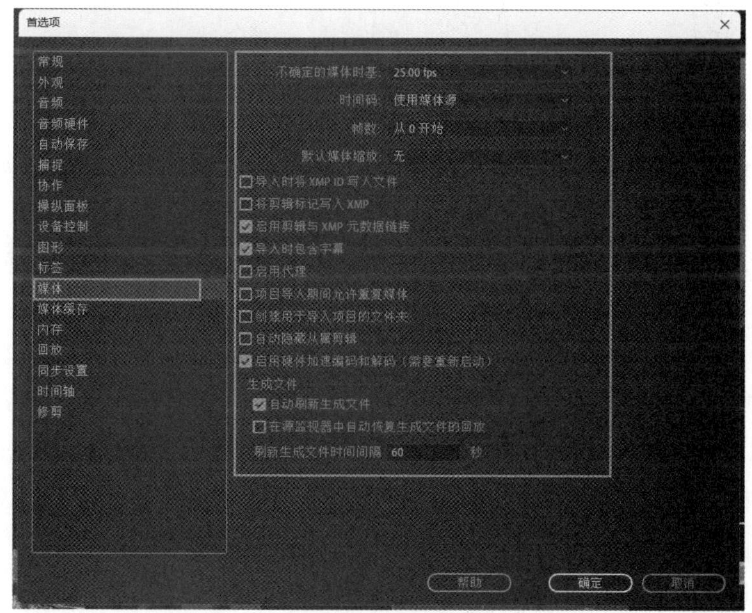

图 4－78　〖媒体〗选项卡

(6) 媒体缓存：首次安装软件的默认位置为C盘默认文件夹，如果缓存文件全部进入C盘，会导致电脑运行速度越来越慢。可以按照实际硬盘大小进行选择。媒体文件可以设置成自动删除，从而自动删除一些早期文件，如图4-79所示。

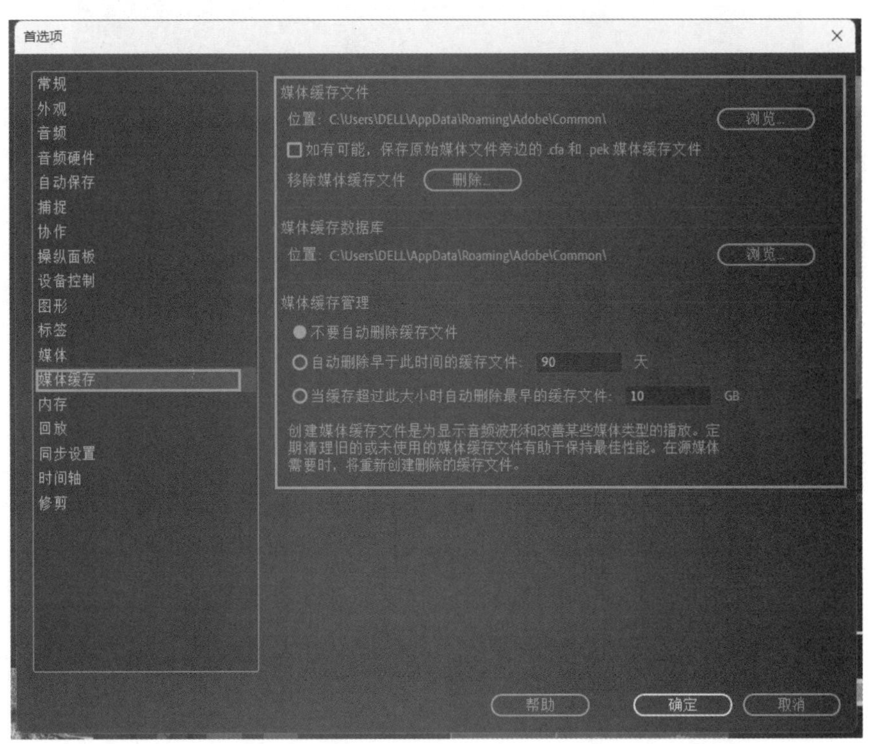

图4-79 〖媒体缓存〗选项卡

2. Pr素材丢失处理办法

在日常剪辑中，假如不小心删掉了某些时间线上已经使用的素材，软件就会因无法找到文件路径而报错。遇到这种情况，我们应如何处理呢？

选择素材，点击鼠标右键，选择〖在资源管理器中显示〗，查看剪辑文件位置，如图4-80所示。

假设赋予文件新的命名，可以看到视频文件依然存在于原文件夹中（见图4-81），回到Pr时会发现显示文件丢失（见图4-82），出现〖脱机〗字样，此时可以对素材进行查找，如图4-83所示。选择带有问号的工程文件，点击〖链接媒体〗重新调出提示错误对话框，点击〖搜索〗查找文件所在位置，如图4-83和图4-84所示。找到文件所在的位置后，选择相应文件，点击〖确定〗（见图4-85）就可以找到丢失的文件。视频、照片、音频丢失都可运用此方法查找。

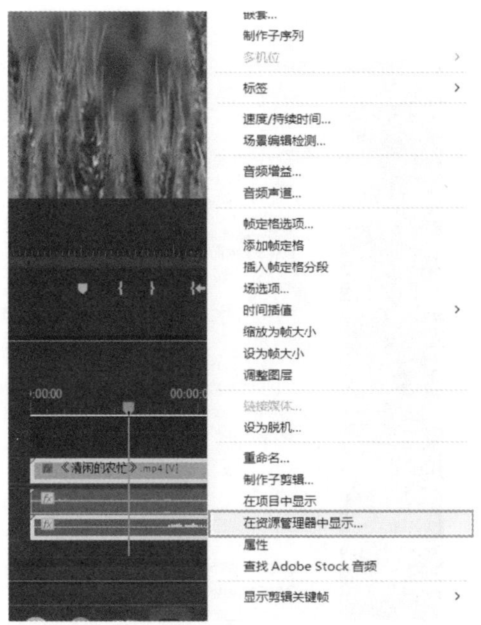

图 4－80　选择〖在资源管理器中显示〗路径

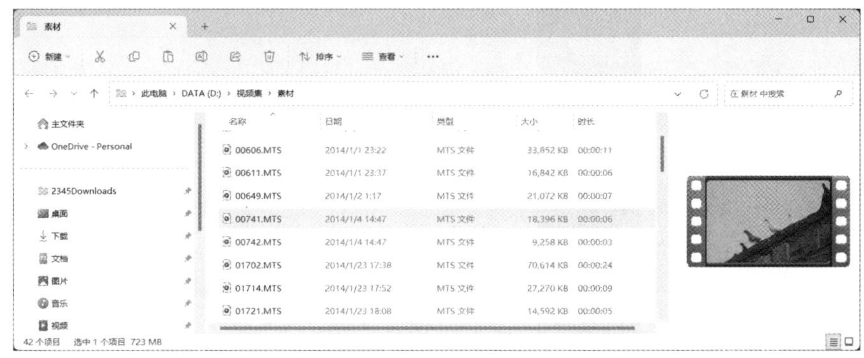

图 4－81　原文件夹

图 4－82　Pr 显示文件丢失

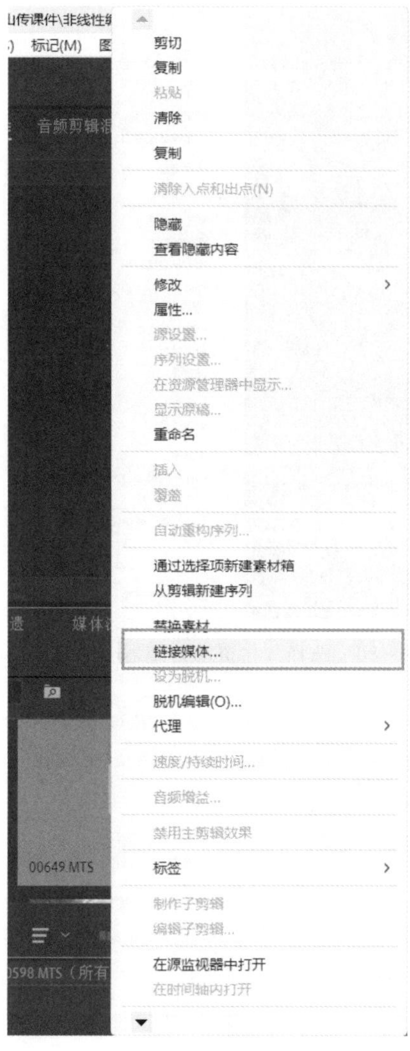

图 4－83　查找素材

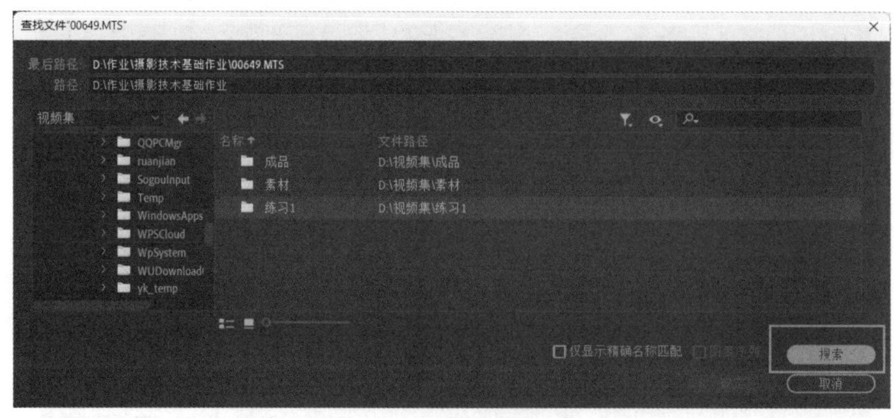

图 4－84　调出提示错误对话框

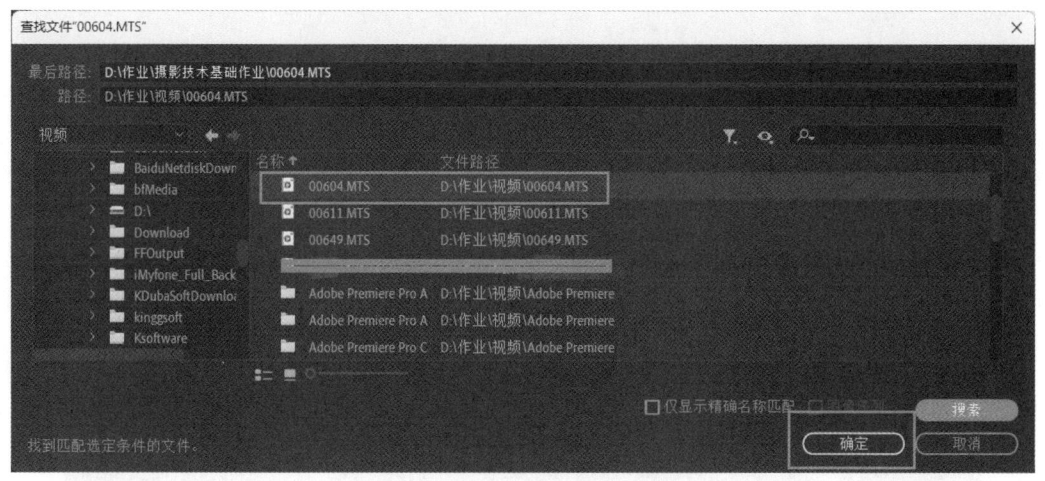

图 4－85　文件所在位置

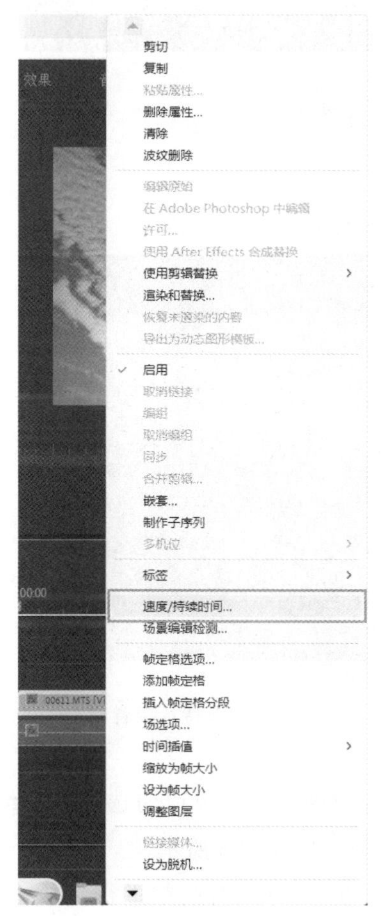

图 4－86　选择〖速度/持续时间〗路径

☆课上跟练：
Pr视频持续速度调整

3. 视频持续速度调整

1）调整视频播放速度

（1）找到时间线上需要改变速度的素材，右击素材，找到〖速度/持续时间〗，如图 4－86 所示。

（2）点击〖速度/持续时间〗，此时可以打开〖剪辑速度/持续时间〗对话框，如图 4－87 所示。

速度大于 100％可为视频加速，小于 100％则降低视频播放速度。假设想把素材在 10 s 内播放完毕，可以在〖持续时间〗处进行更改，如图 4－88 所示。

假设视频为采访等有人说话的情况，对视频进行加速会导致语调变尖，声音不自然，此时可以勾选〖保持音频音调〗进行渲染，如图 4－89所示。

图 4－87　〖剪辑速度/持续时间〗对话框

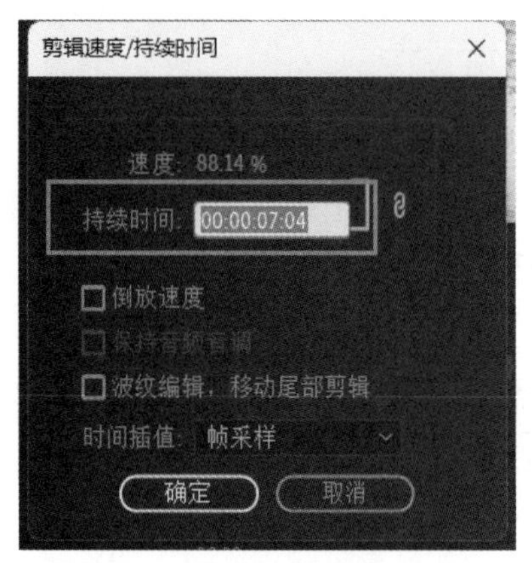

图 4－88　更改〖持续时间〗

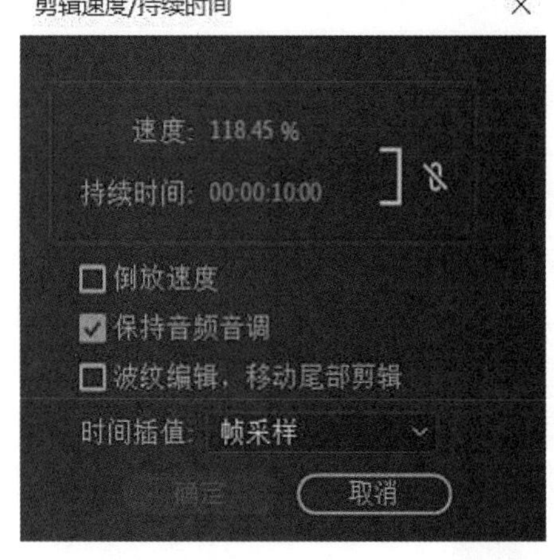

图 4－89　勾选〖保持音频音调〗

当对时间线上多个视频进行单视频加速时，会产生空隙，此时可以勾选〖波纹编辑，移动尾部剪辑〗选项，避免视频间产生空隙，如图 4－90～图 4－93 所示。

在〖剪辑速度/持续时间〗对话框中勾选〖倒放速度〗，可以对视频进行倒放，如图 4－94所示。

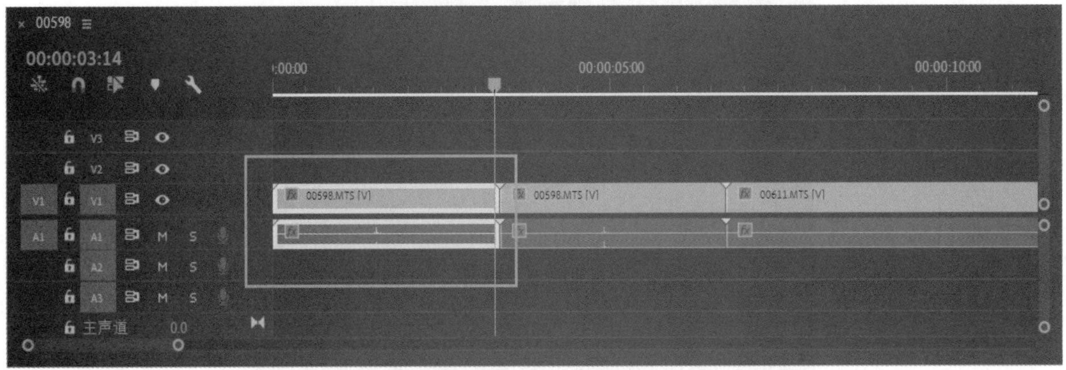

图 4－90　选中视频

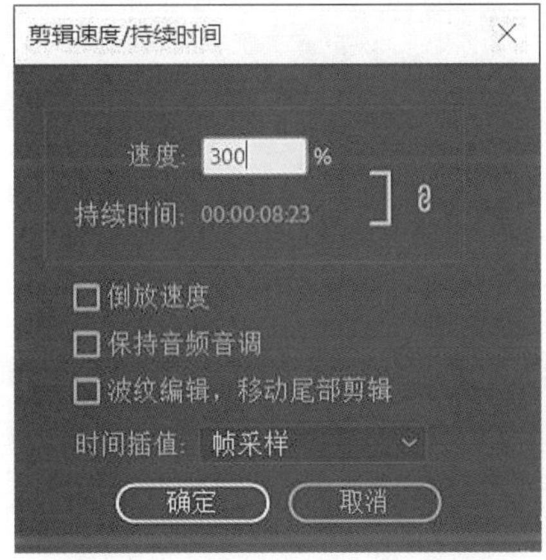

图 4－91　视频加速

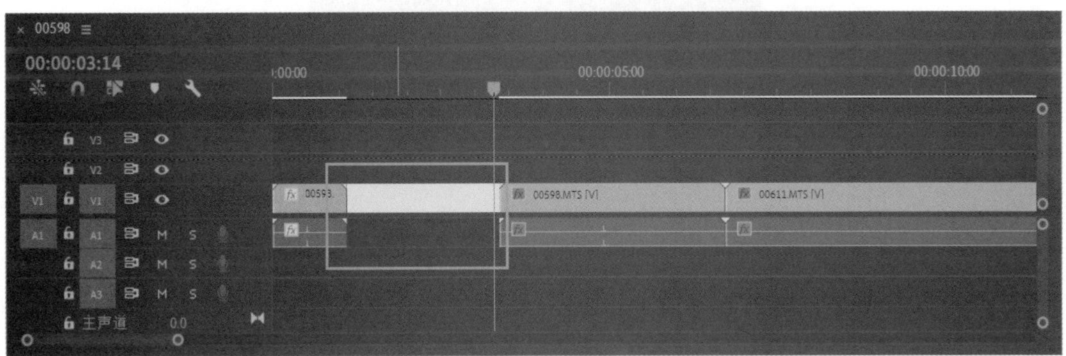

图 4－92　视频空隙

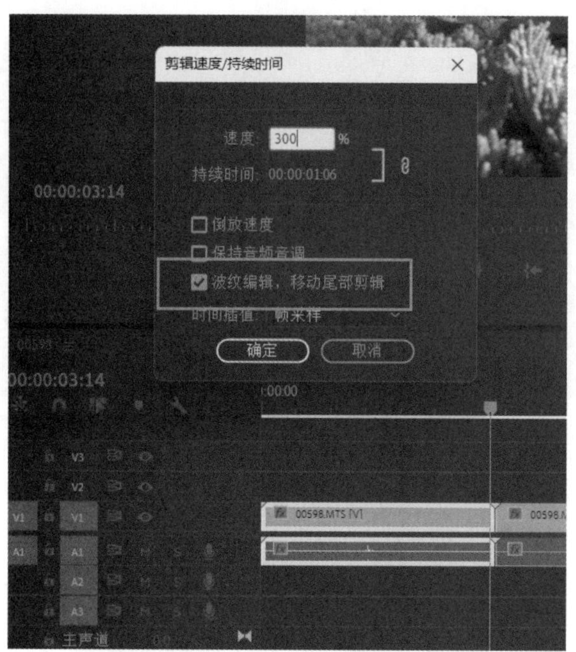

图 4-93　勾选〖波纹编辑，移动尾部剪辑〗

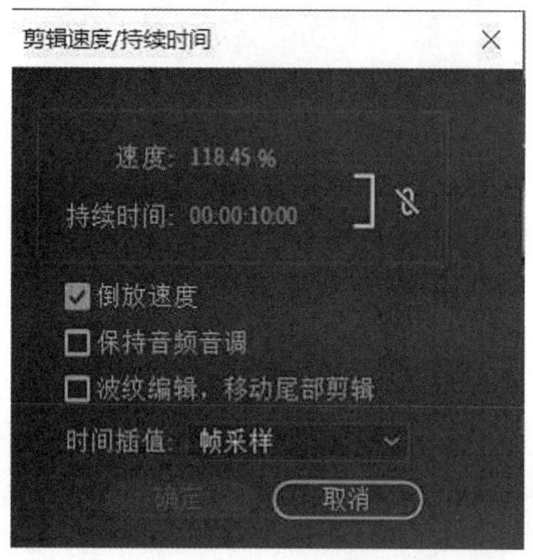

图 4-94　勾选〖倒放速度〗

2）帧定格

假设要对某一动作进行定格，可以采取以下两种方法。

（1）第一种方法：

① 选择时间线上的素材文件，点击鼠标右键，在下拉列表中选择〖帧定格选项〗，如图 4-95 所示。

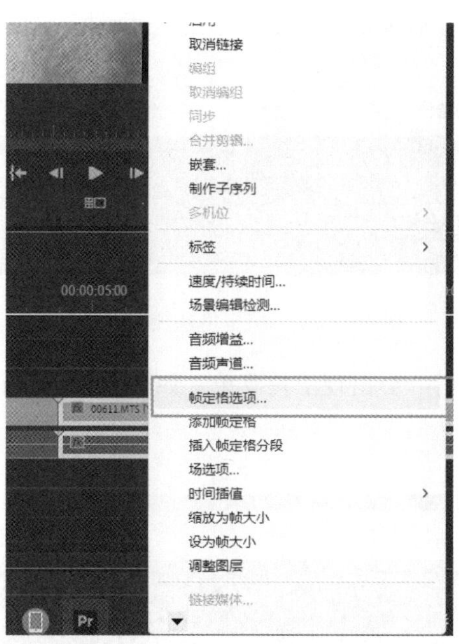

图 4－95　选择〖帧定格选项〗

② 需要在哪一帧定格，就把时间线放置到需要定格的帧处，点击鼠标右键，在下拉列表中选择〖添加帧定格〗，如图 4－96 所示。

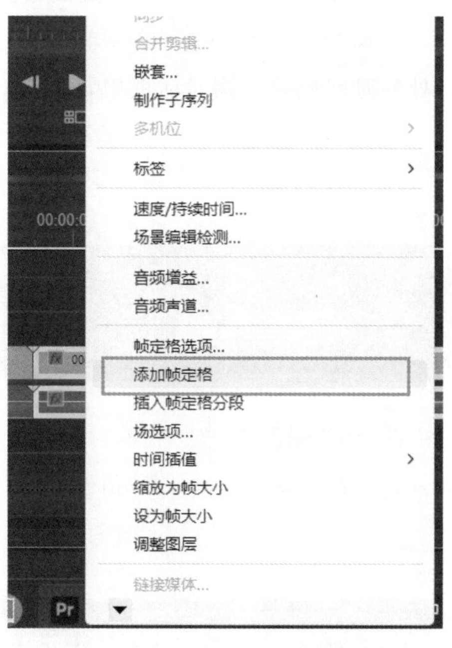

图 4－96　选择〖添加帧定格〗

（2）第二种方法：

① 选择时间线上的素材文件，点击鼠标右键，在下拉列表中选择〖帧定格选项〗。

② 点击〖帧定格选项〗后弹出〖帧定格选项〗对话框，如图 4－97 所示。

图 4－97 〖帧定格选项〗对话框

③ 在定格位置处点击后，会出现下拉菜单，如图 4－98 所示。修改相应参数即可完成帧定格。

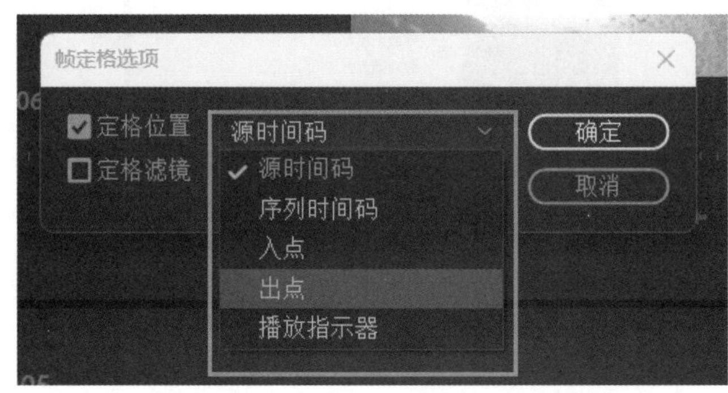

图 4－98 定格位置下拉菜单

源时间码：把想要定格处的时间码输入到对话框中，就会对输入的那一帧进行定格，如图 4－99 所示。

图 4－99 源时间码

序列时间码：对选择的素材进行定格，如图 4－100 所示。

图 4－100 序列时间码

入点/出点：字面意思，对出点或入点进行帧定格，如图 4－101 所示。

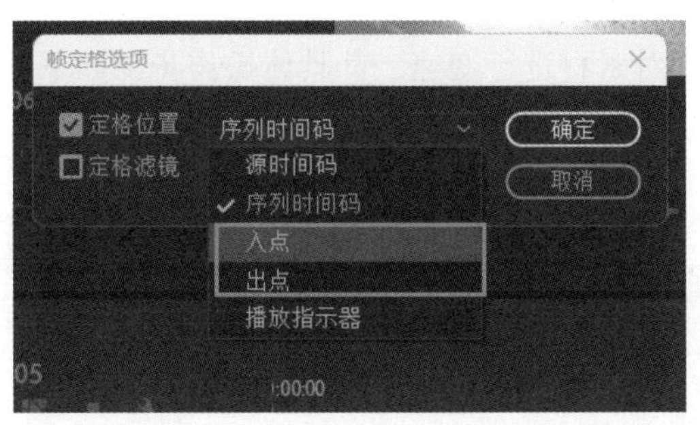

图 4－101　入点/出点

插入帧定格分段：适用于“动—静—动”方式的剪辑效果，选择时间线中的素材文件，点击鼠标右键，在下拉列表中选择〖插入帧定格分段〗，如图 4－102 和图 4－103 所示。

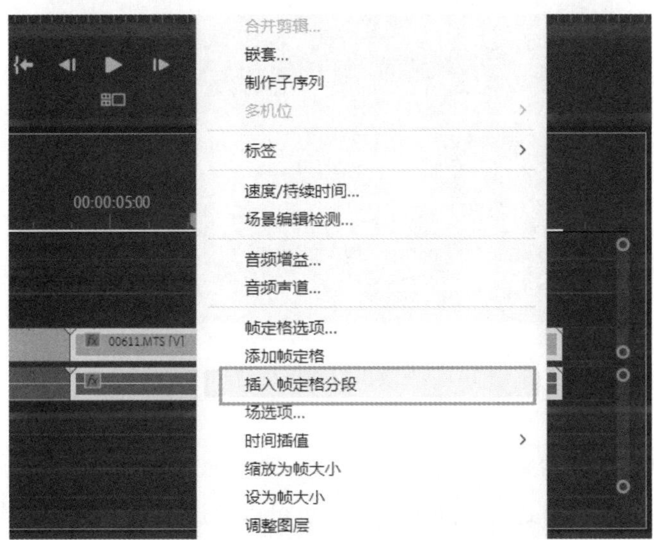

图 4－102　选择〖插入帧定格分段〗

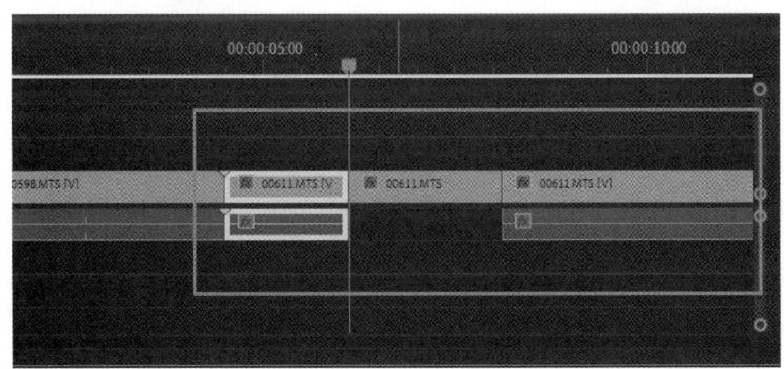

图 4－103　〖插入帧定格分段〗的效果

3）时间重映射

时间重映射功能用于对素材进行变速。其具体操作步骤如下。

（1）在效果控件中找到时间重映射，如图 4－104 所示。

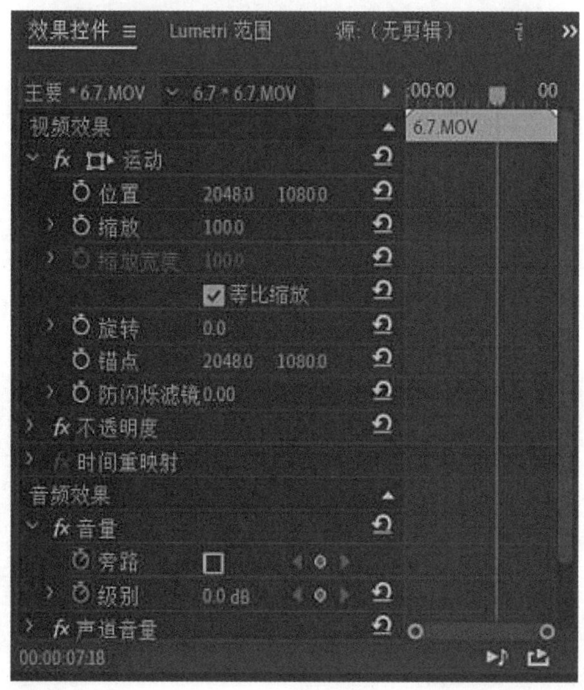

图 4－104　在效果控件中找到时间重映射

（2）打开下拉选项，给素材打速度关键帧，此时速度处出现下拉选项，如图 4－105 所示。调节速率可以对素材进行加速或减速，也可以通过滑动右侧速率线进行调节，如图 4－106 所示。

图 4－105　添加关键帧

图 4-106　调节速率

时间重映射的优势：可以多次对素材进行加速或减速，以达到良好的视觉效果。

4.2　Au 基础知识

4.2.1　Au 的操作界面介绍

在 Windows 系统下我们使用 Au 软件需要对它进行一些基本设置。

☆课上跟练：
Au基本工作界面

打开 Au 执行〖编辑〗→〖首选项〗命令，弹出如图 4-107 所示对话框。在〖音频硬件〗选项下进行如下设置。

(1) 点击〖设备类型〗，在下拉菜单中选中〖MME〗选项。如果电脑装有独立声卡，那么就可以选择〖ASIO〗，如图 4-108 所示。如果没有集成声卡，也可以下载一个 ASIO4ALL 软件，这个软件可以虚拟一个 ASIO 驱动，然后在软件中就可以选择〖ASIO〗，但电脑运行速度将会变得相对较慢。

(2) 点击〖等待时间〗后的下拉菜单，选择〖200〗。对于大多数电脑来说，这个数值较为安全。等待时间决定了音频在经过计算机处理时的延迟时间。低数值意味着经过系统时引发较小的延迟，而高数值可以增加稳定性。

(3) 点击〖采样率〗后的下拉菜单，选择〖44100〗。大多数内置声卡提供了跨度较大的多种采样率，一般从 6000 赫兹（Hz）到 192000 赫兹。常见的采样率有以下几种：

① 32000 赫兹，常用于数字广播和卫星传输；

② 44100 赫兹，常用于 CD 音频和大多数消费类电子产品适用的音频；

③ 48000 赫兹，视频广播中最常用的采样率；

④ 88200 赫兹，一般很少使用；

⑤ 96000 赫兹，用于 DVD 音频和其他高端音频录音处理；

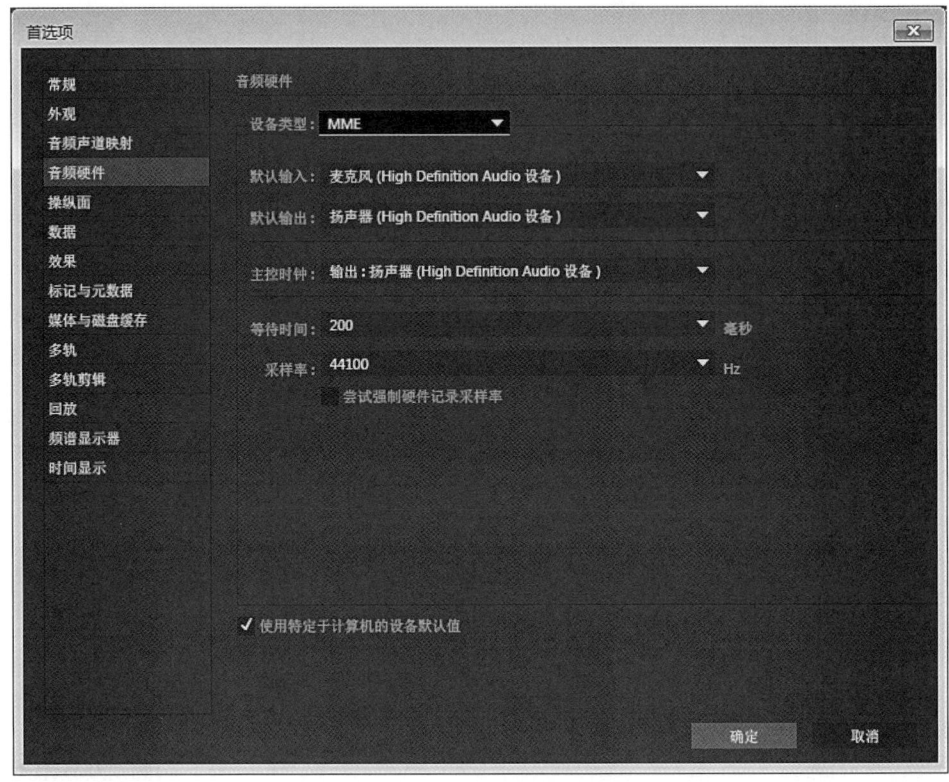

图 4－107　〖首选项〗对话框

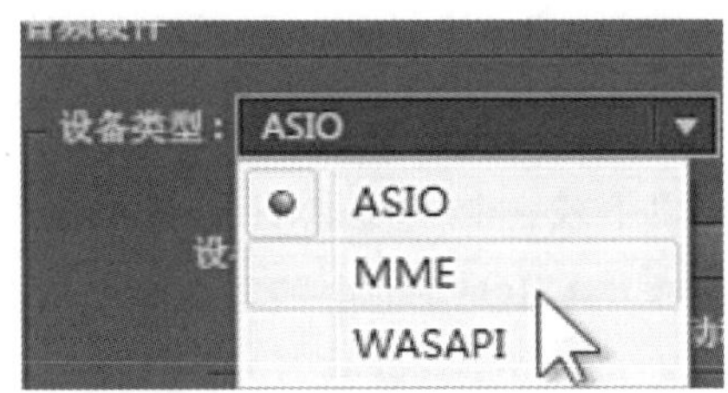

图 4－108　选择〖ASIO〗

⑥ 176400 赫兹和 192000 赫兹，这些超高采样率大大增加了文件所占的空间，但并不能明显地改善音效。

1. Au 的初始界面

Au 的初始界面如图 4－109 所示。

(1) 文件面板。文件面板主要用于存放导入或是新建项目，点击文件面板的空白处，可打开〖导入文件〗对话框（见图 4－110）。

☆课上跟练：Au面板介绍、导入和抓取操作介绍

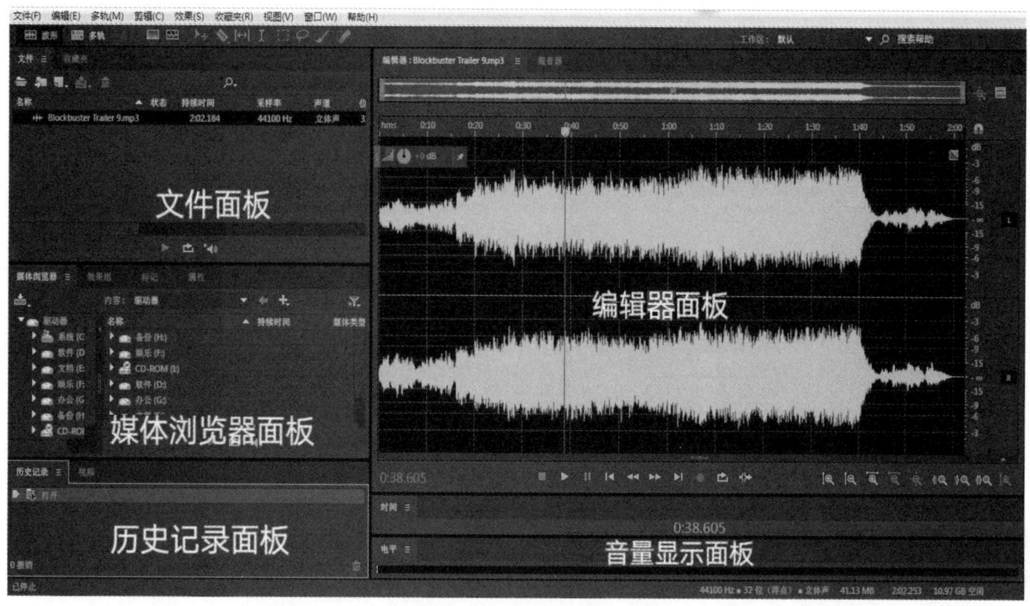

图 4－109　Au 的初始界面

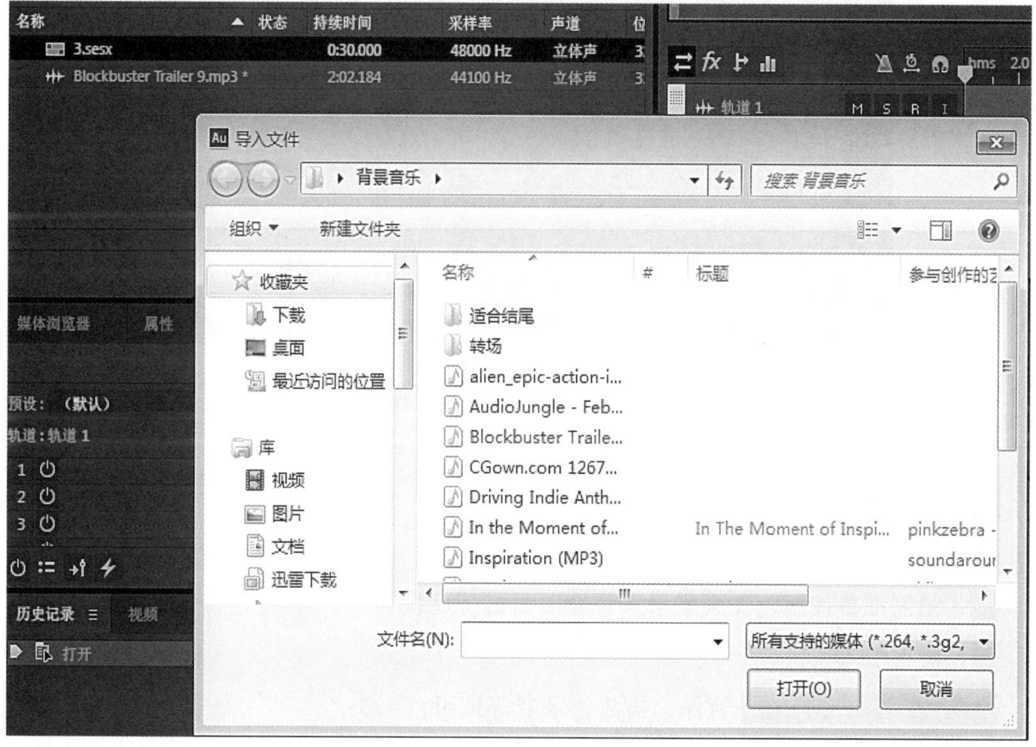

图 4－110　【导入文件】对话框

（2）媒体浏览器面板。通过媒体浏览器面板可以更直观地在电脑中导入想要的素材文件，可显示音频文件的持续时间、采样率等一些属性信息，另外媒体浏览器面板中还提供了预览播放功能（见图 4－111）。

图 4－111　媒体浏览器面板

（3）历史记录面板。历史记录面板记录了我们在 Au 里的操作步骤（见图 4－112）。

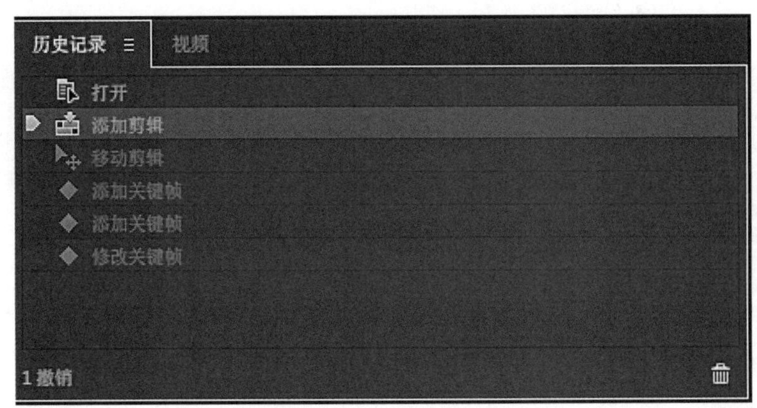

图 4－112　历史记录面板

（4）编辑器面板。编辑器面板是我们使用最多的面板（见图 4－113）。

M：静音按钮。

S：独奏按钮。

R：录制准备按钮，在采集录入声音时需打开此按钮。

I：监视输入按钮。

暂停、播放、录音等按钮。

纵向放大或缩小按钮，横向放大或缩小按钮。

（5）音量显示面板（见图 4－114）。当把鼠标放在音频轨道的左边，滚动鼠标滚轮，

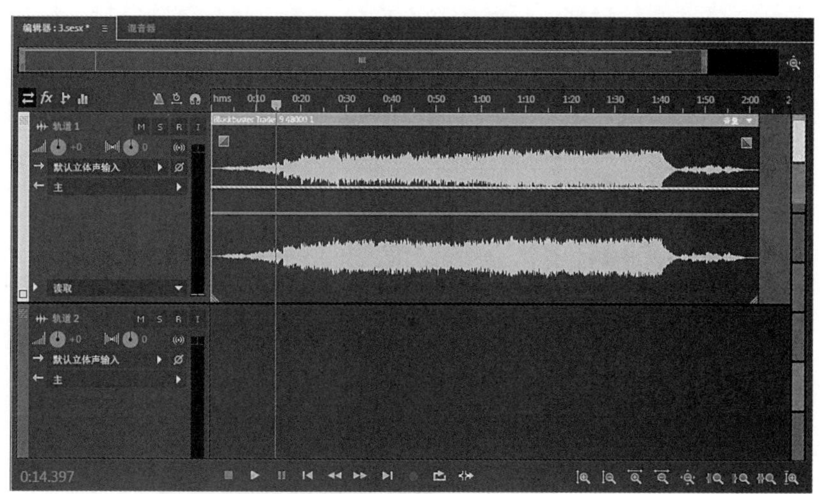

图 4－113　编辑器面板

可以纵向放大或缩小音轨。当把鼠标放在音频轨道的右边，滚动鼠标滚轮，可以查看各音轨。

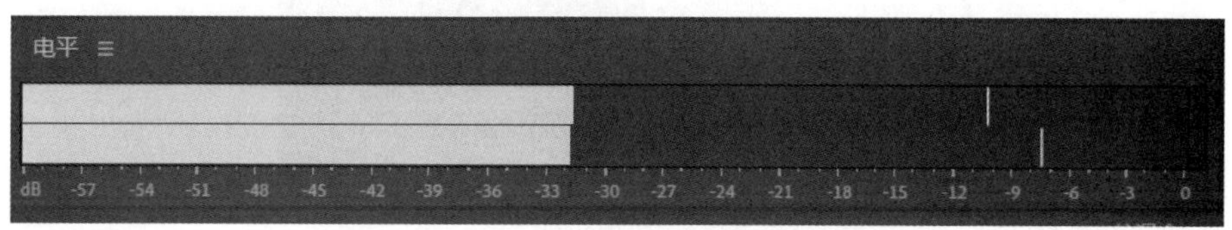

图 4－114　音量显示面板

Au 的工作区和 Adobe 的其他软件一样由多个窗口构成，每个窗口的位置也是可调的。

：当鼠标移动到工作区各窗口的水平边沿时，该符号会出现，此时拖动鼠标即可调整相邻窗口的水平宽度。

：当鼠标移动到工作区各窗口的垂直边沿时，该符号会出现，此时拖动鼠标即可调整相邻窗口的高度。

：当鼠标移动到工作区各窗口四周顶角时，该符号会出现，此时拖动鼠标即可同时调整整个窗口的宽度和高度。

2. Au 的界面编辑

Au 为我们提供了多种编辑模式窗口。打开 Au，点击〖窗口〗→〖工作区〗，可以看到有最大编辑（双监视器）、编辑音频到视频、传统、无线电作品、母带处理与分析、默认等编辑窗口模式（见图 4－115～图 4－118），大家可根据自己的需要自行选择对应的模式。

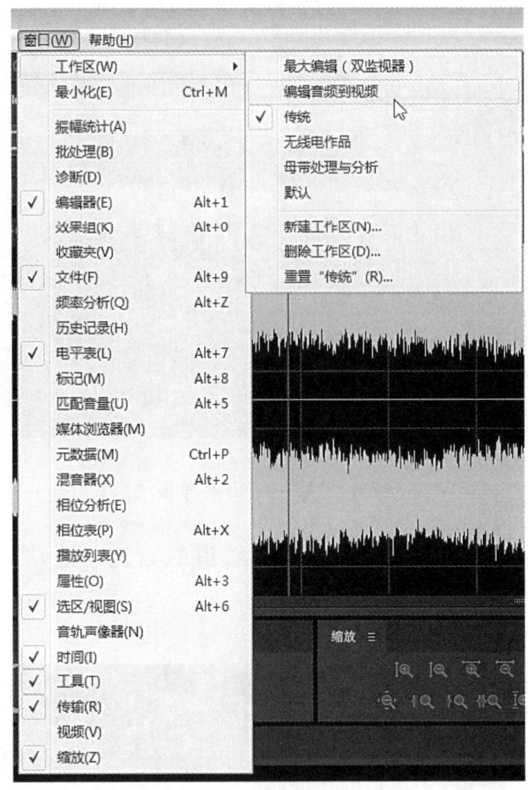

图 4－115 点击〖窗口〗→〖工作区〗示例

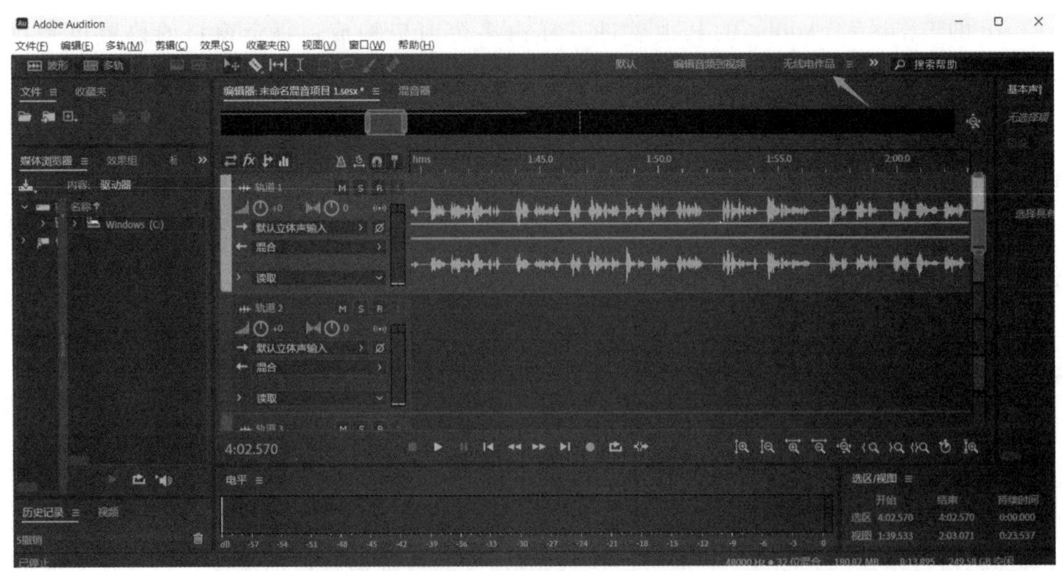

图 4－116 最大编辑（双监视器）

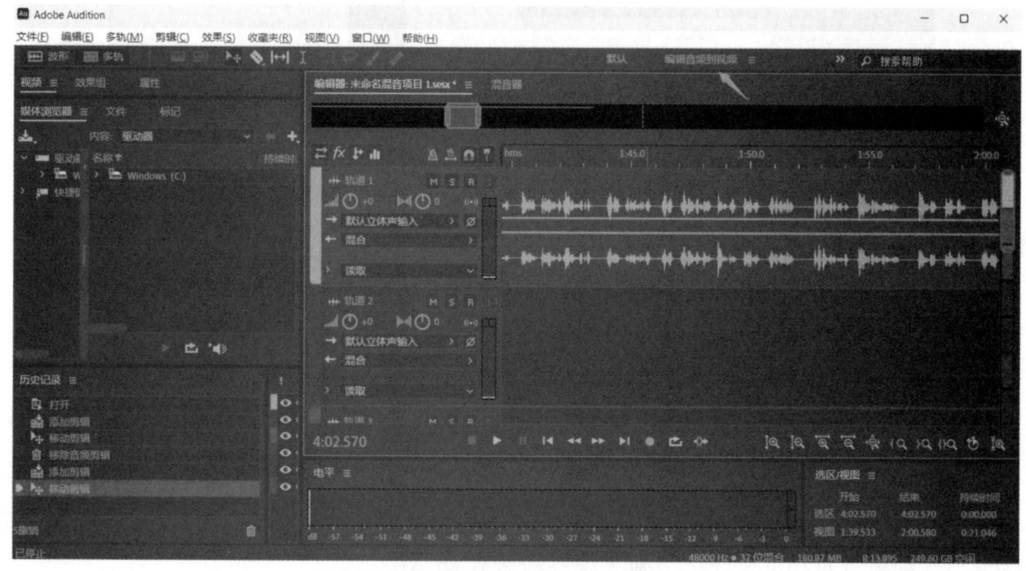

图 4－117　编辑音频到视频

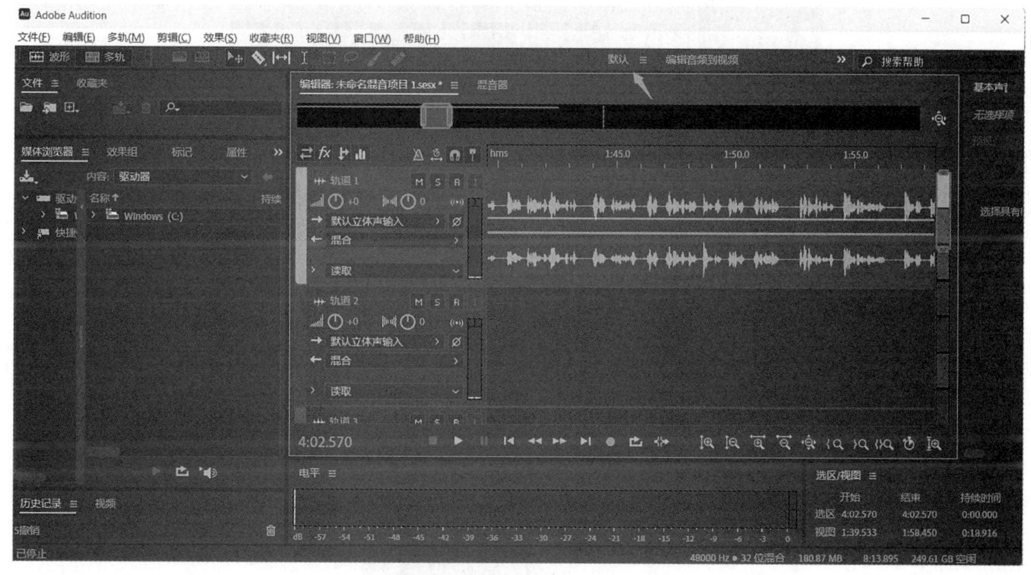

图 4－118　无线电作品

我们选择好相应的编辑模式后，当我们不想让有些窗口出现在我们的界面中时，可点击窗口右上角，选择〖关闭面板〗(见图 4－119)。如果在编辑过程中不小心关闭了一些窗口可以点击窗口，选择〖效果组〗选项，刚才被关闭的效果组窗口就被恢复到现在的界面中了（见图 4－120)。其他窗口的关闭和恢复方法同此。

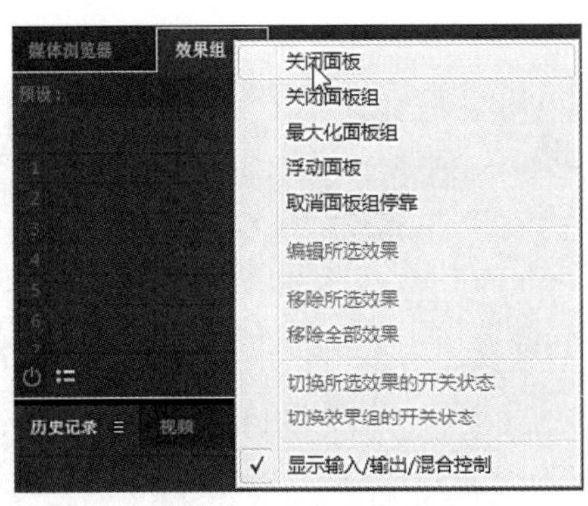

图 4 - 119　关闭窗口

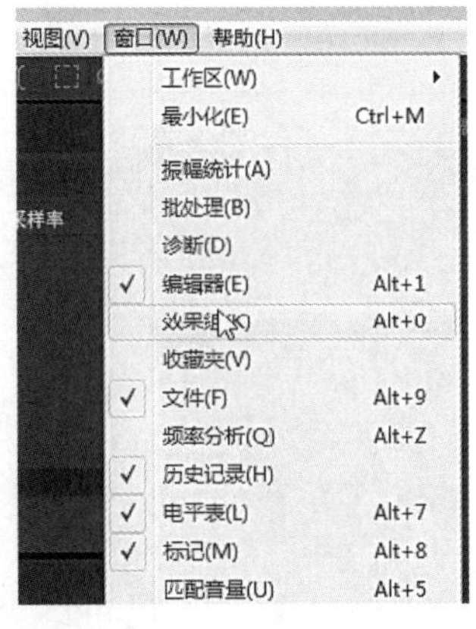

图 4 - 120　恢复效果组窗口

当选中标签并按住鼠标左键，面板经过另一个面板时会出现蓝色放置区域。如果移动面板的放置区域在目标面板的中间，则相当于添加为这个区域的标签。如果目标面板放置区域为一个梯形（见图 4 - 121），则表示会放置在这一侧。

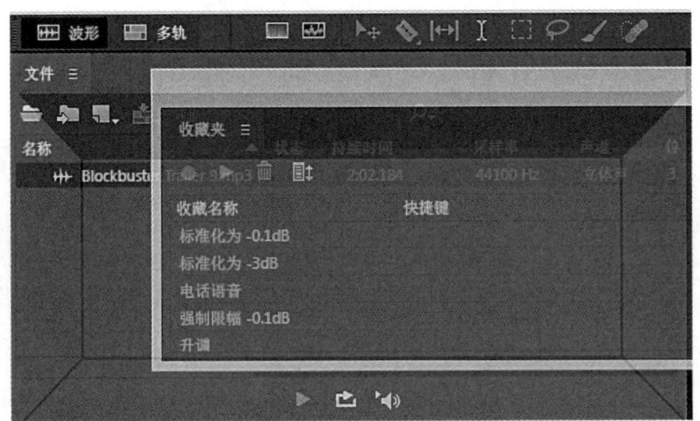

图 4 - 121　目标面板放置区域为一个梯形

每个面板的右上角都有一个下拉菜单，这一菜单通常包含关闭面板、关闭面板组、最大化面板组和浮动面板等（见图 4 - 122）。其中，选择浮动面板，可使其脱离 Au 的工作区，变成一个独立的窗口，可以独立移动、调整大小（见图 4 - 123）。

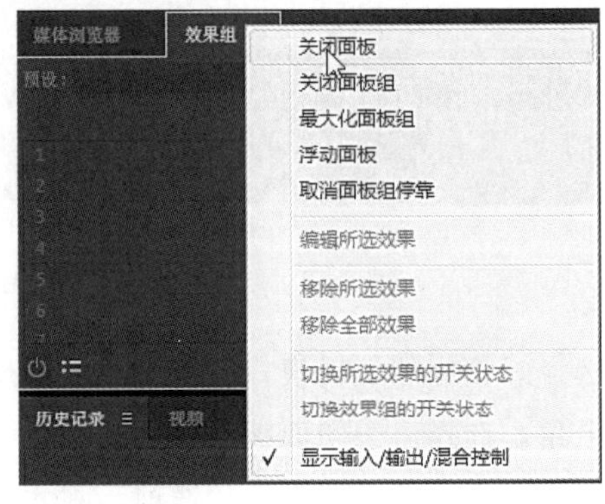

图 4 - 122　下拉菜单

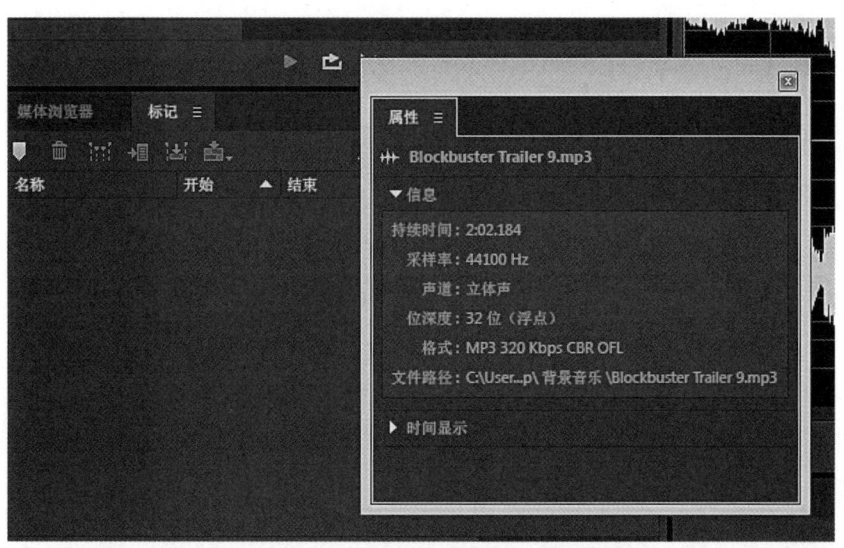

图 4－123　选择〖浮动面板〗的效果

3. Au 的文件创建

☆课上跟练：Au新建文件、导入视频

创建和打开文件是软件使用的基本操作命令，Au 不仅能够支持 MP3、WAV 和 WMA 等音频文件，还支持导入一些视频格式的编辑。

打开 Au，点击〖文件〗→〖新建〗，我们会发现 Au 提供了两种新建文件：一种是新建音频文件，另一种是新建多轨会话。

如图 4－124 所示，点击〖文件〗→〖新建〗→〖音频文件〗，弹出〖新建音频文件〗对话框如图 4－125 所示，在其中设置相应的文件名、采样率、声道和位深度等参数，然后点击〖确定〗按钮。

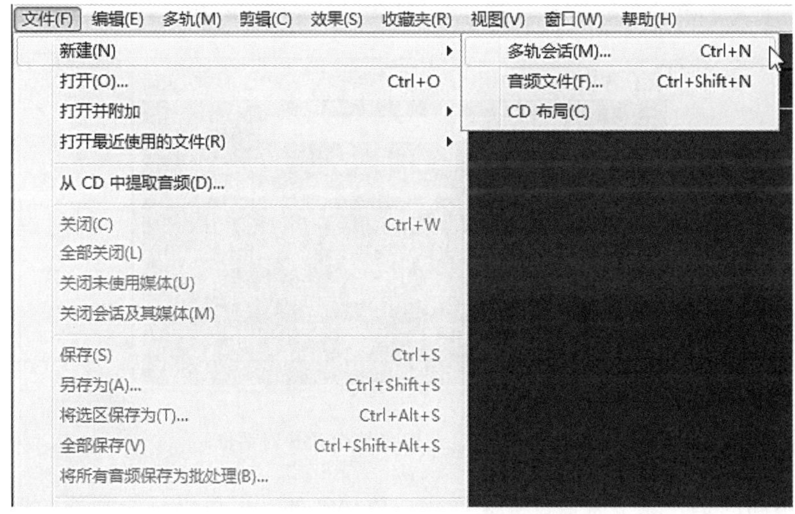

图 4－124　选择〖音频文件〗路径

图 4－125 〖新建音频文件〗对话框

点击〖确定〗按钮后弹出的音频文件的编辑面板如图 4－126 所示。

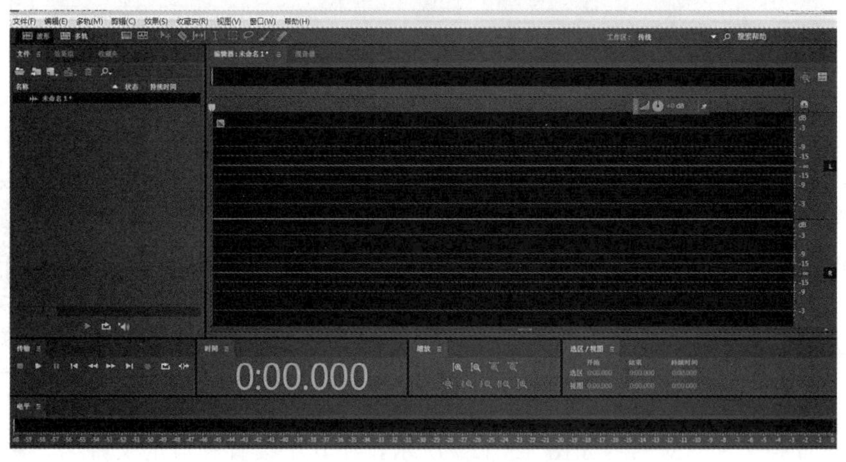

图 4－126 音频文件的编辑面板

重复以上操作，并选择〖多轨会话（M）〗选项，这时会弹出如图 4－127 所示的对话框。

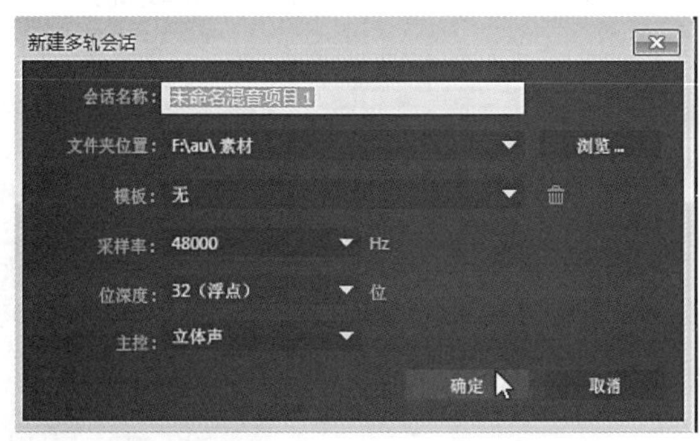

图 4－127 〖新建多轨会话〗对话框

在这里不同的是，除了需要设置采样率、位深度外，还需要设置文件的保存路径（文件夹位置）。如果想更改保存路径，那么可以点击〖浏览〗按钮，更改自己想要保存的位置。参数设定好后，点击〖确定〗按钮后会弹出多轨会话的编辑面板，如图 4－128 所示。

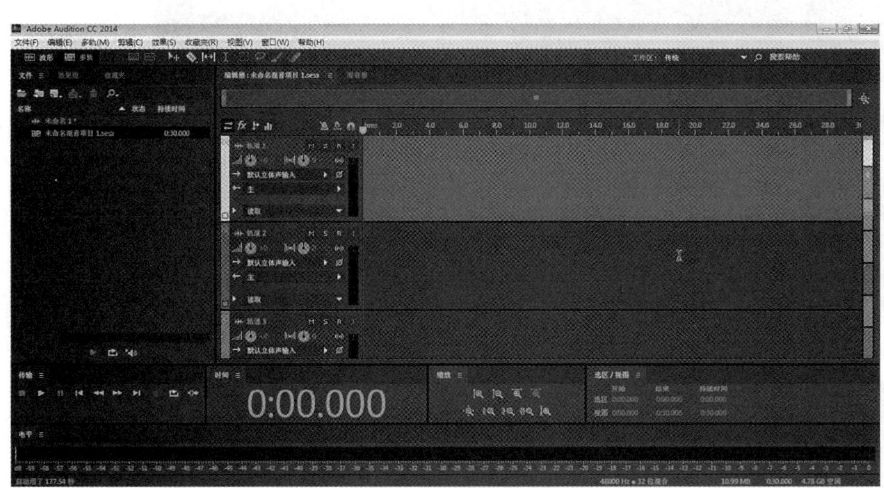

图 4－128　多轨会话的编辑面板

☆课后拓展：
Au多轨混音的创建预览

☆课后拓展：
Au波形频谱、基本选区工具

4.2.2　删除命令

在 Au 中对音频区域进行剪切、删除等操作是最基本的命令。这在编辑同期声文件和朗诵文件时非常有用。我们可以从同期声中删除不需要的声音，如咳嗽声、录制过程中不小心进来的杂声。如有需要我们甚至可以重新编排对话。

本小节将编辑一宣传片解说词中“1066”文件，该文件是片子中补录的段落，合音员在开始的位置录入了“补录”两字，我们需要将“补录”两字去掉，并重新排列。

原文如下：补录，扎实做好各项黄河防汛准备工作，水情测报、通信联络、交通运输及督查检查等各项准备工作，确保各项措施真正落到实处。

修改后，并将原文重新排列如下：扎实做好水情测报、通信联络、交通运输及督查检查等各项准备工作，确保各项措施真正落到实处。

具体操作步骤如下：

（1）导入素材“1066”，如图 4－129 所示。

（2）预览整个音频文件，如图 4－130 所示。通过预览我们找到素材中的“补录”两字（见图 4－131）并选中，按〖Delete〗键删除，删除后的效果如图 4－132 所示。

（3）“扎实做好各项黄河防汛准备工作”这是一句完整的录音，但在这里我们只需要“扎实做好”这几个字，并把它与后面的“水情测报、通讯联络、交通……”衔接起来。所以在这里选择时应特别注意。比较好的方法是滚动鼠标滚轮，使编辑面板横向放大，然后选择不需要的区域（见图 4－133）。这时先不要急于删除选中区域，点击〖跳过所选项目〗按钮，再点击〖播放〗按钮，文件将从头播放，然后无缝地跳过该选中区域继续播放。如果效果可以再删掉选中区域，如果效果不行应重新再选。

图 4－129　导入素材“1066”

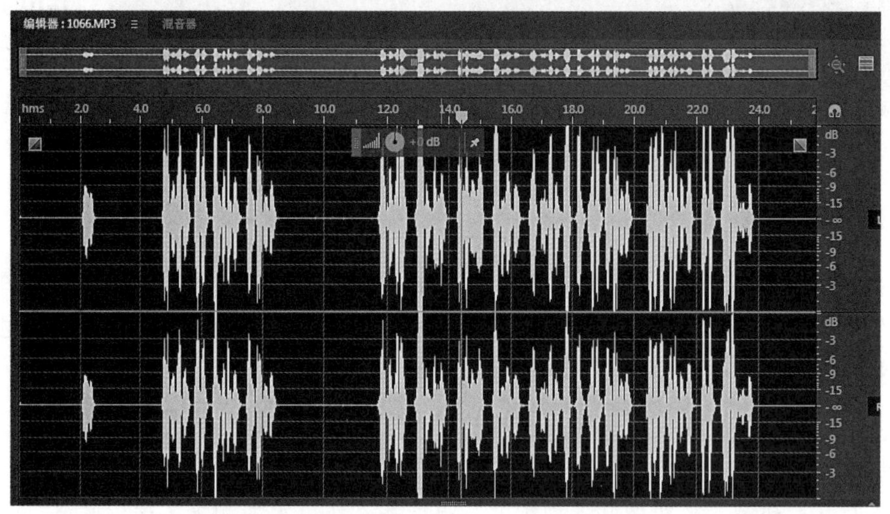

图 4－130　预览整个音频文件

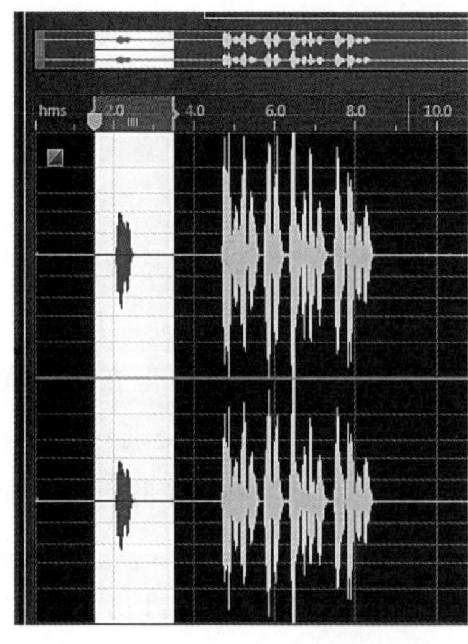

图 4－131　找到素材中的“补录”

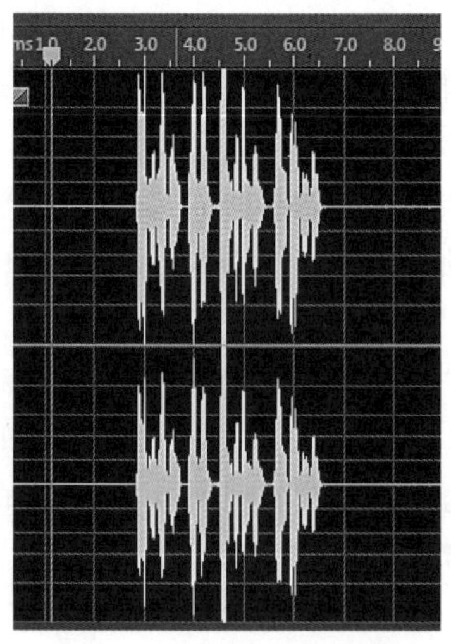

图 4－132　删除后的效果

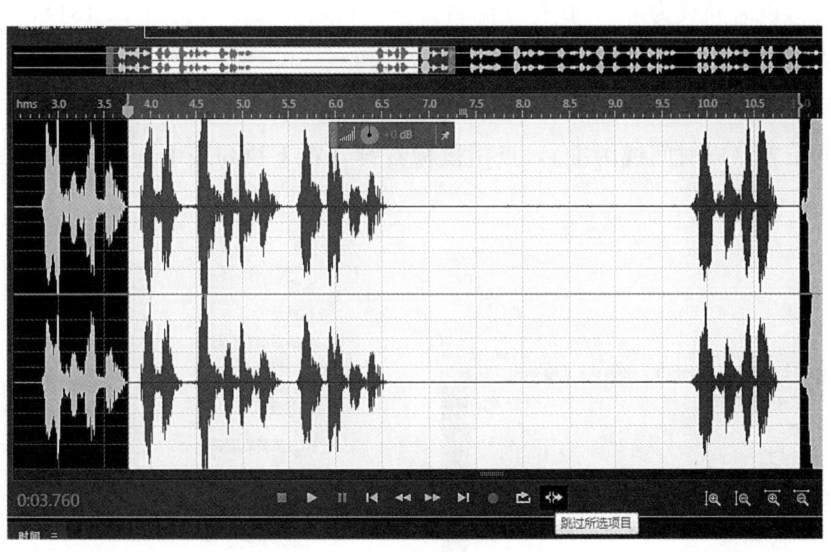

图 4-133　横向放大编辑面板

提示

处理“话接话”的操作时，应特别注意“气口”的处理衔接。

4.2.3　剪切命令

剪切波形是指将选取区域的波形存储到剪贴板中，同时选取区域的波形被删除，剪贴板中的波形可通过粘贴命令，粘贴到其他区域。剪切波形的方法有以下几种。

(1) 使用菜单剪切波形。选中一段波形，然后执行〖编辑〗→〖剪切〗命令，就可以把我们选中的区域完成剪切操作。

(2) 使用快捷菜单剪切。选中一段波形，点击鼠标右键，在下拉列表中选择〖剪切〗命令即可。

(3) 使用快捷键〖Ctrl＋X〗。选中一段波形，按〖Ctrl＋X〗键即可完成对素材的剪切。

☆课上跟练：Au复制、粘贴操作

4.2.4　粘贴命令

粘贴是指把剪辑板中的暂存内容添加到新的区域，这样的话就需要我们在粘贴之前，应先使用复制或是剪切的方法使一段波形存储到剪贴板中。执行粘贴命令的方法有如下几种。

(1) 使用菜单粘贴波形。首先将一段波形复制或剪切到剪贴板中，然后选择需要粘贴音频的位置（以时间线为准），执行〖编辑〗→〖粘贴〗命令（见图 4－134），这样剪贴板中的波形就被粘贴到新的选定区域了。

（2）使用快捷菜单粘贴波形。首先将一段波形复制或剪切到剪贴板中，然后选择需要粘贴音频的位置（以时间线为准），点击鼠标右键，在下拉列表中选择〖粘贴〗命令即可（见图 4－135）。

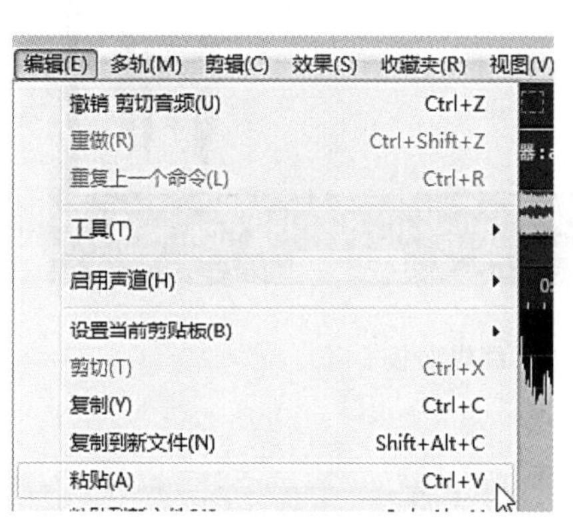

图 4－134　使用菜单粘贴波形

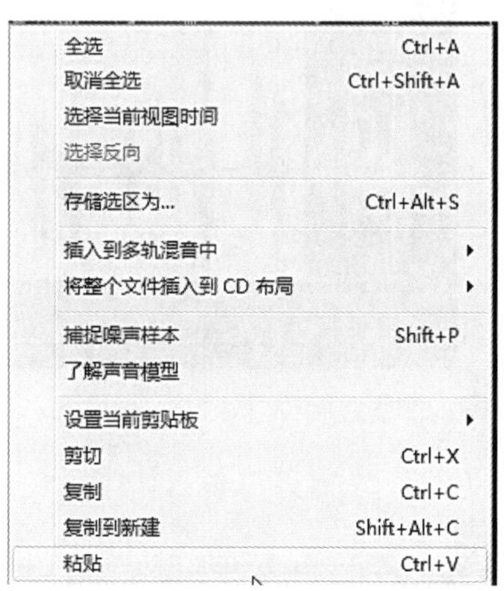

图 4－135　使用快捷菜单粘贴波形

（3）使用快捷键〖Ctrl＋V〗。首先将一段波形复制或剪切到剪贴板中，然后选择需要粘贴音频的位置（以时间线为准），按〖Ctrl＋V〗键，这样剪贴板中的波形就被粘贴到新的选定区域了。

4.2.5　音频录制及处理

（1）执行〖文件〗→〖新建〗→〖音频文件〗命令，新建音频文件，如图 4－136 所示。

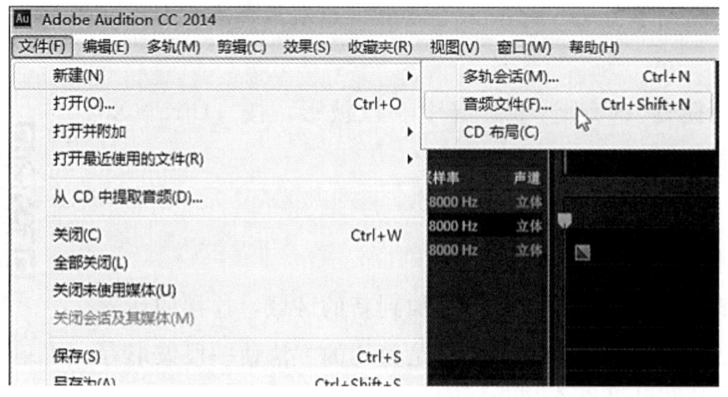

图 4－136　新建音频文件

（2）点击〖录制〗按钮开始录音（见图 4－137），录完后按空格键结束录制。音频录制完成后，点击〖播放〗按钮，可以播放刚才的音频文件。通过预览我们发现声音很小，录制效果并不理想，下面我们可以对音频文件进行标准化处理。

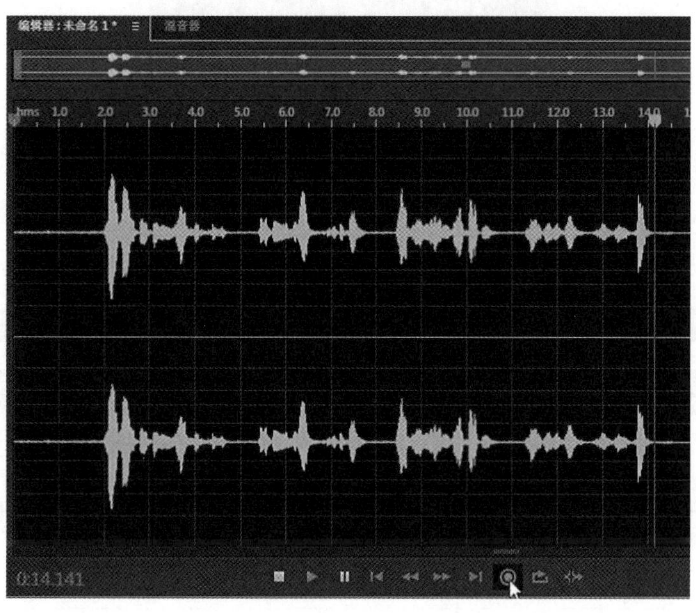

图 4－137　点击〖录制〗按钮开始录音

（3）双击音频文件，使其处于选中状态，执行〖效果〗→〖振幅与压限〗→〖标准化（处理）〗命令，如图 4－138 所示。这时会弹出〖标准化〗对话框如图 4－139 所示，选择标准化为〖100％〗，并点击〖应用〗按钮。

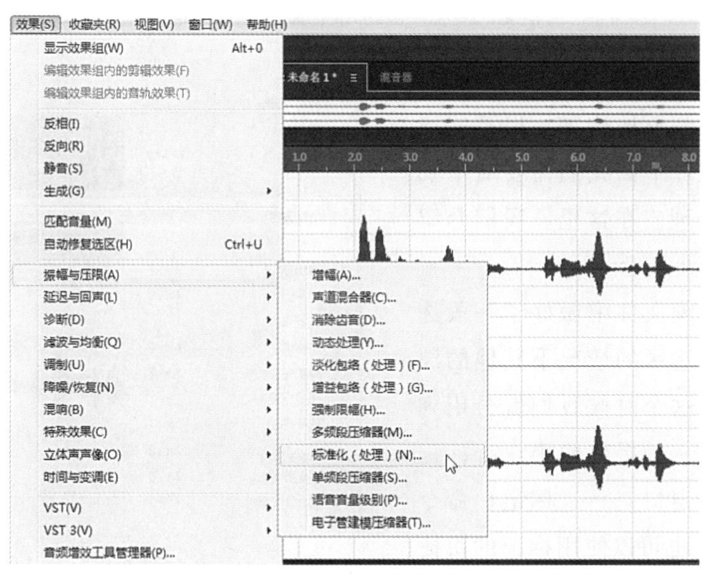

图 4－138　选择〖标准化（处理）〗路径

图 4－139 〖标准化〗对话框

(4) 完成标准化处理后的效果如图 4－140 所示，我们可以看到素材振幅明显增强，音量增大。

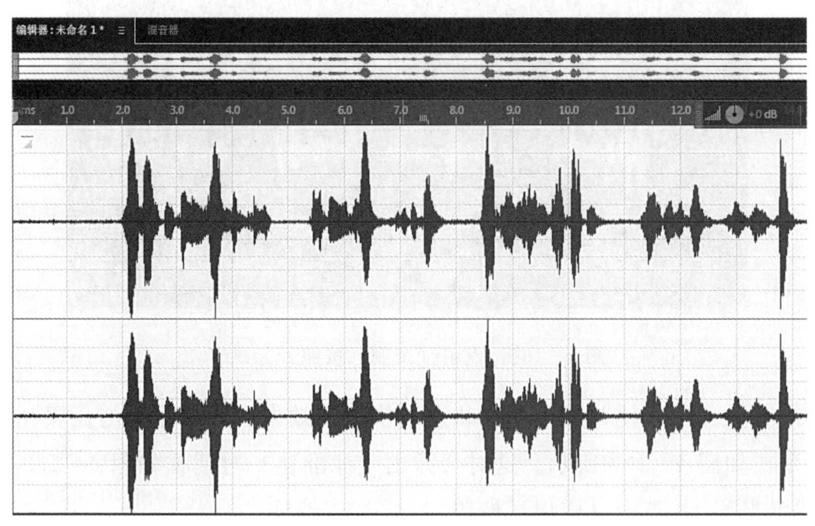

图 4－140 完成标准化处理后的效果

(5) 细看素材波形图，我们发现虽然文件整体的振幅有所增加，但某些波段处理并不理想，下面我们需要对个别区域单独选中处理。在这里，我们介绍一种选中波段的小技巧。

如果我在音频文件中做好了一段选区，在保留当前选区的情况下其他的波段我也想选中，这个时候我们就会用到标记选区的命令。如果界面中没有标记面板，可执行〖窗口〗→〖标记〗命令（见图 4－141），也可以使用标记的快捷键〖Alt＋8〗，这时会弹出标记面板，

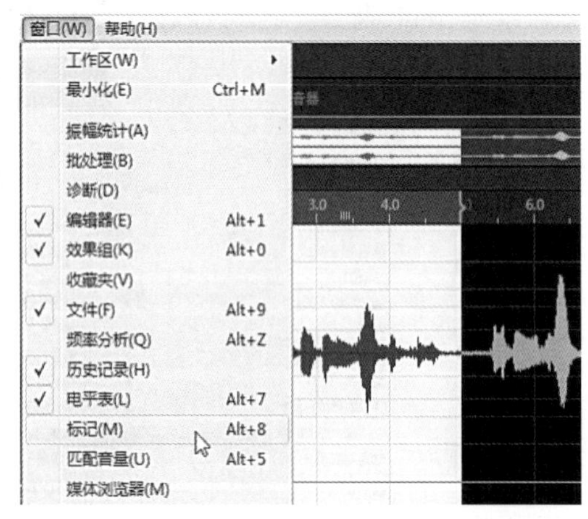

图 4－141 执行〖窗口〗→〖标记〗命令

如图 4－142 所示。

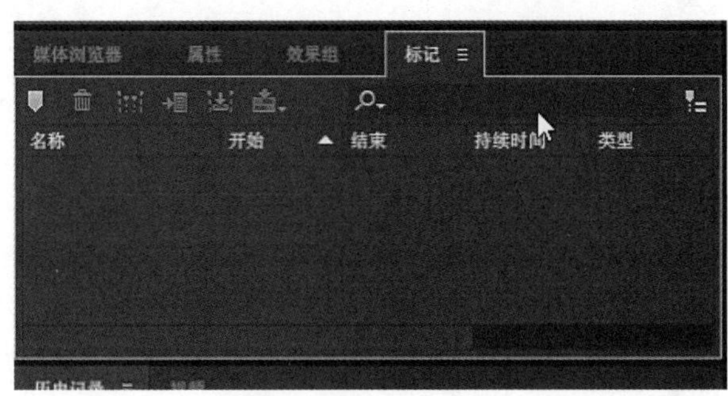

图 4－142　标记面板

选中你想选中的素材波段，点击〖添加提示标记〗按钮，这时选中的波段就会被做好标记选区，每个选区之间会有虚线隔开，想选中哪一段，在标记栏双击相应的那段即可选中，如图 4－143 所示。

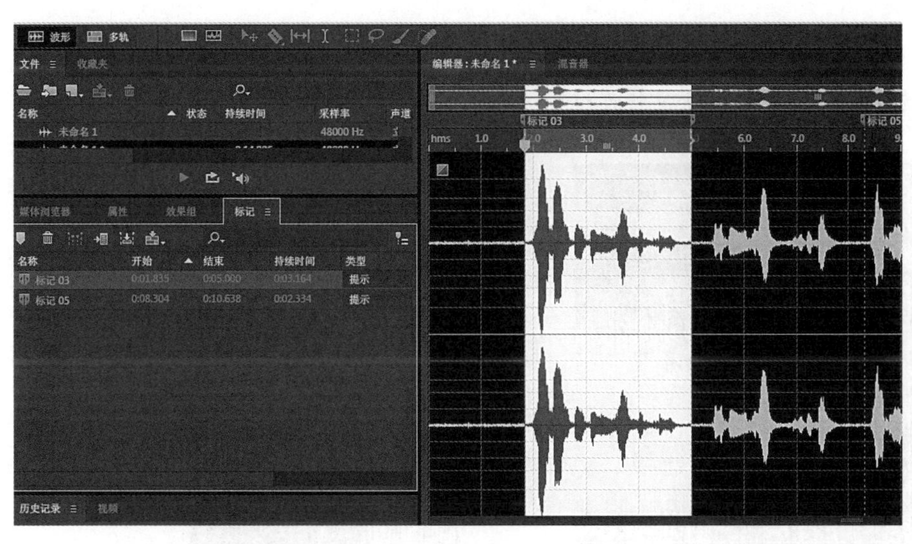

☆课后拓展：Au音频播放和缩放的使用方法

图 4－143　选中标记栏

实 例

给文件添加淡入淡出并把电平降低 2.7 分贝

（1）双击文件夹面板空白处，选中音频素材“Inspiring”，点击〖打开〗按钮（见图 4－144）。

图 4－144　打开音频素材

（2）选中淡入按钮，按住鼠标左键向右拖动（见图 4－145）。

（3）选中淡出按钮，按住鼠标左键向左拖动（见图 4－146）。

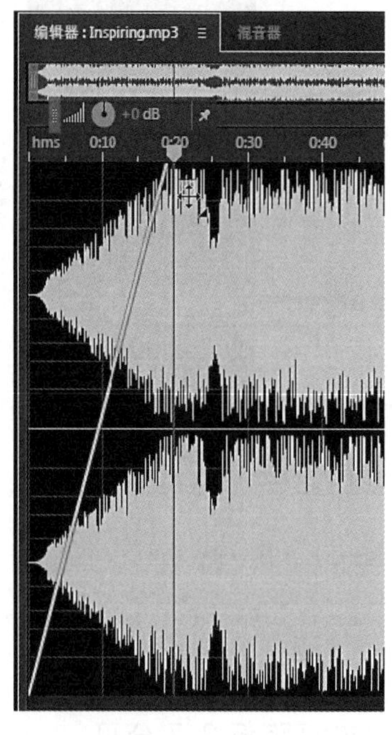

图 4－145　向右拖动

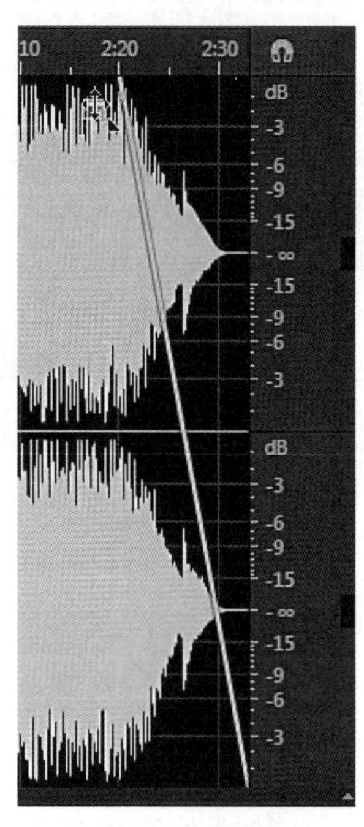

图 4－146　向左拖动

（4）选中编辑器中的调整振幅按钮，按住鼠标左键调整，设置为〖－2.7 dB〗，松开鼠标，增益减小（见图 4－147）。

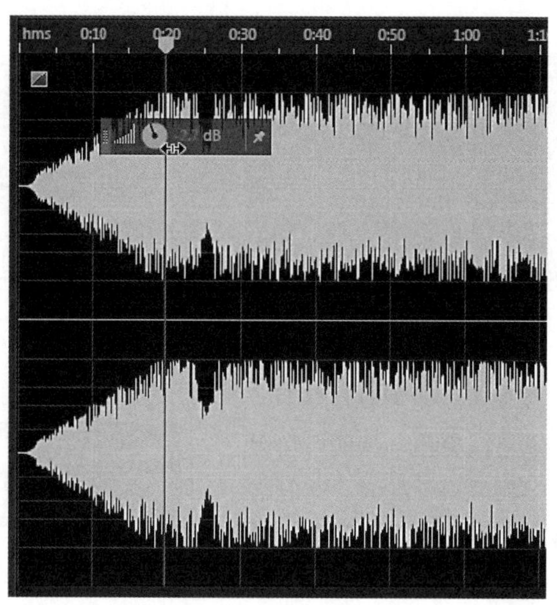

图 4 - 147　调整振幅

(5) 单击播放按钮，试听效果。

4.2.6　收藏夹面板

收藏夹面板用于储存一些常用的操作命令。在这里，你不仅可以运行这些已经收藏的命令，还可以创建新的收藏，删除、组织和编辑这些收藏。在这里，我们就以上一节实例的效果来创建新的收藏夹命令。

(1) 点击收藏夹面板左上角的录制按钮，这时会弹出〖Audition〗对话框（见图 4 - 148 和图 4 - 149）。

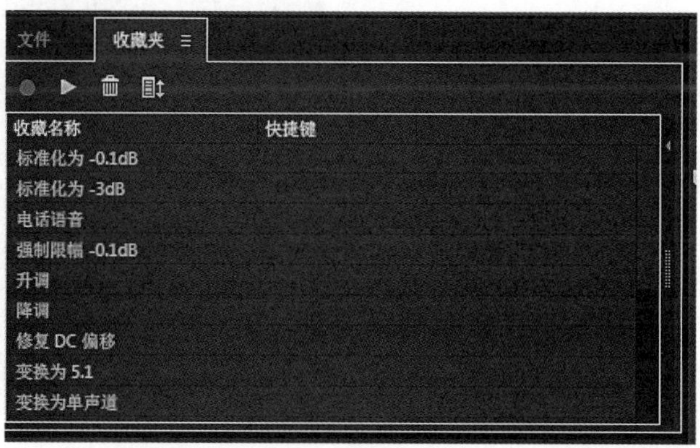

图 4 - 148　收藏夹面板

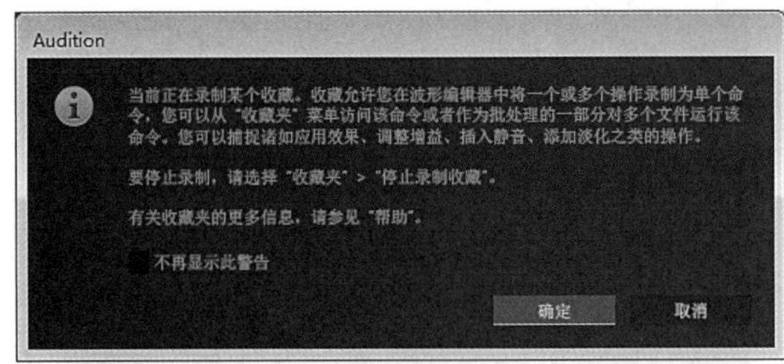

图 4－149 〖Audition〗对话框

（2）点击〖确定〗按钮进入录制程序。

（3）操作完成后，点击〖暂停〗按钮，会弹出〖保存收藏〗对话框（见图 4－150），这时需要给刚才创建的新收藏夹命令命名，输入相应的名称，点击〖确定〗按钮。这样实例里面的命令操作就被收藏到收藏夹里了，下次如果想要对其他素材进行相同处理效果可以直接使用。

图 4－150 〖保存收藏〗对话框

4.2.7 保存导出文件

由于 Au 软件在创建文件时分为音频文件和多轨会话两种模式，且我们在创建多轨会话时弹出的窗口中有设置保存位置的选项，因此我们在做完音频项目时只需要按快捷键〖Ctrl＋S〗保存即可。

在这里注意说明一下不同模式下文件导出的注意事项。

如果我们创建的是音频文件模式，那么我们需要执行〖文件〗→〖导出〗→〖文件〗命令，如图 4－151 所示。选中后，弹出〖另存为〗对话框（见图 4－152），点击浏览按钮

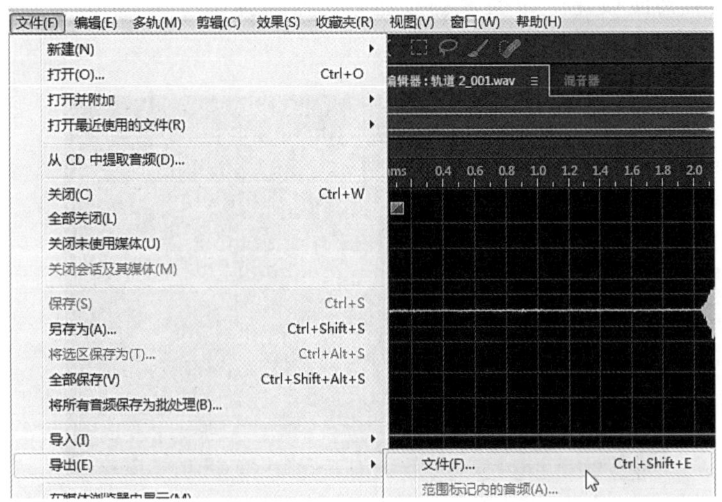

图 4－151 执行〖文件〗→〖导出〗→〖文件〗命令

可以更改文件的输出路径。点击保存类型按钮，可选择最终我们想要输出的音频文件格式类型。

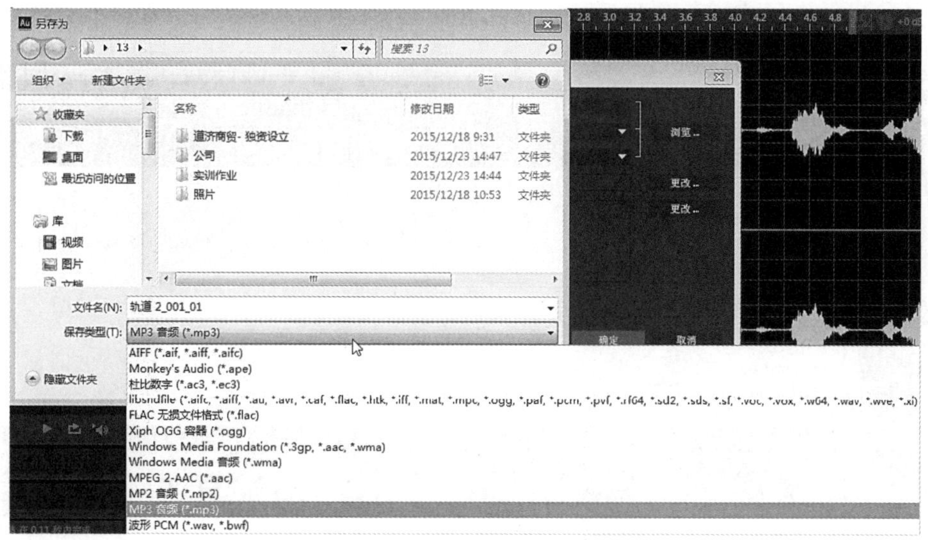

图 4-152 〖另存为〗对话框

如果我们创建的是多轨会话模式，我们需要执行〖文件〗→〖导出〗→〖多轨混音〗→〖整个会话〗命令，如图 4-153 所示。选中后，弹出〖导出多轨混音〗对话框（见图 4-

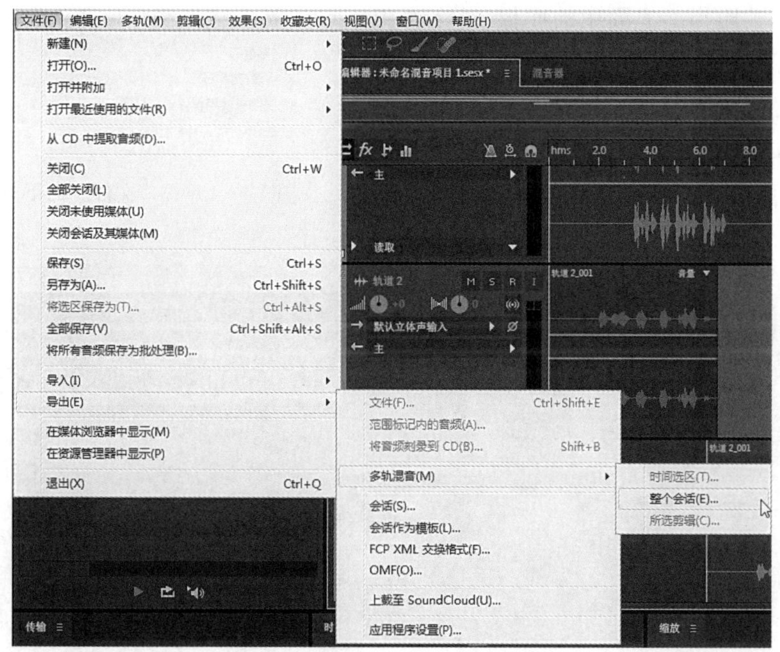

图 4-153 执行〖文件〗→〖导出〗→〖多轨混音〗→〖整个会话〗命令

154)，在这里我们同样可以选择输出保存文件的路径和音频格式。需要特别说明的是，我们在多轨会话模式下，不仅可以导出整个混缩的音频，还可以选中某轨音频文件单独导出。

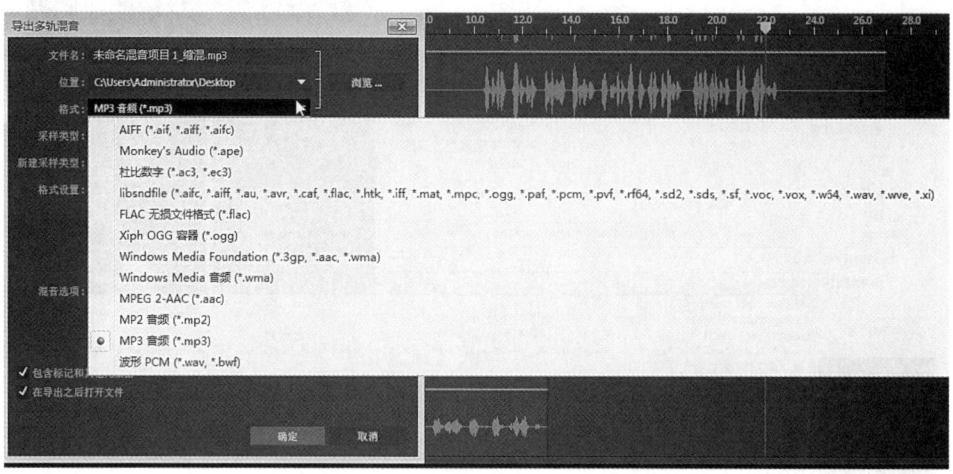

图 4－154　〖导出多轨混音〗对话框

4.2.8　关闭文件

点击〖文件〗菜单，在下拉菜单中，〖关闭〗命令表示关闭当前界面中的面板，〖全部关闭〗命令表示关闭所有打开的面板，如图 4－155 所示。当然选中以上两项关闭，只是关闭项目面板并不会关闭软件本身，关闭后的效果如图 4－156 所示。

图 4－155　〖文件〗的下拉菜单

图 4－156　使用〖关闭〗命令后的效果

4.2.9　音频处理

效果器也称为音频处理器，其能够解决音频中常遇到的一些问题，尽可能地使我们的音频变得完美。这与我们之前接触的 Pr 里的特效控制组有些类似，只不过一个是完善视频画面，一个是完善音频音质。

Au 提供了很多常用的音频处理效果，且大多数可在音频对话框和多轨会话中使用。一般我们可以通过以下三种方法对音频添加特效处理。

（1）效果组（见图 4－157）：在这里 Au 给我们设置了 16 种加载对话框，而且可以独立的启用或是关闭某个效果，也可以添加、删除某个效果，还可以重新排列各种效果。此效果添加方法是应用最为灵活的添加方式。

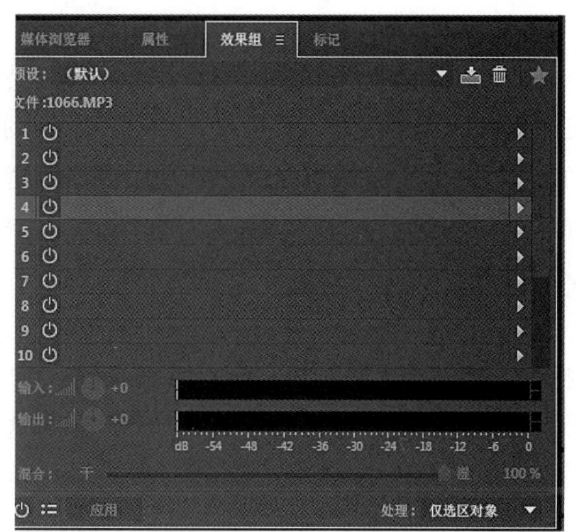

图 4－157　效果组

（2）效果菜单（见图 4－158）：当我们需要使用某个特定的效果时，使用效果菜单要比使用效果组更快捷。这里还会提供效果组中没有的一部分特效。

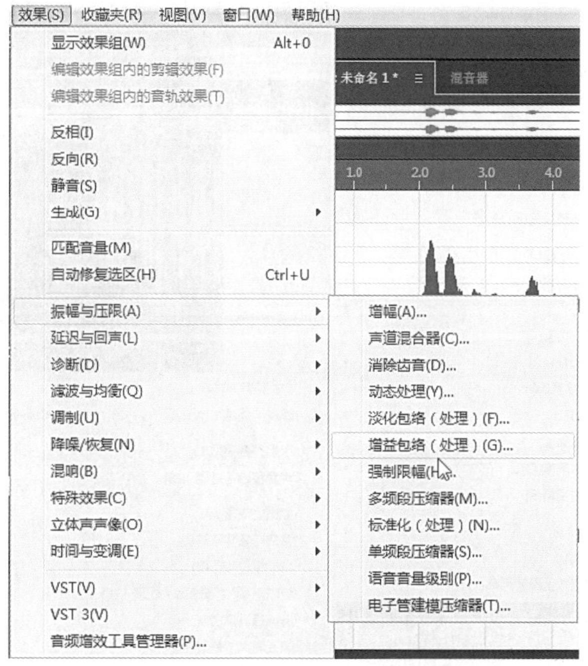

图 4－158　效果菜单

(3) 收藏夹：收藏夹面板里提供了一些非常快捷的应用效果的特效命令。这一点我们在前面实例中已介绍，其中我们还提到了一些效果预设的录制方法，如有不理解可查看前面的内容。

☆课后拓展：
Au标记、画笔的使用方法、调整音频频谱的方法

4.2.10 噪音处理

1. 消除“嘶嘶声”

嘶嘶声是随着电子线路自然产生的，特别是高增益的线路。我们这里提到的噪音处理都是有损的，因为前期的某些因素导致了我们在音频文件里听到的噪音是伴随我们整个文件的，所以在消除噪音的同时会损伤源文件的音质。因此，前期的录制工作是非常重要的，下面我们来一起看一下嘶嘶声的消除方法。

☆课上跟练：
Au清除背景噪音

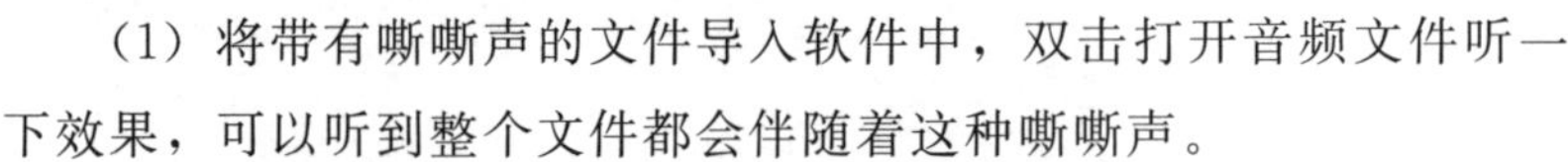

(1) 将带有嘶嘶声的文件导入软件中，双击打开音频文件听一下效果，可以听到整个文件都会伴随着这种嘶嘶声。

(2) 音频文件前端没有正式录音的部分，这部分只包含嘶嘶声。执行〖效果〗→〖降噪/修复〗→〖降低嘶声（处理）〗命令，如图 4-159 所示。这时会弹出〖效果-降低嘶声〗对话框，如图 4-160 所示，点击〖捕获噪音基准〗按钮，捕获噪音曲线显示了噪音的分布。

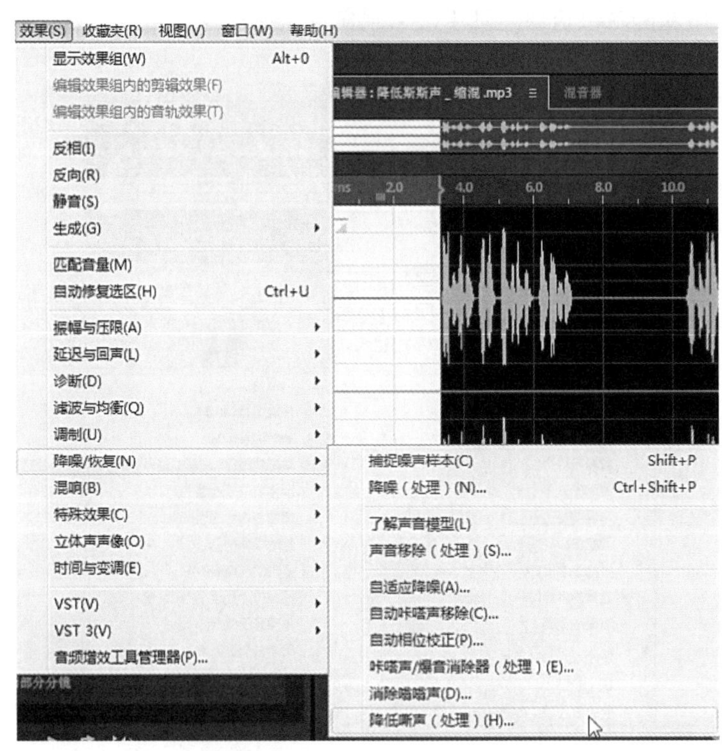

图 4-159 执行〖效果〗→〖降噪/修复〗→〖降低嘶声（处理）〗命令

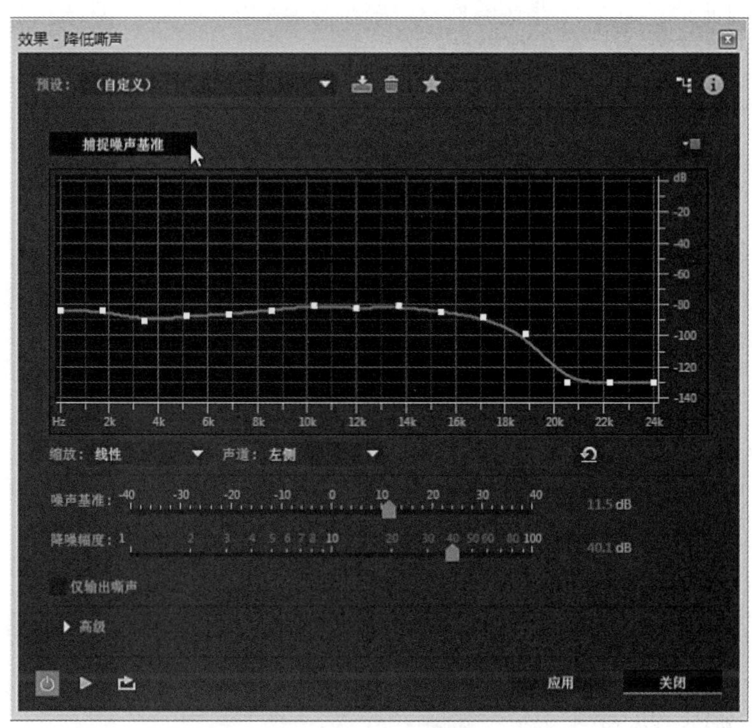

图 4 - 160　〖效果-降低嘶声〗对话框

(3) 在编辑面板选中前 6 秒左右区域，点击〖播放〗按钮，这时可以听到嘶嘶声有明显的消除。若不理想可以滑动〖噪声基准〗和〖降噪幅度〗按钮，直至效果理想。在降噪幅度的下方有一个〖仅输出嘶声〗选项，选择此选项就会只输出我们消除的声音，这一选项可以帮助我们判断是否有消除不想删除的声音。

(4) 完成以上操作后，点击〖应用〗按钮，这样音频文件就处理好了，导出音频文件即可。

2. 消除噪音

Au 为我们提供了其他很多种处理专一噪音的特效命令如图 4 - 161 所示，本书就不再一一讲述。

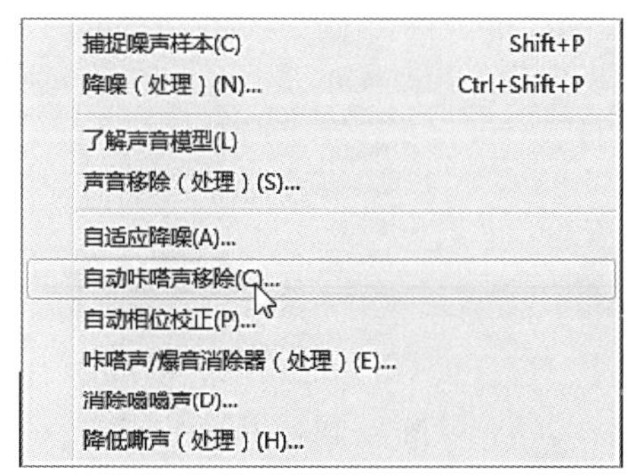

图 4 - 161　特效命令

我们日常接触的一些情况往往是多种噪音都会涉及，比如嗡嗡声中也夹杂着嘶嘶声。遇到这种情况运用刚才提到的消除嘶嘶声，效果就不是很理想了。那么接下来我们就来看一个消除更广泛噪音的方法。

(1) 点击〖录音〗按钮录一段话，如图 4 - 162 所示。在我们选中的白色区域可以看出音频文件中有很多杂音，这里有设备的因素，也有环境的因素。你也可以不去录音棚，自己在宿舍录一段作为自己的处理素材。

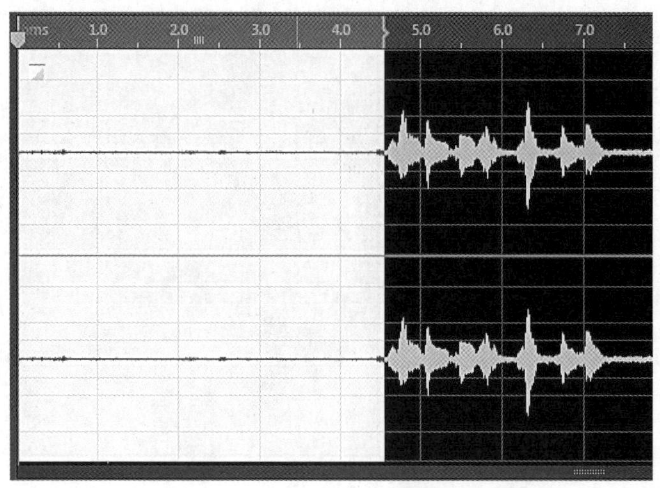

图 4-162　录制的音频文件

（2）音频文件前空白没有人音的部分，这一部分基本是噪音，执行〖效果〗→〖降噪/恢复〗→〖降噪（处理）〗命令，如图 4-163 所示。

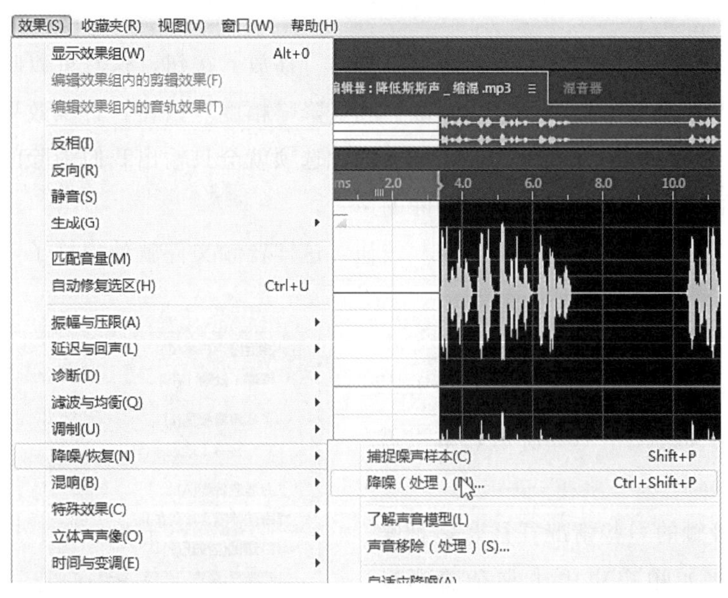

图 4-163　执行〖效果〗→〖降噪/恢复〗→〖降噪（处理）〗命令

在弹出的对话框里点击〖捕捉噪音样本〗按钮，软件会自动识别我们刚才选中的那段音频为噪音。这时会出现一条噪音基准分布图（见图 4-164），其由红、黄、绿三种颜色表示。向右移动降噪滑块可以看到绿色的波形线会慢慢往黄色的线靠拢，滑动的值越大去除的噪音越多。当然一般情况下我们并不会选择 100%，因为降噪都是有损的，在去除噪音的同时也会去除掉一部分原有的声音，所以我们一般此选项控制为 80%～90%既可。

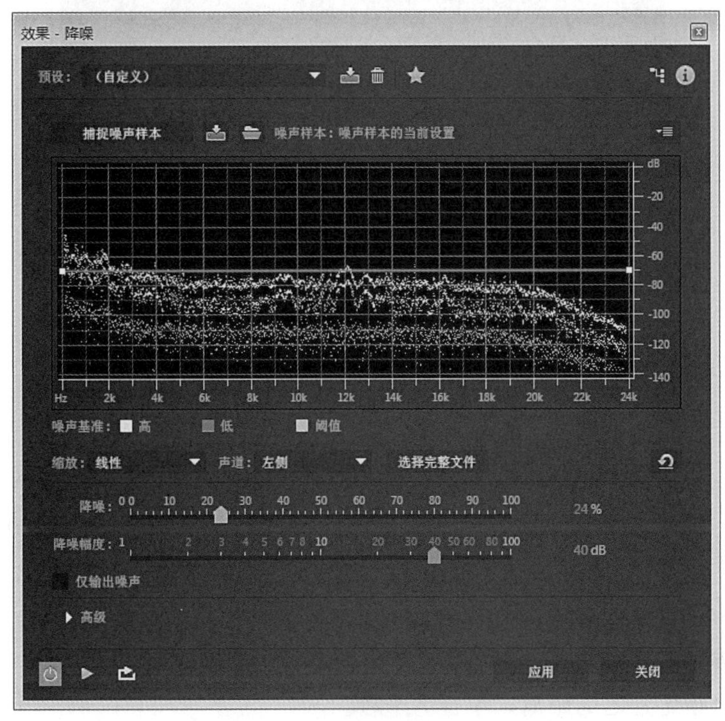

图 4－164　噪音基准分布图

细心的同学可能会发现，在我们红、黄、绿曲线上还有一条蓝色的直线，这条直线称为频谱曲线。通过给这条直线添加点，我们可以控制去除噪音的区间。

☆课后拓展：
Au降噪高级处理

4.2.11　延迟与回声效果器

在音频数字编辑中，我们可以使用延迟与回声效果模拟不同的环境声。延迟与回声效果包含模拟延迟、延迟和回声三种效果，下面我们分别来讲解。

☆课上跟练：
Au滤波器均衡器、延迟、混响

1. 模拟延迟效果器

模拟延迟效果器可以模拟老式的硬件延迟效果器的声音，适用于特性失真和调整立体声扩散。要创建离散回声指定延迟时间、要创建更微妙的延迟效果需要设定更短的时间。为声音添加延迟效果的具体步骤：执行〖效果〗→〖延迟与回声〗→〖模拟延迟〗命令，会弹出〖效果-模拟延迟〗对话框，如图 4－165 所示。

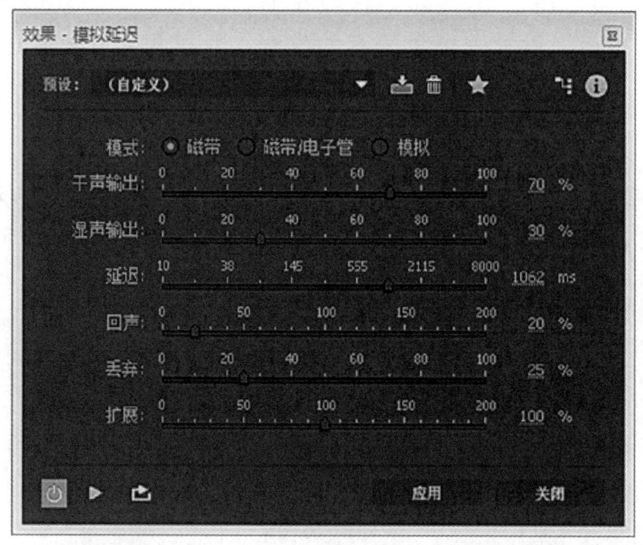

图 4－165 〖效果-模拟延迟〗对话框

（1）模式：指定硬件的仿真类型，确定均衡和失真特性。磁带/电子管反映老式延迟效果的声音特性，模拟反映后期的电子延迟特性。

（2）干声输出：设置未处理音频的音量。

（3）湿声输出：设置延迟处理过的音频音量。

（4）延迟：指定延迟的距离，单位为毫秒。

（5）回声：重复发送延迟的音频，创建重复回声。例如，“20”代表将 1/5 的原始声音的音量发送至延迟音频，生成短暂的回声。“200”代表将 2 倍原声的音量发送至延迟音频，生成快速增大的回声。

（6）丢弃：增加声音的温和度。

（7）扩展：决定延迟信号的立体声宽度。

2. 延迟效果器

延迟效果器用于创建简单的回声和其他一些效果。延迟时间为 1～14 毫秒，即便素材是单声道也可以模拟出声音好像是来自左右声道的感觉。延迟时间为 15～34 毫秒，可以创建一个简单的合唱或镶边效果。延迟时间为 35 毫秒及以上用于创建离散的回声。

执行〖效果〗→〖延迟与回声〗→〖延迟〗命令，会弹出〖效果-延迟〗对话框，如图 4－166 所示。

（1）延迟时间：设置范围为－500～500 毫秒，设置为负数可以在时间上使一个声道提前。

（2）混合：干湿声音的混合比例。

（3）反转：反转信号的相位。

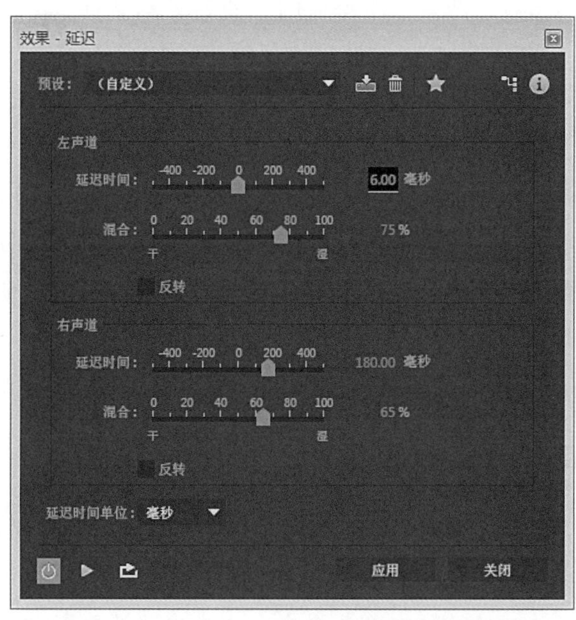

图 4 - 166　〖效果-延迟〗对话框

3. 回声效果器

回声效果器可以将很多重复的、衰减的回声添加到声音文件中。通过设置不同的延时量可以创建各种环境的回声效果。

执行〖效果〗→〖延迟与回声〗→〖回声〗命令，会弹出〖效果-回声〗对话框，如图4 - 167所示。

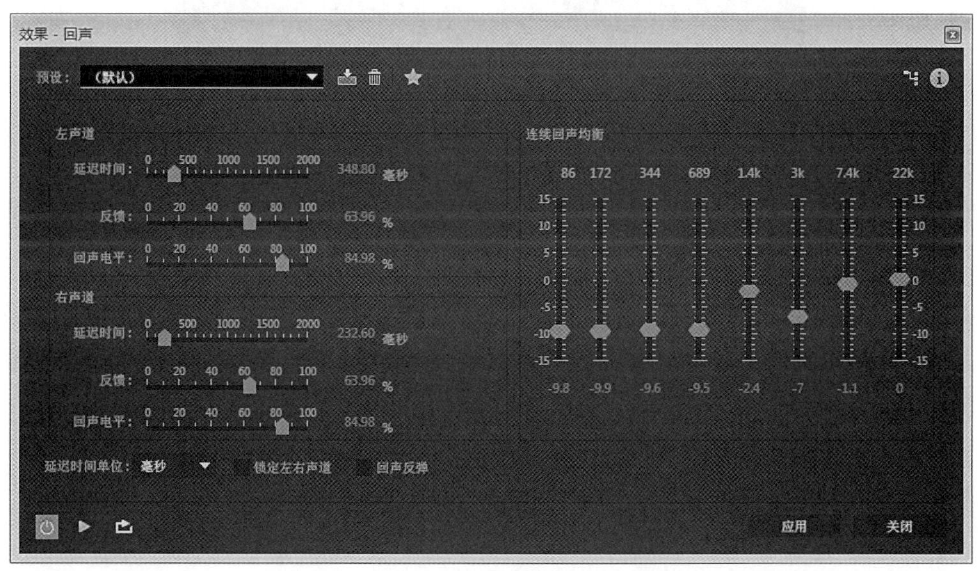

图 4 - 167　〖效果-回声〗对话框

(1) 延迟时间：指定每个回音的延迟时间，如果参数设置为1500毫秒，回声直接就有1.5秒的延时。

(2) 反馈：设置回音的衰减比例。设置为0表示没有回声，设置为100会产生强度不会改变的回声。

(3) 回声电平：设置回声湿信号与干信号在最终输出的混合百分比。

(4) 回声反弹：勾选该复选框，可以使左右声道之间来回反弹回声。

(5) 连续回声均衡：提供了8个波段的回声均衡器，可以精细调整不同频率的回声强度。

(6) 延迟时间单位：可以设定延迟时间单位，选项有毫秒、节拍和采样。

4.2.12 时间与变调效果器

时间与变调效果器可以伸缩声音和调节声音音调的高低，此效果器只适用于单轨编辑界面。如果在多轨编辑界面，选中需要修改的波形，双击进入单轨编辑界面，执行〖效果〗→〖时间与变调〗→〖伸缩与变调〗命令，会弹出〖效果-伸缩与变调〗对话框，如图4-168所示。

(1) 预设：〖伸缩与变调〗命令为我们提供了一些预设（见图4-169），大家可以挨个尝试每个预设独特的效果。

图4-168 〖效果-伸缩与变调〗对话框

（2）算法：算法包括 iZotope Radius 和 Audition 两种，如图 4－170 所示。在处理声音时 iZotope Radius 的效果会更细致一些，当然需要运算的时间也自然会长一些。

（3）精度：精度越高，声音处理后的效果越好，但需要更长的处理时间。

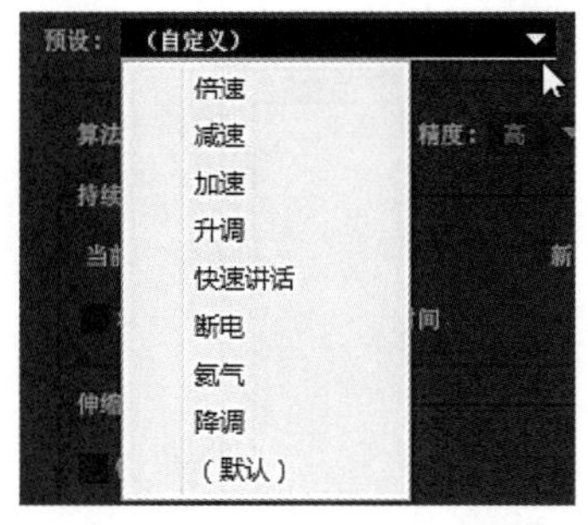

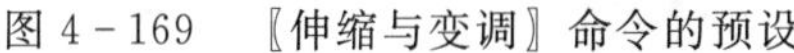

图 4－169　〖伸缩与变调〗命令的预设

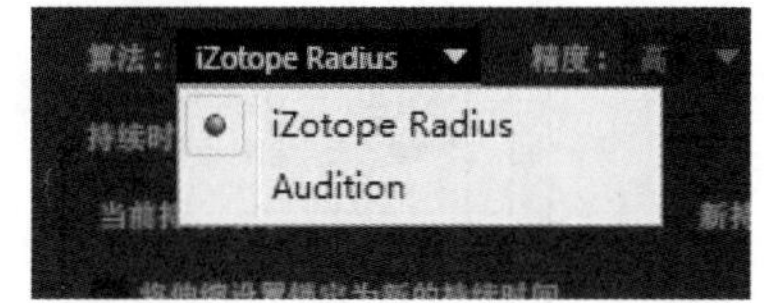

图 4－170　〖伸缩与变调〗命令的算法

（4）持续时间：〖当前持续时间〗表示当前波形长度的时间；〖新持续时间〗表示处理后波形长度的时间。

（5）伸缩与变调：〖伸缩〗表示处理后波形是原来长度的百分之几。100％表示没有变化；小于 100％，波形变短，速度加快；大于 100％，波形变长，速度变慢。〖变调〗值大于 0 表示音调升高，值小于 0 表示音调变低，单位为半音阶。

（6）锁定伸缩与变调（重新采样）：勾选该复选框，调整伸缩变调的任何一个参数，另外一个参数会同时变化。也就是说，速度变慢，音调变低；速度变快，音调变高。

4.2.13　录音技术

1. 计算机基础设置

电脑系统基本上每年都会有所更新，本书还是以最常用的 Windows7 为例讲解。当然如果是新买的电脑现在市面上大多已经是 Windows10 的系统了。系统虽然不一样，但设置方法大致相同。

（1）在 Windows7 系统设置中，执行〖开始〗→〖控制面板〗，在控制面板中双击〖声音〗选项，弹出〖声音〗对话框，如图 4－171 所示。

（2）在〖播放〗选项页面中，选中〖扬声器〗，点击〖属性〗按钮，这时会弹出〖扬声器 属性〗对话框，如图 4－172 所示，在〖级别〗选项页面中可以设置音量。

在〖高级〗选项页面中可以设置采样频率和位深度，如图 4－173 所示。

（3）返回〖声音〗对话框，点击〖录制〗选项，在这里可以设置电脑系统音频录入设备，如图 4－174 所示。因为本例中电脑外接了麦克风，所以会出现两个麦克设备。

选中〖麦克风〗，点击〖属性〗按钮，会弹出〖麦克风 属性〗对话框，如图 4－175 所示。可以在这里设置麦克风的音量级别，为了防止录音时出现破音的情况，不建议把麦克风的音量设置的太大。

图 4-171 〖声音〗对话框

图 4-172 〖扬声器 属性〗对话框

图 4－173　设置采样频率和位深度

图 4－174　〖录制〗选项页面

图 4-175 〖麦克风 属性〗对话框

2. 录音

在 Au 中，既可以在单轨编辑界面下录制声音，又可以在多轨混音界面下录制声音。在前面的实例中我们简单介绍过单轨录音，在这就不做重复，下面我们来看一下在多轨界面下录制声音。

（1）启动软件，新建多轨会话，设置采样率、位深度等参数，如图 4-176 所示，然后单击〖确定〗按钮进入多轨会话框。

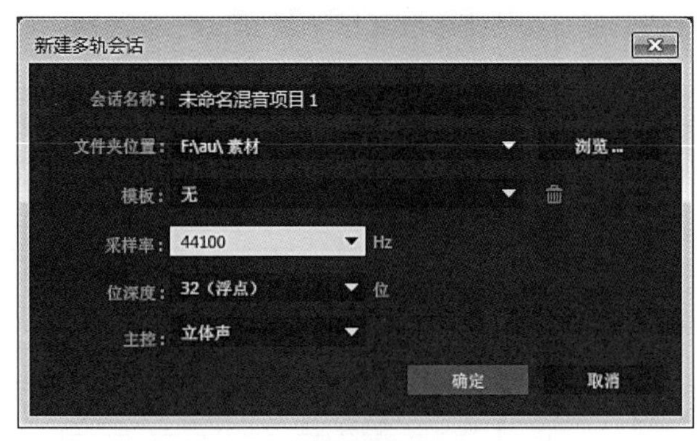

图 4-176 〖新建多轨会话〗对话框

一般情况下，录音时要尽量将声音以最高电平经话筒录制到计算机中，声音的电平越高，清晰度越高。不过，声卡对声音电平有最高限度的要求。也就是说，声音电平过高，将会出现爆音的现象，影响录制效果。但是如果录制的声音电平过低，会影响声音的清晰度。因此，既要尽量大的电平，又要不超过最高限度，这是录音要注意的关键问题。

可采取的方法：对着麦克风大声地录制较高音量部分，如果 Au 显示的电平过小（见图 4－177），就要提高录制的电平。如果 Au 显示的电平过大（见图 4－178），就要降低录制的电平，以达到较为适合的电平（见图 4－179）。一般情况下我们尽可能地把电平控制为－18～－6 分贝。

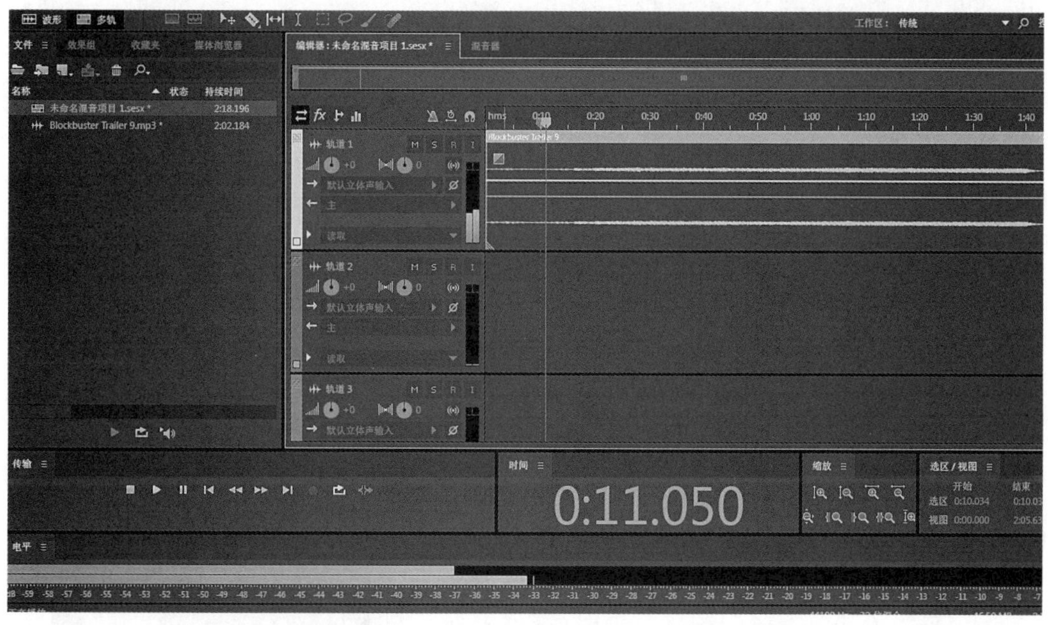

图 4－177　Au 显示的电平过小

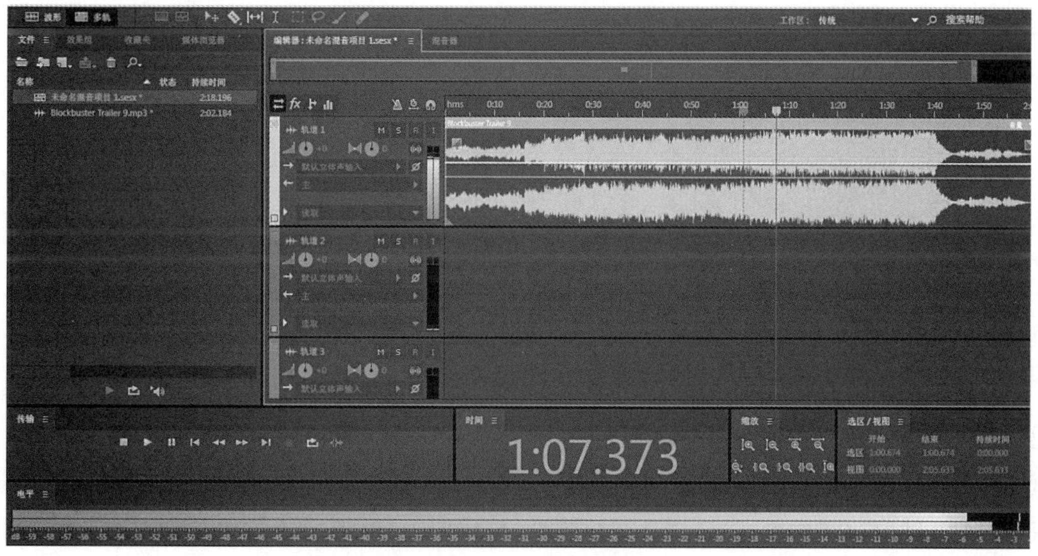

图 4－178　Au 显示的电平过大

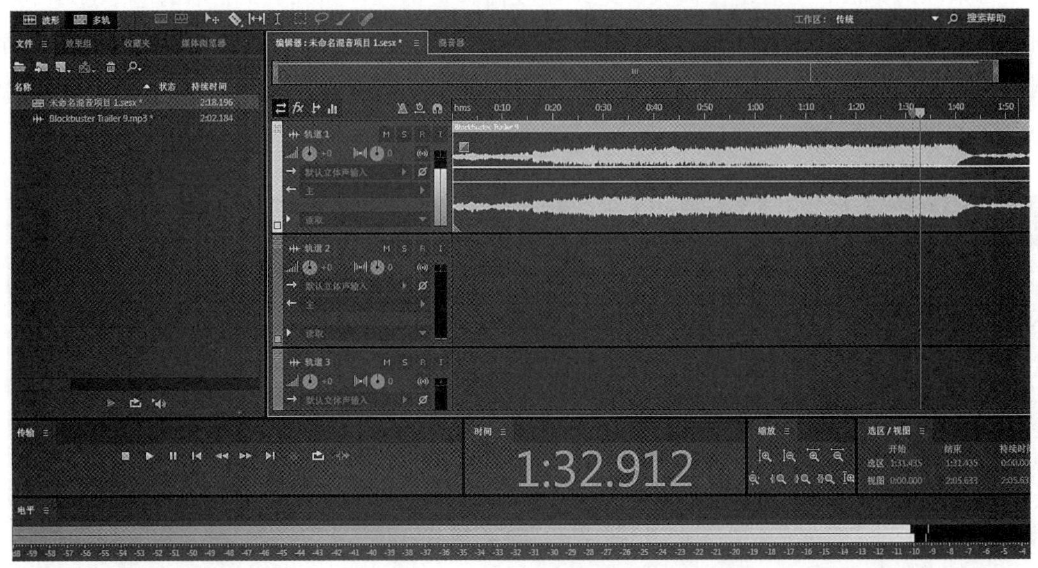

图 4－179 Au 显示合适的电平

(2) 点击〖录制准备〗按钮，激活录制准备，如图 4－180 所示。

图 4－180 激活录制准备

(3) 设置好麦克风电平后，点击传输面板的〖录制〗按钮，如图 4－181 所示，开始录制声音就可以了。

节拍器可以在录制过程中提供节奏参考。节拍器信号不会录入任何音轨而是直接导入主控输出总音轨，所以能够听到它。

图 4－181 点击传输面板的〖录制〗按钮

点击时间线左侧的〖切换节拍器〗按钮，如图 4－182 所示。节拍器音轨将在音频轨道的上方出现，而且可以在项目内任意移动，如图 4－183 所示。点击〖播放〗按钮可以试听节拍器信号。节拍器的播放节奏也是可以更改的，具体操作：在〖节拍器〗界面点击鼠标右键，选择〖编辑模式〗，定义节拍节奏，如图 4－184 所示。点击任意一个节拍方框 1～4，可在强拍、弱拍、分割线、无选项中依次切换，如图 4－185 所示。另外，还可以更改节拍器的声音，具体操作：在〖节拍器〗界面点击鼠标右键，选择〖更改声音类型〗，如图 4－186 所示。〖棍棒声〗是最常用的，选定选项后，点击〖播放〗按钮可以进行试听。

图 4－182　点击〖切换节拍器〗按钮

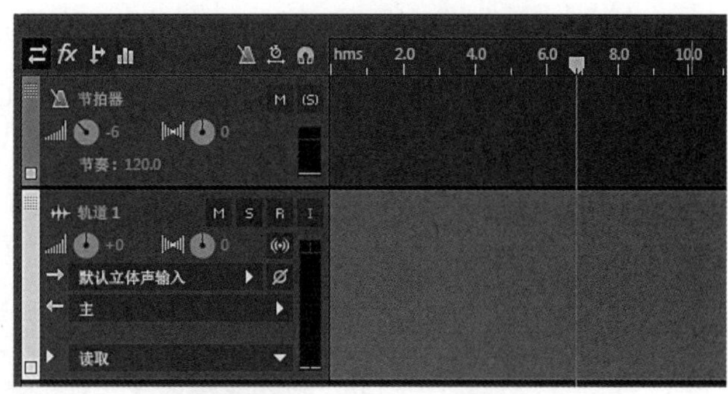

图 4－183　节拍器音轨在音频轨道中移动

图 4－184　〖节拍器〗下拉菜单

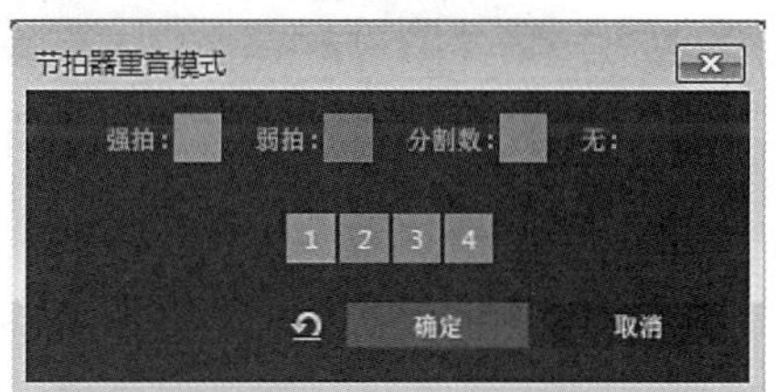

图 4－185　〖节拍器重音模式〗对话框

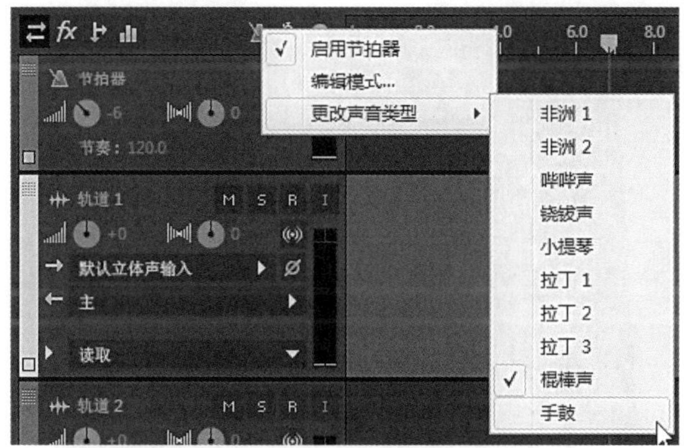

图 4－186　选择〖更改声音类型〗

3. 录音棚录音

普通的房子是不能作为录音棚使用的，因为录音棚采用了科学的声学建筑手法。玻璃一律是隔音的真空玻璃，门窗也要做隔音处理。比如，门要加牛皮筋来封死门缝；地板要做成悬空的：先打一层龙骨，然后铺地板，最后铺地毯；墙壁要建造隔断：先打一层龙骨，龙骨架内可用的材料有岩棉、玻璃棉、泡沫、玻璃纤维等隔音材料，然后附上石膏板，再在石膏板上可附上聚酯纤维棉板等吸声材料和其他装饰物。

下面我们就用录音棚（见图 4-187），给大家讲解录音事项。

图 4-187　现在使用的录音棚示例

首先我们来看一下调音台，本例中调音台型号为雅马哈（YAMAHA）MG124C（见图 4-188）。全新的 YAMAHA MG124C 专业音频调音台比上一代更小、更轻便，适合工作室和现场调音。

图 4-188　YAMAHA MG124C 专业音频调音台

（1）增益旋钮（GAIN）。如图 4－189 所示，增益旋钮是用来调节输入信号电平大小的。输入的信号以多大的电平来输出是由该旋钮和该输入单元的推子共同决定的。显然，增益旋钮顺时针方向角度越大、推子越高，输入信号的输出电平的提升就越大，或者说该路输入的音频信号在输出中的响度就越大。增益范围为 20～60 分贝。值得注意的是，增益太高会使声道负荷过载，导致声音失真；增益太低则背景噪音明显，可能也无法获得足够的信号电平提供混音输出。使用高电平输入时要将增益调小。增益旋钮是作为声音输入调音台的关口，调整适当，即可保证调音台下一级的处理电路能接收到充分且“干净”的信号。

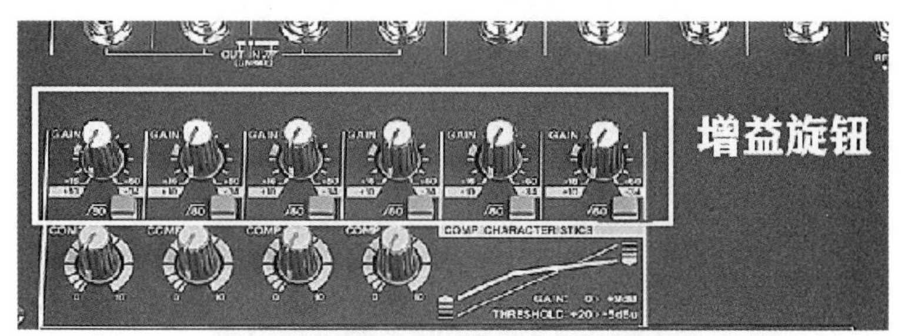

图 4－189　增益旋钮

（2）三段均衡器旋钮。如图 4－190 所示，三段均衡器旋钮中的 HIGH、MIDDLE、LOW 分别可以对高频、中频、低频进行增强或衰减。中频在控制人声时尤其有用，其可以非常准确地修饰演出者的声音。

图 4－190　三段均衡器旋钮

低音（20～500 赫兹）：适当时，低音张弛得宜，声音丰满柔和；不足时，声音单薄；过度提升时，会使声音发闷，明亮度下降，鼻音增强。

中音（500～2000 赫兹）：适当时，声音透彻明亮；不足时，声音朦胧；过度提升时，会产生类似电话的声音。

高音（2000～8000 赫兹）：影响声音层次感的频率。不足时，声音的穿透力下降；过强时，会掩蔽语言音节的识别，使齿音加重、音色发毛。

（3）声像旋钮（PANPOT）。如图 4－191 所示，声像旋钮是用来调整该通道信号在左右声道之间立体声位置的。调节范围为左声道 5～右声道 5，如果不需要制作特殊效果，那么一般置于 0 处。

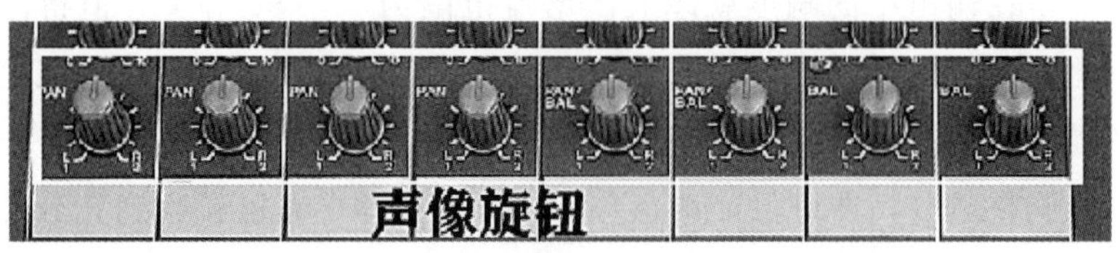

图 4－191　声像旋钮

（4）总推。如图 4－192 所示，总推是用来控制总的电平输出信号的。

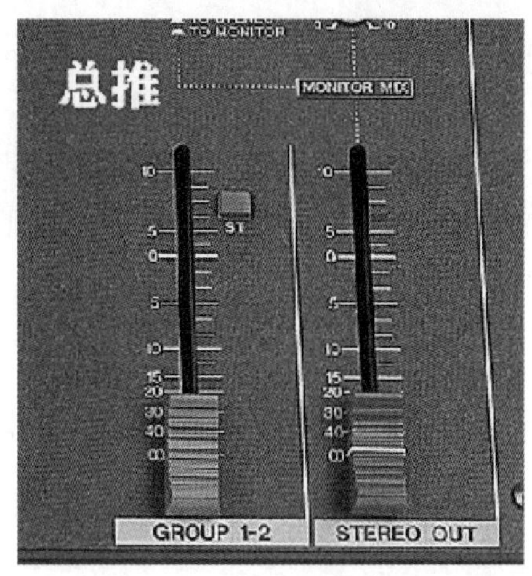

图 4－192　总推

第 5 章

视频特效

一 本章导读

视频特效能够对视频素材进行加工和处理，是视频剪辑的核心部分。顾名思义，视频特效就是在视频素材上添加各种特殊效果，对视频素材进行再次加工和处理，如抠像、遮罩、运动、叠加等，正是因为 Pr 能够对视频加工进行剪辑，所以在影视后期合成中一直被沿用。

一 知识目标

掌握视频特效的基本原理，掌握视频切换特效的使用方法，掌握抠像、遮罩等特效的使用方法；掌握利用合成技术进行影视后期特效制作的基本技能。

一 能力目标

熟练运用 Pr 进行影视后期特技效果制作，养成良好的影视后期编辑习惯，能够灵活运用影视后期编辑习惯，培养搜集资料、阅读资料和利用资料的能力。

一 素养目标

坚持创新在现代化建设全局中的核心地位，热爱影视制作工艺，对待工作精益求精，具有吃苦耐劳的精神，具有较好的合作精神，紧跟技术发展的最新动态，了解商业影视设计的设计理念和设计元素，顺利达到实战水平。

一 思政目标

用传统文化案例激发大学生的爱国情、强国志、报国行，引导他们增强中国特色社会主义道路自信、理论自信、制度自信、文化自信。

5.1 特效转场

视频切换特效主要有两类：一类是形状变化，如3D运动、伸展、划像、卷页、擦除、滑动和缩放等，是视频切换特效的主流；另一类是图像变化，此类视频切换特效主要通过改变视频素材的透明度、颜色、纹理等来进行切换，如调整、映射、特殊效果等。

5.1.1 叠化转场

在项目面板中打开效果窗口，可以看到有预设、视频特效、视频切换特效、音频特效、音频切换特效五个文件夹，另外可以导入其他预设，如〖Lumetri 预设〗，如图5-1所示。

图5-1 〖Lumetri 预设〗

打开视频特效文件夹，可以看到下面有伸展、划像、卷页、叠化、擦除、映射、滑动、特殊效果和缩放等下一级文件夹，每个文件夹中都有一些固定的视频切换特效。

下面我们通过练习来了解叠化转场效果。

(1) 把两个以上视频导入Pr软件，拖放到时间线面板的视频1轨道中，使相邻两个视频紧贴在一起。

(2) 调整视频大小，以不漏黑边为宜，如图5-2所示。

(3) 在效果面板选择〖视频过渡〗→〖溶解〗→〖叠加溶解〗(见图5-3)，拖拽到素材上。我们在拖放视频切换特效的时候可以发现，视频切换特效只能放置在视频的开头、结尾以及紧挨着的两个视频中间，如图5-4所示。

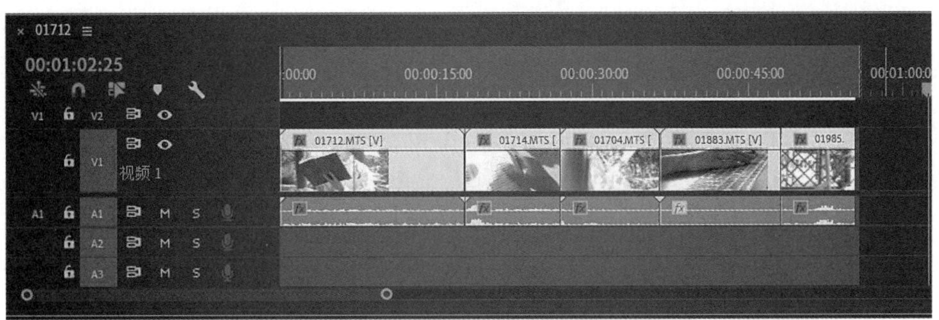

图 5－2　调整视频大小

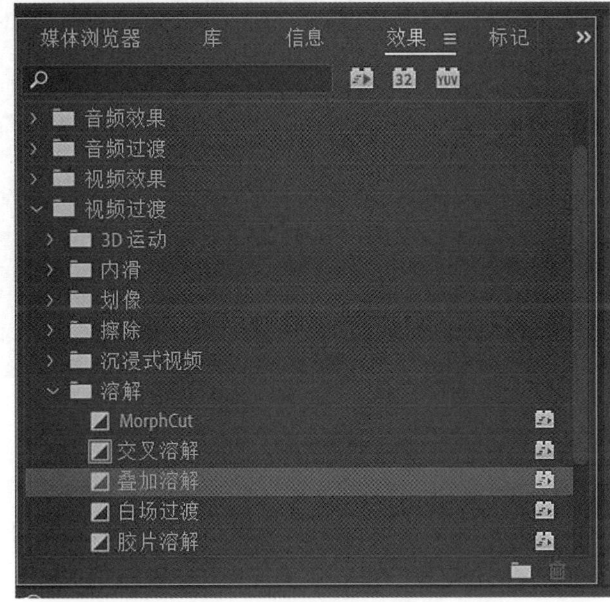

图 5－3　〖叠加溶解〗效果

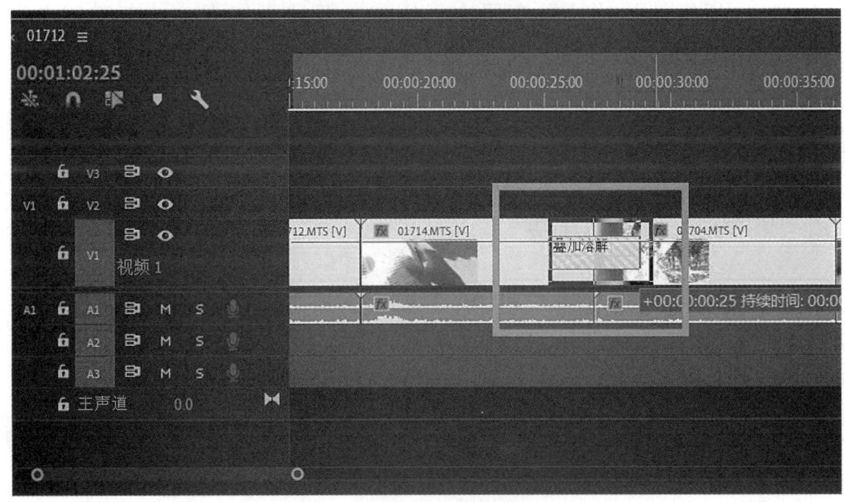

图 5－4　视频切换特效效果

（4）放好后在两个视频中间出现了一个独立的视频切换特效。点击该特效，源面板的〖效果控件〗窗口会出现该切换特效的参数，如图 5－5 所示。

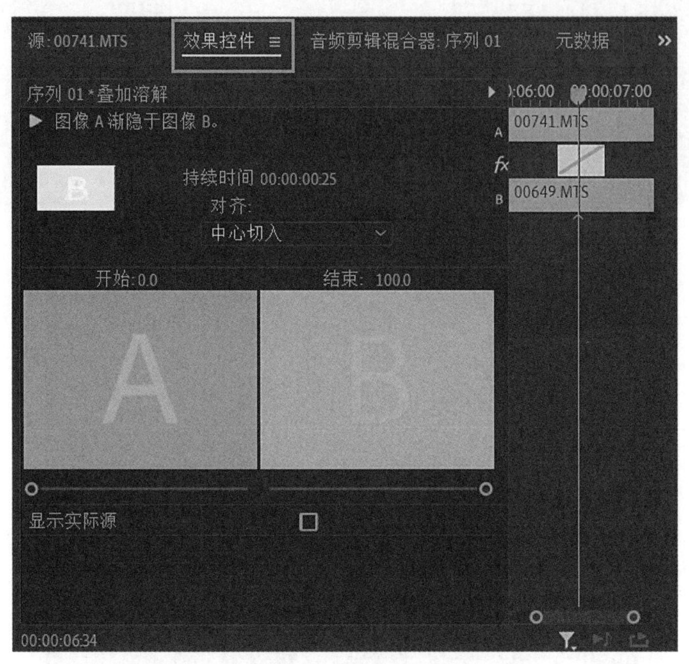

图 5－5 〖效果控件〗窗口

左上角有一个三角播放按钮，后面是切换特效的描述，下方是缩略图。点击〖播放〗按钮可在缩略图上进行切换特效的预览。默认预览是由 A 到 B 的变化。若想显示实际的变化效果，则可勾选下方的〖显示实际源〗选框。

缩略图右侧有持续时间（可以设置切换特效的存在时间），还有校准选项（可以设置切换特效的位置）。切换特效的位置有居中于切点、开始于切点、结束于切点和自定义开始 5 种，其中切点是指两个视频的交接点。

（5）观看叠化效果，交叉叠化的作用是前一个素材的透明度慢慢降低，同时后一个素材的透明度慢慢增加。

5.1.2 时钟式擦除切换

本小节来学习制作倒计时转场：使用时钟式划变切换特效，每秒换一张数字图片，时钟擦除和声音同步，最后添加开场视频。

（1）导入多个素材。按下〖Ctrl〗键，同时在项目面板中按照 5、4、3、2、1 的顺序选中素材，整体拖动到视频 1 轨道上，此时视频 1 轨道上会出现刚才我们选择的顺序，这就是选择多个素材按顺序排列到时间线面板上的方法，如图 5－6 所示。

（2）存储预设。预设是效果面板上第一个文件夹，通过存储预设我们可以对刚才的操

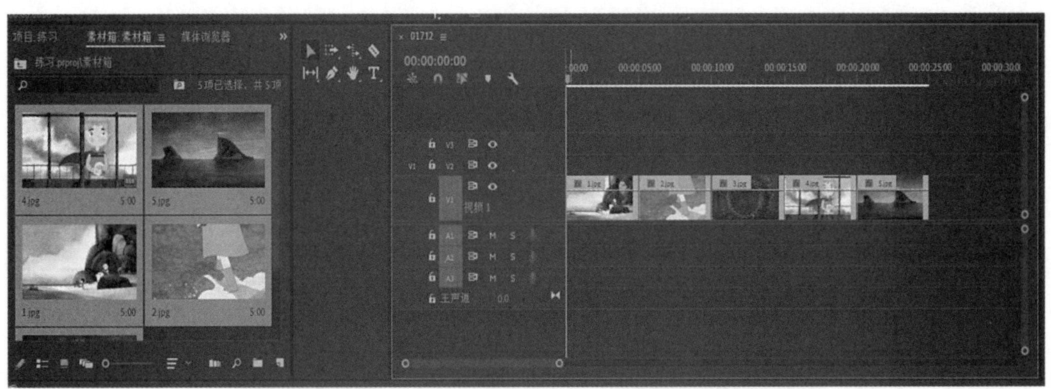

图 5－6　选择多个素材按顺序排列到时间线面板上

作进行再一次复制。现在以缩小比例为例，先缩小一幅图的比例，然后在效果控制台〖运动〗选项上点击鼠标右键，选择〖保存预设〗，如图 5－7 所示。然后输入预设名称，点击〖确定〗，如图 5－8 所示。

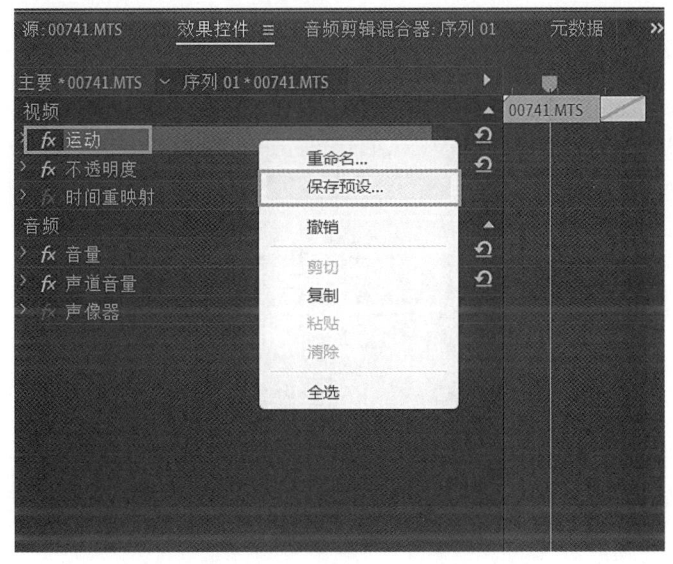

图 5－7　选择〖保存预设〗

（3）打开效果面板，此时在效果面板〖预设〗文件夹下将出现刚才设置的预设，如图 5－9 所示，然后我们将其拖动到下一张图片上，这样就快速地将需要同样操作的图片进行了比例的缩小，如图 5－10 所示。

（4）打开效果面板，依次选择〖视频过渡〗→〖擦除〗→〖时钟式擦除〗，找到时钟擦除特效，如图 5－11 所示，点击鼠标右键，设置为〖默认切换特效〗，在两两图片之间使用快捷键〖Ctrl＋D〗添加默认切换特效。

图 5-8　输入预设名称

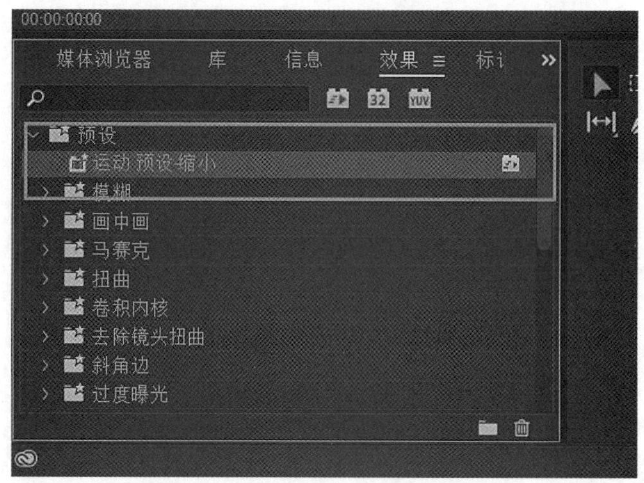

图 5-9　〖预设〗效果

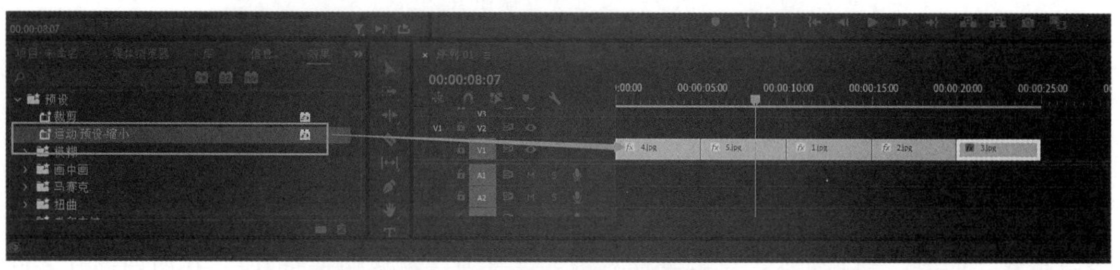

图 5-10　快速将图片进行比例缩小

☆课后拓展：
特效转场（双闪、圆形擦除）

☆课后拓展：
特效转场（光影、平滑、X频）

图 5－11　时钟式擦除特效

5.2　镜头特效

5.2.1　抠像

抠像一词来源于电影设计，英文为 Key。这也是遮罩类视频特效文件夹被称为“键控”的原因。它的最原始作用是将画面中的某种颜色变得透明，从而可以将视频中的单一背景色去掉，制作出使对象出现在下层视频场景中的效果。在效果面板的〖视频效果〗文件夹中，有一个子文件夹叫作〖键控〗（见图 5－12）。这个文件夹中包含了抠像和遮罩类视频特效，本节就来学习〖键控〗文件夹中的视频特效。〖键控〗文件夹中的〖超级键〗（见图 5－13）是去除单色背景的主要方法之一。其通过吸管吸取要去除的某种颜色，调整参数来达到最终效果。

提示

序列的嵌套：在 Pr 中，序列可以对一组素材进行处理后作为一个独立单元进行保存，然后可进行再加工和处理。

下面通过练习来了解抠像特效。本次实例使用了连续动作的 4 张羚羊行走的绿色背景图片，使用〖超级键〗去除绿色背景，将 4 张羚羊图片组成一个序列，在新的序列里添加背景，

将羚羊行走的序列放入新的序列，并在其位置上打帧，从而产生位移，制作行走的效果。

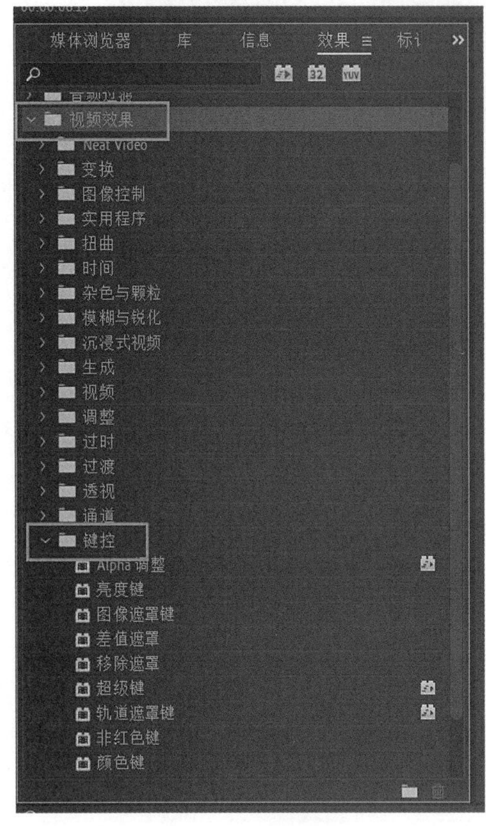

图 5－12 〖键控〗

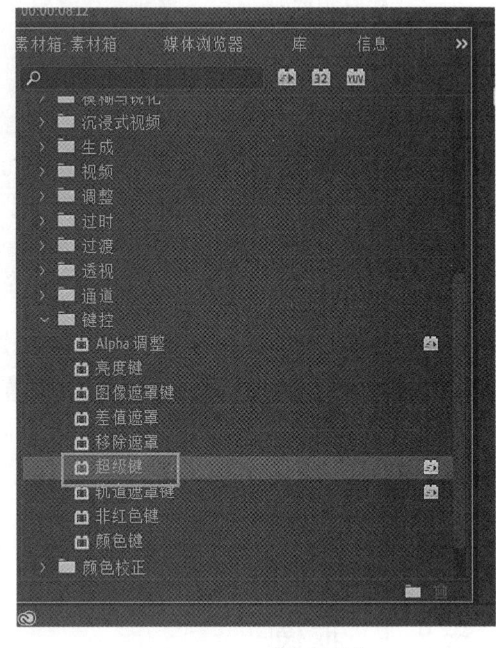

图 5－13 〖超级键〗

（1）新建文档，导入 4 张绿色背景羚羊的图片，按顺序放在视频 1 轨道上。

（2）打开效果面板，执行〖视频特效〗→〖变换〗→〖裁剪〗命令，将裁剪特效拖拽到羚羊图片上，分别调整画面大小，如图 5－14 所示。

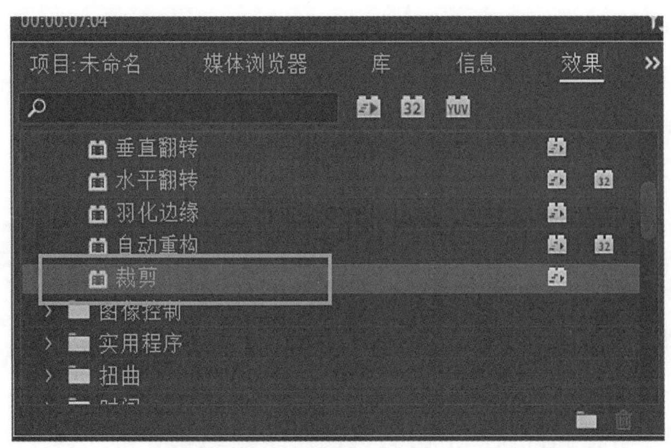

图 5－14 执行〖视频特效〗→〖变换〗→〖裁剪〗命令

（3）打开效果面板，执行〖视频特效〗→〖键控〗→〖超级键〗命令，分别拖拽到 4 张羚羊图片上，设置色度键的参数，颜色使用吸管吸取背景绿色，柔化为〖100.0〗，明亮度为〖120.0〗，去掉绿色背景，如图 5－15 所示。

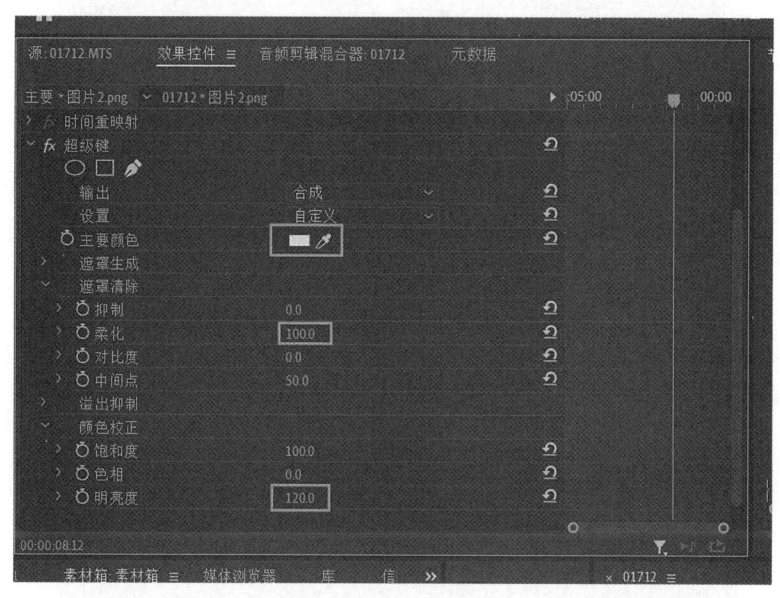

图 5－15　执行〖视频特效〗→〖键控〗→〖超级键〗命令

（4）分别调整 4 张图片中羚羊的位置和时间线面板上图片的长度，使羚羊行走得更加自然。

（5）新建序列 2，导入背景图片，将其拖拽到序列 2 中的视频 1 轨道上，将序列 1 导入序列 2 的视频 2 轨道上，如图 5－16 和图 5－17 所示。

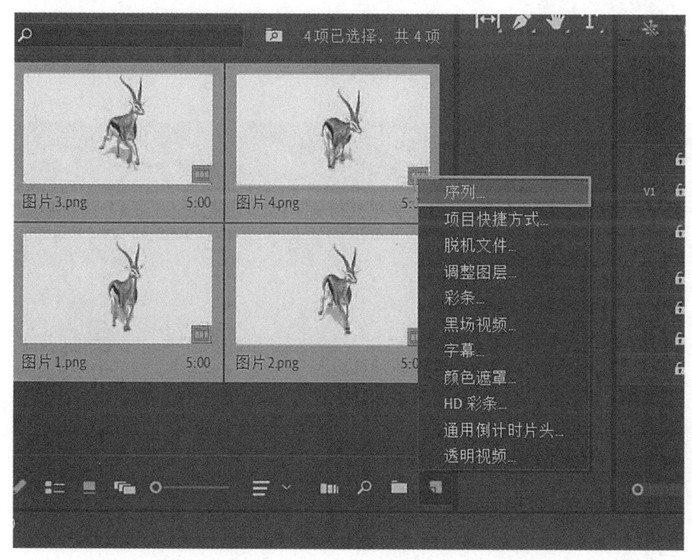

图 5－16　将序列 1 导入到序列 2 的视频 2 轨道上

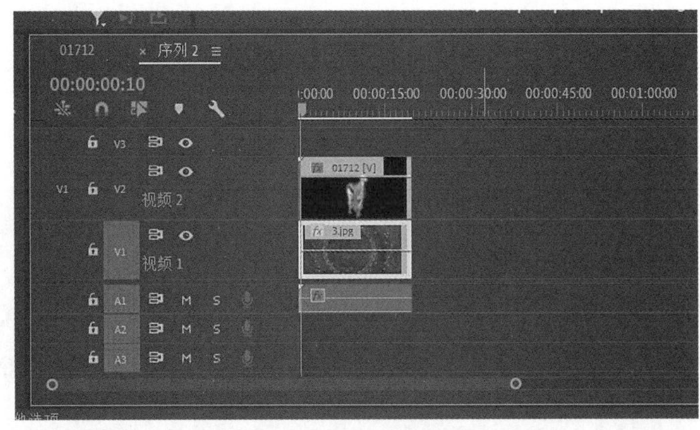

图 5－17　导入后的效果

(6）打开效果控件面板，在相应位置处打关键帧，使羚羊产生位移，调整序列 1 的运动速度和位移速度，使羚羊行走得更加自然，如图 5－18 和图 5－19 所示。

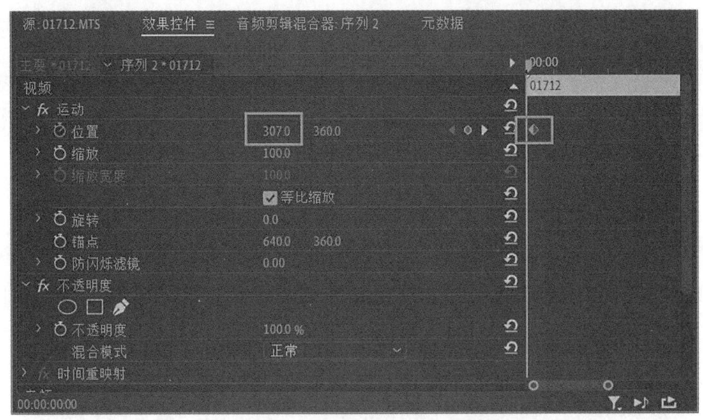

图 5－18　在位置上打关键帧（1）

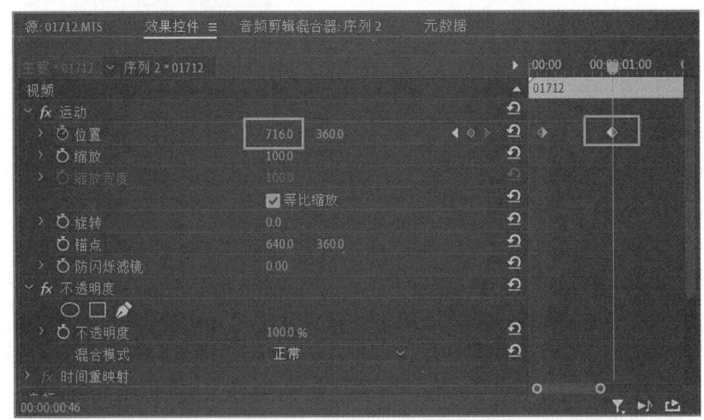

图 5－19　在位置上打关键帧（2）

（7）在序列 2 中根据序列 1 调整背景素材在时间线上的长度，做出羚羊走入背景到走出背景的过程，导出影片。

☆课后拓展：特效抠像（超级键）

☆课后拓展：特效抠像（颜色键）

5.2.2　重复画面

本次练习先使用〖蓝屏键〗去掉人物的蓝色背景，然后使用复制特效，使人物变成 16 个，并添加 4×4 网格的黑场视频和 16 个人物匹配制作背景，前景仍是一个人物。

复制特效在〖风格化〗文件夹中，它能使对象变成 n^2 个，n 就是复制中“计数”参数的值，n 的范围为 2～16。

黑场视频是 Pr 中新建菜单的一项，它是一段黑屏的视频素材，可以用来预留位置、展示特效或进行视频间的过渡。

网格特效可以生成网格效果，如图 5－20 和图 5－21 所示。

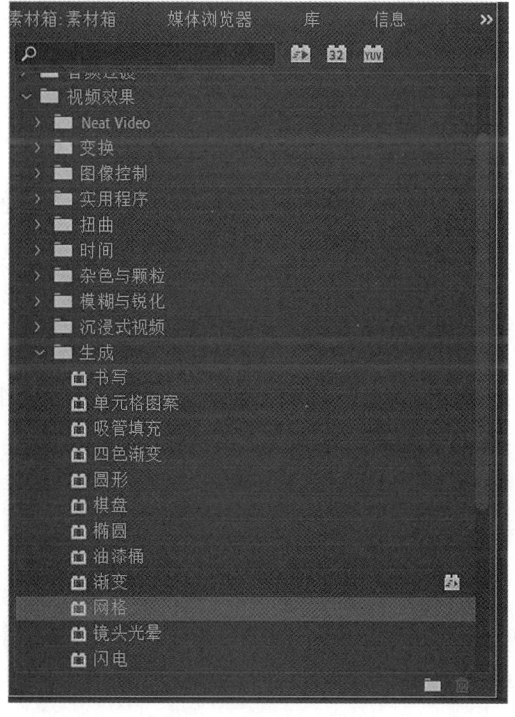

图 5－20　网格效果（1）

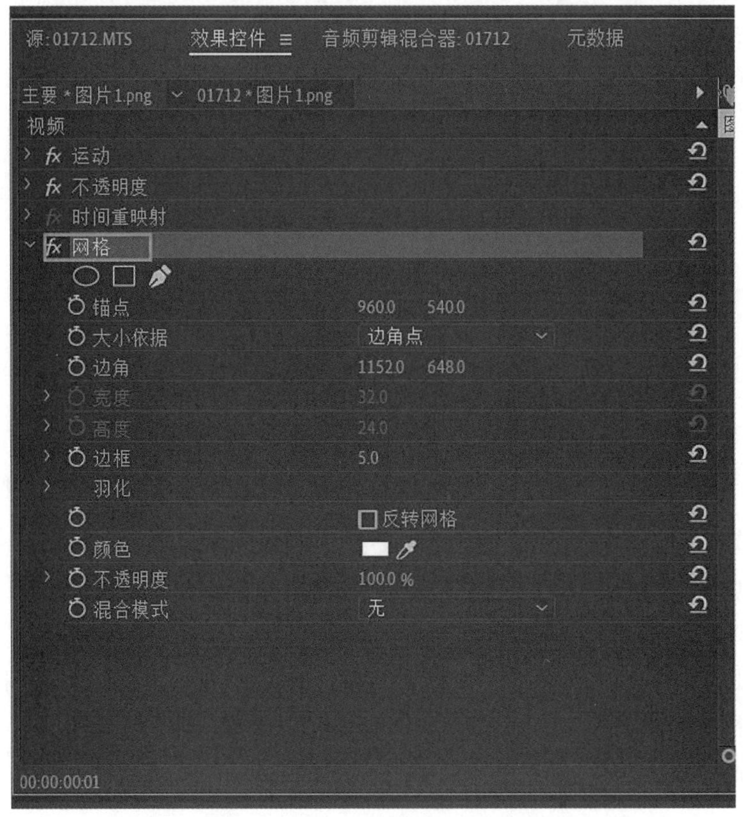

图 5-21 网格效果（2）

（1）新建文档，导入视频素材 01 和素材 02，将素材 01 拖拽到时间线视频 1 轨道上作为背景。

（2）新建黑场视频，拖拽到时间线视频 2 轨道上，调整长度使之和视频 1 背景素材等长。

（3）打开效果面板，执行〖视频特效〗→〖生成〗，找到〖网格〗特效，拖拽到黑场视频上，调整网格参数，使 16 个网格布满整个节目面板。

（4）将视频素材 02 拖拽到时间线视频 3 轨道上，添加颜色键特效去掉蓝色背景，如图 5-22 所示。

（5）打开效果面板，执行〖视频特效〗→〖风格化〗，找到〖复制〗特效，拖拽到时间线视频 3 轨道 02 上，设置计数为 4。此时出现 16 个视频素材 02 中的人物，调整整体大小，使 16 个人物全部处于节目面板上。

（6）打开效果控件面板，在〖运动〗选项下解除比例中的〖等比缩放〗，设置出现的 16 个人物的宽高和网格相匹配。

（7）添加 1 个视频轨道，将视频素材 02 拖拽到时间线视频 4 轨道上，添加〖蓝屏键〗

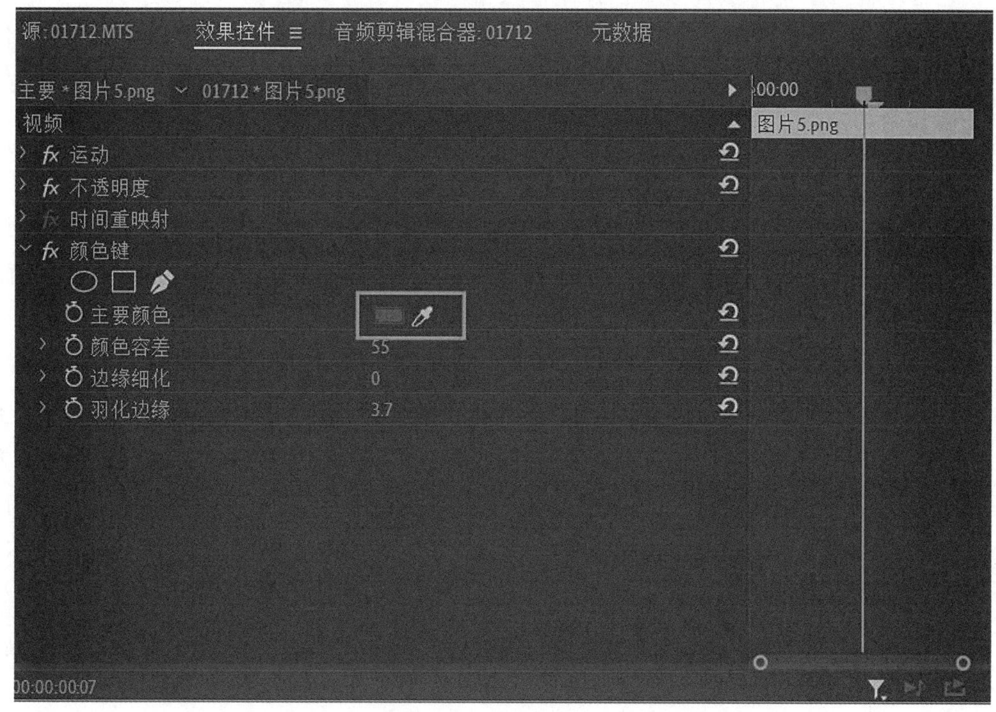

图 5－22　添加颜色键特效去掉蓝色背景

特效去掉蓝色背景，导出影片。

5.2.3　遮罩

遮罩技术是影视后期制作中经常用到的一种特效。其通常使被遮罩层蒙版部分出现，其余部分被隐藏。我们先以最常用的轨道蒙版键来开始学习。

〖轨道遮罩键〗在〖键控〗文件夹下。轨道遮罩通常以上层轨道上的素材为蒙版，是一种最常用的遮罩。蒙板可以是静态的图片，也可以是动态的视频。

我们用一个简单的例子来展示轨道蒙板键的作用：用一个圆形字幕作为蒙板来遮罩视频，视频中只出现圆形字幕部分，其他部分被隐藏。

下面通过一个望远镜效果的练习来了解遮罩技术。

（1）导入视频素材，拖拽到时间线面板视频 1 轨道上。

（2）新建字幕，绘制一个椭圆，并拖拽到视频 2 轨道上。

提示

字幕不仅可以添加文字，还可以绘制形状（如矩形、圆角矩形、三角形、椭圆、弧形等），还可使用钢笔工具绘制贝塞尔曲线。

（3）选中椭圆字幕，打开效果控件面板在相应位置处打关键帧，使其运动。

（4）打开效果面板，执行〖视频特效〗→〖键〗→〖轨道蒙版〗命令，将其拖拽到视频1轨道视频素材上，选择轨道2作为蒙版，调整椭圆开始和结束的位置，确定画面显示的内容，最后导出影片。

通过这个例子我们清楚了轨道蒙版键的操作步骤和具体效果，接下来我们要在原本被遮罩的内容上添加内容，只要在下面添加背景即可。下面的练习叫作遮罩文字，我们使用文字作为蒙板，两个视频素材：一个作为被遮罩的轨道出现在文字里面，另一个作为背景出现在文字以外。

下面通过一个练习来了解遮罩文字。

（1）新建文档，导入4个视频素材，将素材01和素材02拖拽到时间线面板视频1轨道上。

（2）将素材03和素材04拖拽到视频2轨道上，使之分别位于素材01和素材02的正上方。

（3）新建字幕，输入文字“杨柳依依”，拖拽到视频3轨道上。拉伸使之和下面的素材01和素材03等长。在字幕编辑器中输入文字后，需设置字体，否则汉字可能显示不出来。可以用复制字幕然后改字的方法保持多个字幕字体字号一致。

（4）同理，新建字幕，输入文字“雨雪霏霏”，拖拽到视频3轨道上杨柳依依之后，使之和下方的素材02和素材04等长。

（5）分别为轨道2上的素材03和素材04添加轨道蒙版键特效，设置蒙板为视频3轨道，导出影片。

在轨道蒙版键中，除了选择轨道蒙版之外，还有两个参数：一个是〖合成作用〗；另一个是〖反转作用〗。我们勾选〖反转作用〗会出现蒙版内外的内容发生交换的现象，而〖合成作用〗里有两个选项：一个是〖Alpha遮罩〗，另一个是〖Luma遮罩〗。当前默认的选项是〖Alpha遮罩〗，也就是说前面我们用到的都是〖Alpha遮罩〗。

Alpha遮罩是根据蒙版形状进行遮罩。Luma遮罩是根据黑白亮度来决定显露出来的部分，白色部分被显示，黑色部分被隐藏，而灰色部分则出现模糊状态。

☆课后拓展：
局部马赛克、蒙版

☆课后拓展：
蒙版追踪

5.3 关键帧动画

运动特效是〖特效控制〗面板上的默认视频特效，包括位置、比例、旋转、定位点等视频素材的基本属性。使用这些运动特效，可以很容易让静态的图片运动起来。

关键帧标志着变化的开始和结束，想要使视频对象产生变化就需要添加关键帧，并修改关键帧所在特效的参数。

5.3.1　关键帧缩放

（1）导入素材，建立序列，注意序列的帧大小是否符合要求，如图 5-23 所示。

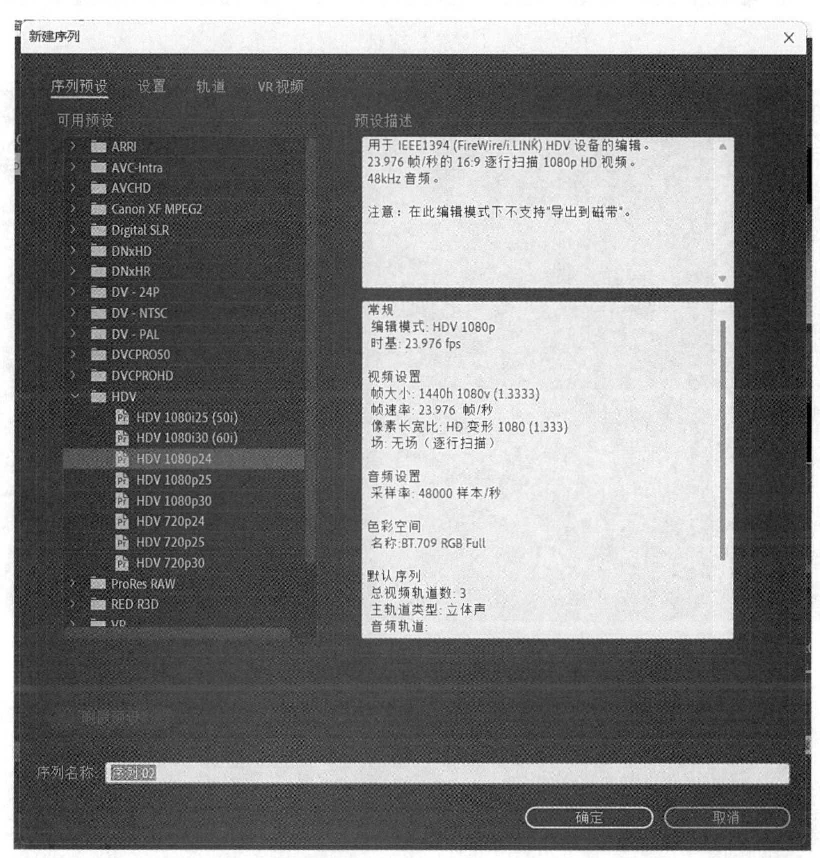

图 5-23　新建序列

（2）将素材拖拽到时间轴上（见图 5-24），并选中该段素材，点开〖效果控件〗面板。在〖运动〗选项下，有一个〖缩放〗选项，如图 5-25 所示。将时间线上的光标拖到适当位置，点击〖缩放〗前面的小钟表图标，图标变蓝表示关键帧开启，图标为灰色表示关键帧关闭。

（3）关键帧开启后在时间线上会出现相应的关键帧标记，可以手动修改关键帧的数值，如图 5-26 所示。

（4）拖拽光标到适当位置，点击缩放数值（150.0）后面的蓝色圆点，添加或删除关键帧。添加关键帧后可以同步骤（3）操作，改变关键帧的数值，如图 5-27 所示。

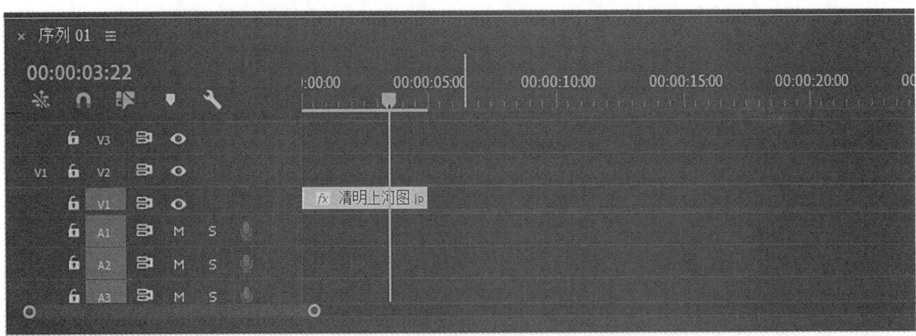

图 5 - 24　将素材拖拽到时间轴上

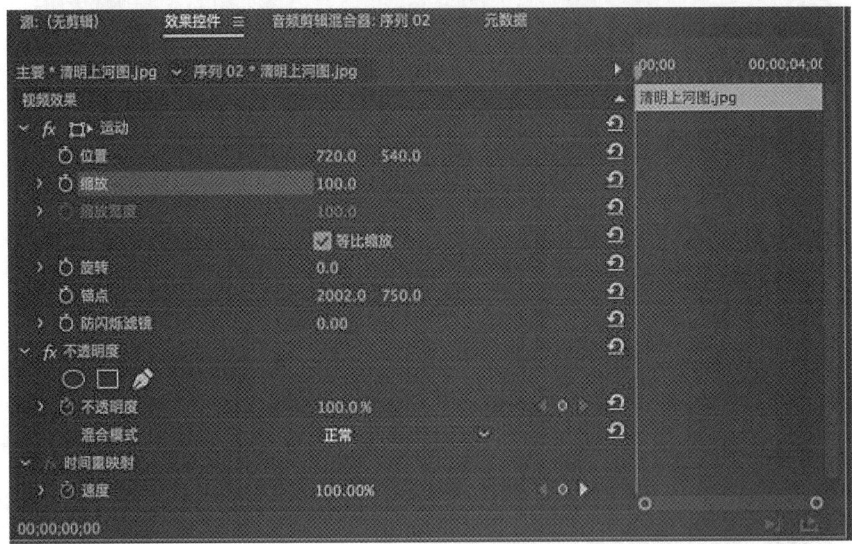

图 5 - 25　〖缩放〗选项

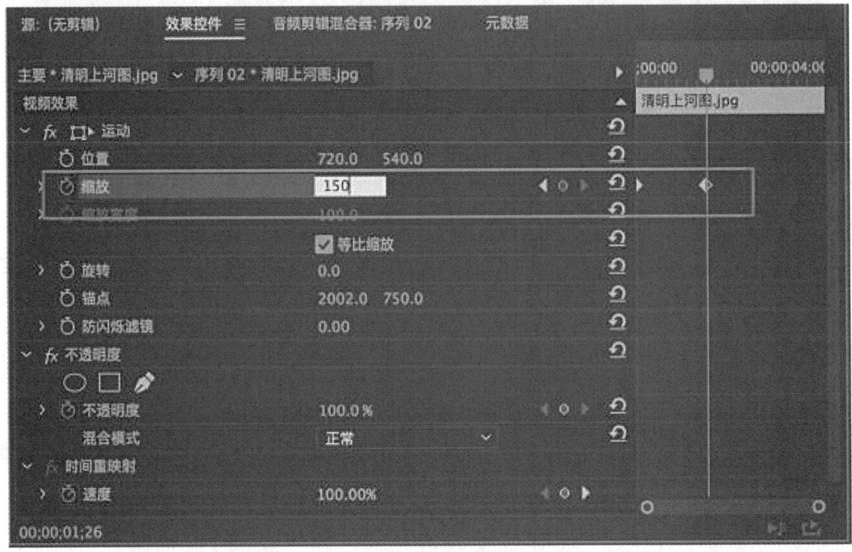

图 5 - 26　手动修改关键帧的数值

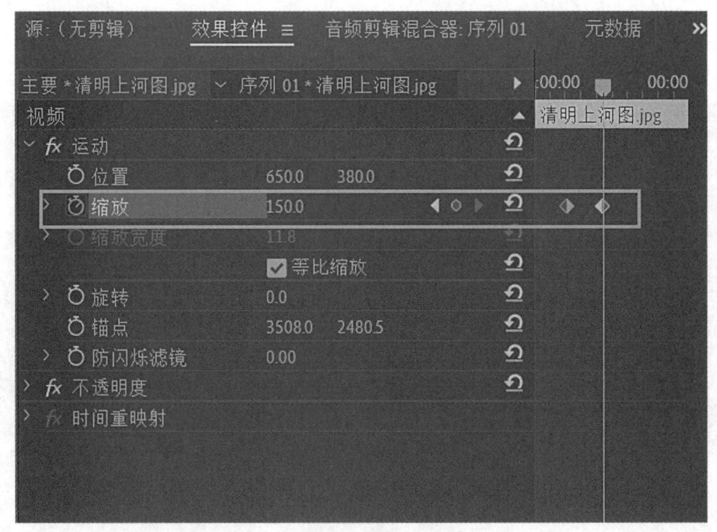

图 5 - 27　改变关键帧的数值

(5) 通过更改两个关键帧的数值，实现素材的缩放动画效果，按空格键可以预览动画效果。

5.3.2　关键帧移动

(1) 与缩放的关键帧操作相同，在〖效果控件〗面板中找到〖位置〗选项，如图 5 - 28 所示。

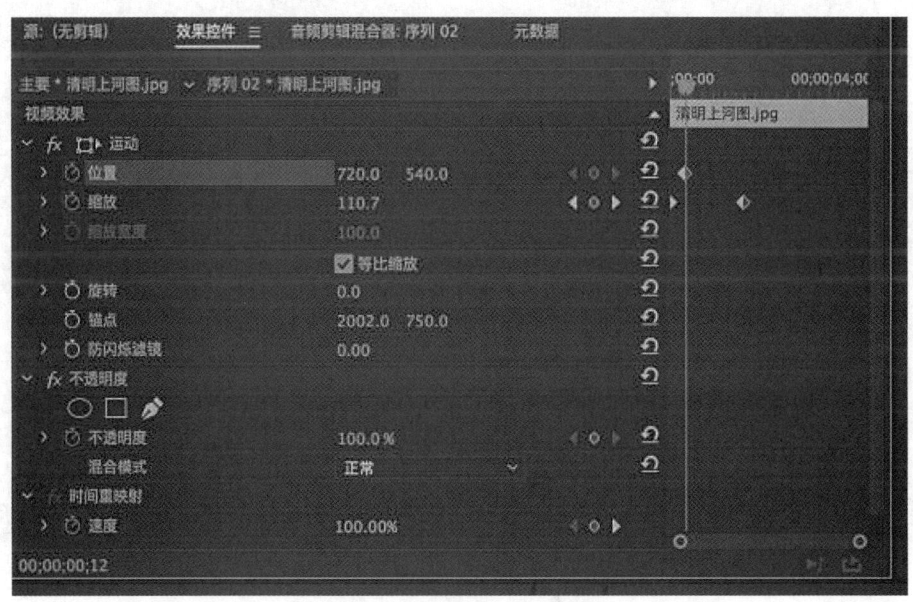

图 5 - 28　找到〖位置〗选项

（2）更改位置的参数，第一个数值控制 Y 轴移动，第二个数值控制 X 轴移动，如图 5－29和图 5－30 所示。

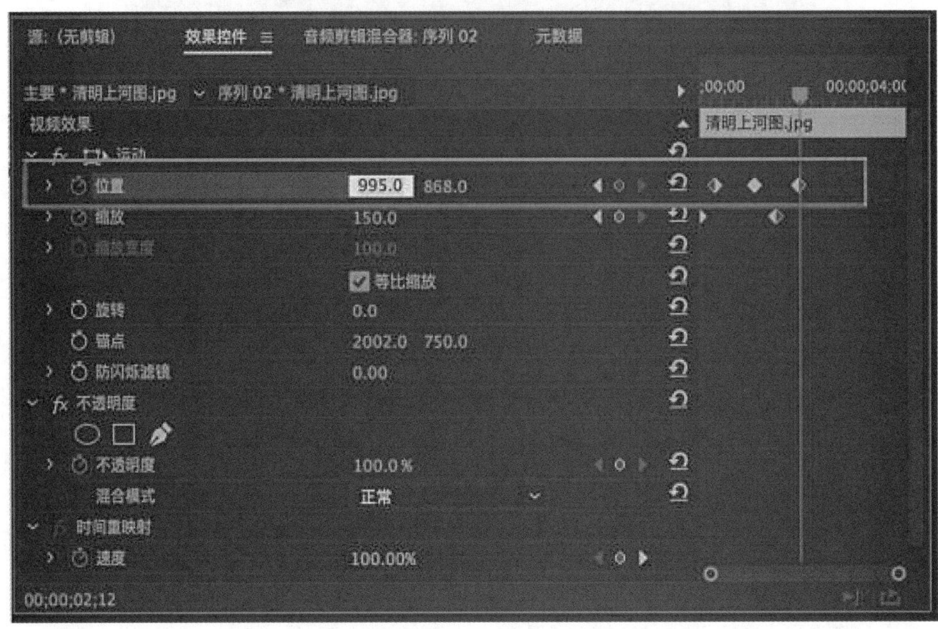

图 5－29　更改第一个数值

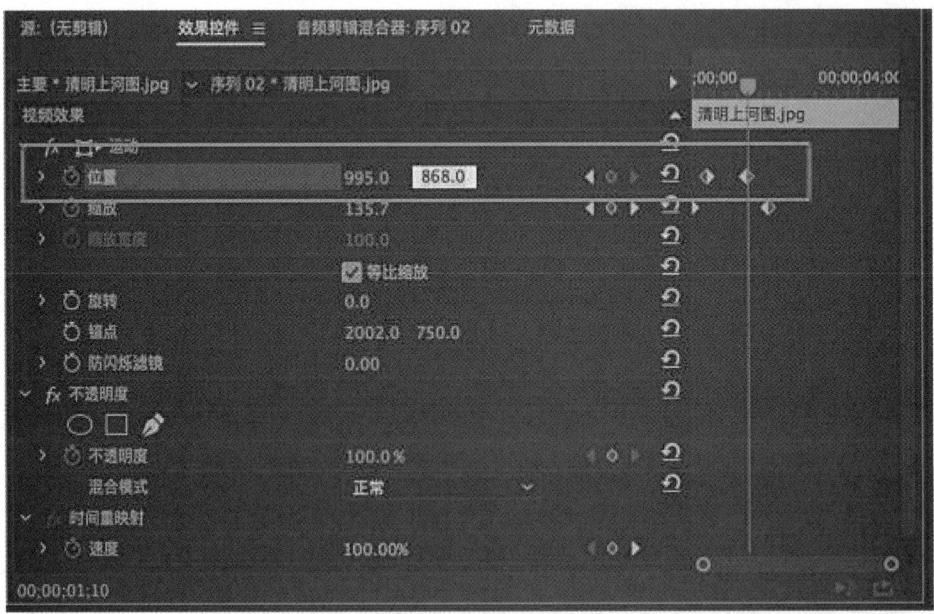

图 5－30　更改第二个数值

(3) 添加第三个关键帧并更改数值，如图 5-31 所示。

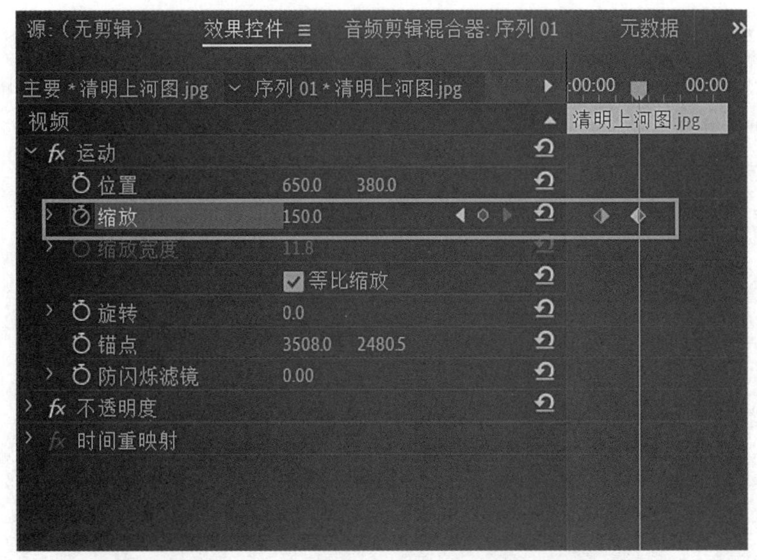

图 5-31　添加第三个关键帧并更改数值

(4) 按空格键播放，实现素材的缩放与移动同时发生的动画效果。

5.3.3　关键帧旋转

(1) 在〖效果控件〗面板中找到〖旋转〗选项，如图 5-32 所示。

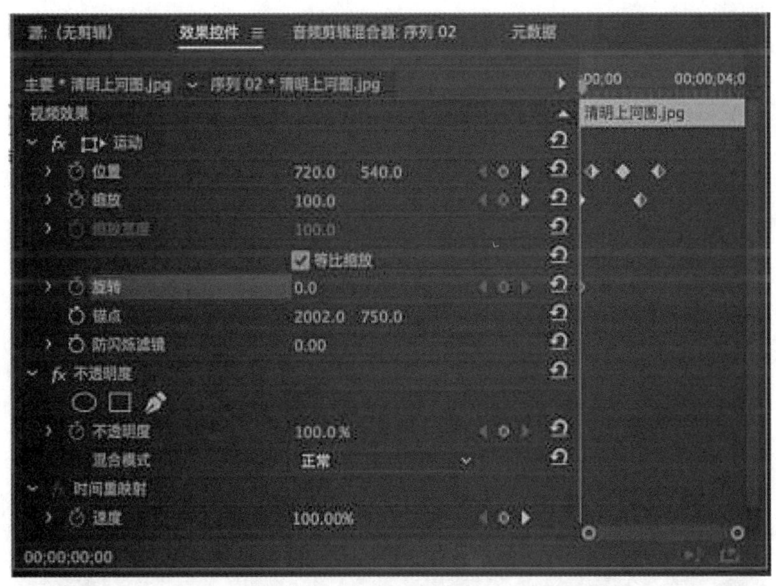

图 5-32　找到〖旋转〗选项

（2）打开旋转关键帧，添加关键帧，更改关键帧的数值，如图 5-33 所示。

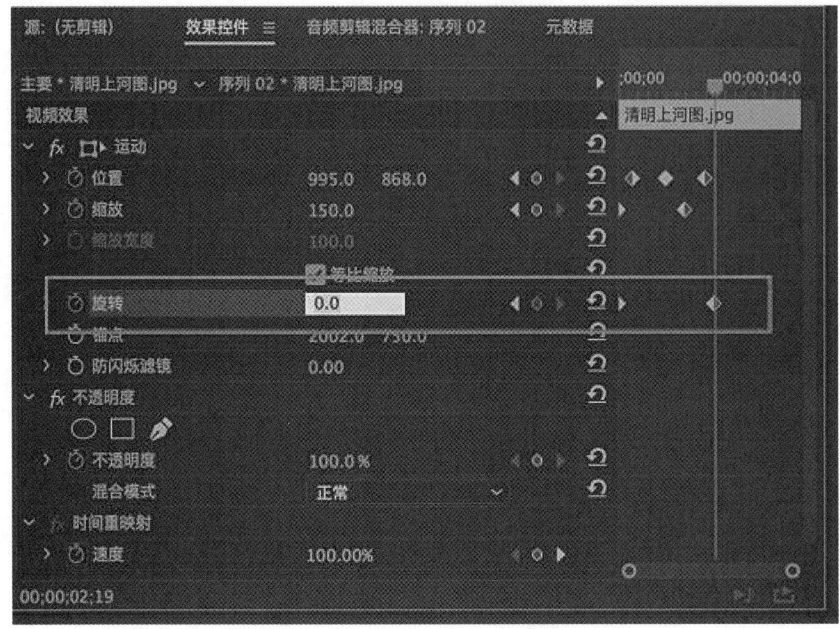

图 5-33　更改关键帧的数值

（3）添加关键帧，更改旋转的度数。旋转 90 度为直角旋转，旋转 180 度为水平翻转，如图 5-34 所示。旋转度数为 360 度的倍数时显示数值为圈数“1×0.0°”，如图 5-35 所示。

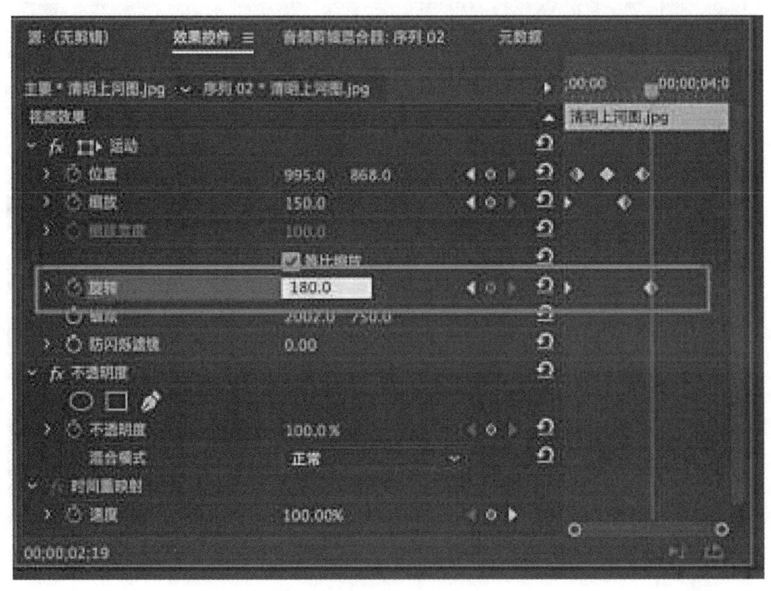

图 5-34　旋转度数更改为 180 度

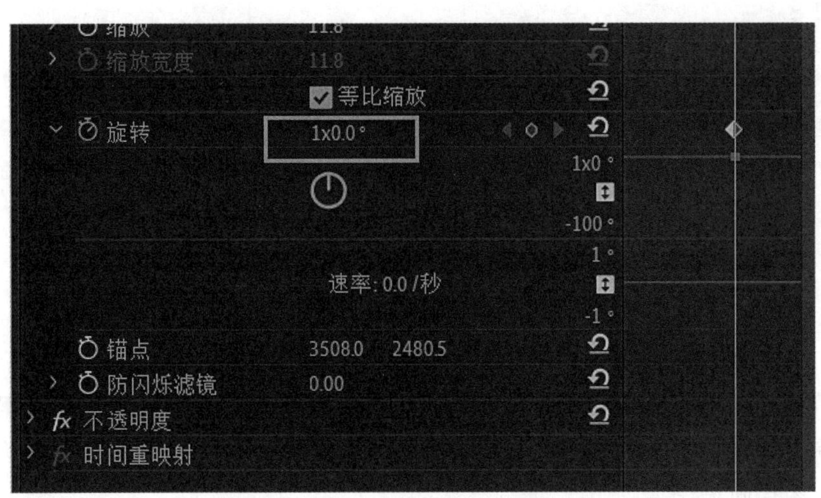

图 5－35　旋转度数为 360 度的倍数

5.4　风格化效果

5.4.1　球面化文字效果

本小节通过一个练习来学习球面化文字效果的制作方法。本练习主题采用《摸鱼儿·雁丘词》中的名句"问世间，情是何物，直教生死相许"，特效变化配合声音和视频，产生合成效果。球面化特效可以使视频对象产生球形的变形效果，有半径和球面中心两个参数，调整半径可以改变球面的大小，调整球面中心可以改变球面的相对位置。

本练习使用的素材是一段花瓣视频和一首《摸鱼儿·雁丘词》音频。音频需要进行裁剪。诗句文字需要使用字幕编辑器，自己进行输入并设置字体格式。

"问世间，情是何物，直教生死相许"球面化文字效果制作的具体步骤如下。

（1）新建文档，导入《摸鱼儿·雁丘词》音频，进行试听并删除空闲音频轨。

（2）使用剃刀工具对声音进行截取，根据听到的声音确定截取的开始点和结束点。

（3）导入花瓣视频，并拖拽到视频 1 轨道上，使用比例缩放工具调整其长度，使其和所截取的音频等长。

（4）新建字幕，输入文字"问世间，情是何物，直教生死相许"，调整字体和位置。

（5）将字幕拖拽到视频 3 轨道上，打开〖效果〗面板，执行〖视频特效〗→〖扭曲〗→〖球面化〗命令，添加球面化效果。

（6）根据文字设置球面化的半径和球体中心位置并打关键帧，制作球面化文字动画效果。

提示

本练习的难点在于声音、文字、特效同步。先对声音进行裁剪，根据声音在时间线面板放置字幕，使文字和声音同步。然后在球面化特效球面中心选项上打关键帧，使球面化效果从第一个文字变化到最后一个文字，帧在时间线上的位置根据声音设置，从而使声音、文字与特效变化同步起来。

5.4.2 诗词朗诵效果

本小节通过一个练习来学习诗词朗诵效果的制作方法。本练习主题选用唐诗《江雪》，其中间诗句是以图片缩放拉伸和视频切换特效进行设置，并进行片头和片尾设计，使声音、文字、图片同步。

在进行视频设计时，要对开始和结束部分进行设计，这就是视频的片头和片尾。片头起到导入视频的作用，片尾要使观众留下对视频的印象。本练习中使用圆形放大和文字翻转制作片头，片尾则是一张包含所有诗句的图片。在本练习的片头中使用了遮罩技术，遮罩是最常使用的一种换图方法。本练习使用字幕绘制了一个圆，使用一张白色背景图片添加轨道遮罩键，填充进圆形中。

文字是视频设计中的常用元素，文字通常要跟背景进行搭配。如果背景是浅色，那么文字需要设置为深色；如果背景是深色，那么文字需要设置为浅色。文字的位置和大小与形状元素相关，根据形状元素的位置和大小来调节文字，共同搭配制作效果。《江雪》诗词朗诵效果制作的具体步骤如下。

(1) 导入《江雪》声音、5 张图片素材、4 个诗句素材，将《江雪》声音拖拽到时间线音频 1 轨道上，在临近结束的地方打关键帧，制作淡出效果。

(2) 新建标题字幕，输入文字“江雪”，设置字体、字号、字间距；新建作者字幕，输入文字“柳宗元”，设置字体、字号；新建圆形字幕。3 个字幕均设置为居中对齐。

(3) 将图片素材 1 拖拽到时间线视频 1 轨道上，将素材 0 拖拽到视频 2 轨道上，将圆形字幕拖拽到视频 3 轨道上，为视频 2 轨道上的素材 0 添加轨道蒙版键特效，使素材 0 出现在圆形内部。

(4) 根据声音调整视频 2 轨道和视频 3 轨道上素材的长度至标题和作者结束，在圆形字幕的比例上打关键帧，使圆形由小到大变化。

(5) 将标题字幕“江雪”拖拽到视频 4 轨道上，调整其长度和圆形字幕一致，为“江雪”添加基本 3D 特效，在倾斜和旋转上打关键帧，使其产生翻转效果。

(6) 根据声音将作者字幕“柳宗元”拖拽到视频 5 轨道上，调整其长度和声音保持一致，为“柳宗元”添加擦除切换特效，使其逐字出现。

(7) 根据声音拉伸视频 1 轨道上的素材，使其延伸至第一句结束。第一句开始时，在其位置和比例上打关键帧，使其上面的飞鸟有越飞越近之感。

(8) 分别将图片素材 2、素材 3、素材 4、素材 5 拖拽到视频 1 轨道图片 1 之后，根据声音调节长度。

(9) 分别将诗句素材 1、素材 2、素材 3、素材 4 拖拽到视频 2 轨道图片 0 之后，与视频 1 素材长度保持一致。

(10) 分别选择视频 1 轨道上的素材 2、素材 3、素材 4、素材 5，调整比例使其布满屏幕，分别打关键帧使素材进行位移或缩放变化，并在两两之间插入擦除或缩放视频特效。

(11) 分别给 4 个诗句图片添加色度键，将相似性和界限都设为 100%。

(12) 分别给前两句诗添加改变颜色特效，色彩用吸管吸取黑色，亮度设置为 100，使前两句诗颜色变为白色。

(13) 调整好 4 个诗句素材的大小和位置，导出影片。

☆课后拓展：
视频特效MV字幕

☆课后拓展：
视频特效电影片头

5.4.3　视频轨道的叠化效果

使用视频轨道的叠加来制作叠化效果是 Pr 的一种常用方法。叠化效果是指多个图层进行统一的运动，其是视频剪辑的重要技巧之一。图层之间可以通过层叠、透明、颜色对比、遮罩等方法进行叠加，从而制作丰富多彩的叠化效果。

接下来通过练习来学习叠化效果的制作方法。本练习使用了两层交错的图片、两层相同的字幕，添加不同的特效，共同完成遮罩文字逐渐变大最后变成整幅图片，紧接着下一张图片变化开始的效果。本练习主要操作包含图片的交错排列、文字的曲线变化和字幕的层叠。

图片的交错排列：两层图片依次交错一个出现。

文字的曲线变化：在字幕特效控制台上开始和结束的位置各打一关键帧，比例从 100%变化到 600%，按住〖Ctrl〗键，将变化线条变成曲线。

字幕的层叠：将每个字幕从结尾处向前缩短一点后复制到上一层视频轨道，为最上层字幕添加交叉叠化效果，使其在变化中逐渐消失。为视频 2 上的素材添加轨道遮罩键，下层字幕作为蒙板。

5.4.4 水墨转场效果

☆课上跟练：视频特效水墨转场

水墨转场效果的具体制作步骤如下。

(1) 将转场的视频素材、水墨素材导入素材箱。

(2) 将转场素材与水墨素材叠放在时间线上，如图 5－36 所示。水墨素材放在最上层的 V3 轨道上。

(3) 打开 Pr〖效果〗面板，搜索〖轨道遮罩键〗，如图 5－37 所示。

(4) 将 V2 轨道上的视频素材进行裁剪操作，并将〖轨道遮罩键〗效果拖拽到这段裁剪后的素材上，更改左上角〖效果控件〗面板中的轨道遮罩键参数：〖遮罩〗调整为〖视频 3〗，并把合成方式改为〖亮度遮罩〗，如图 5－38 和图 5－39 所示。

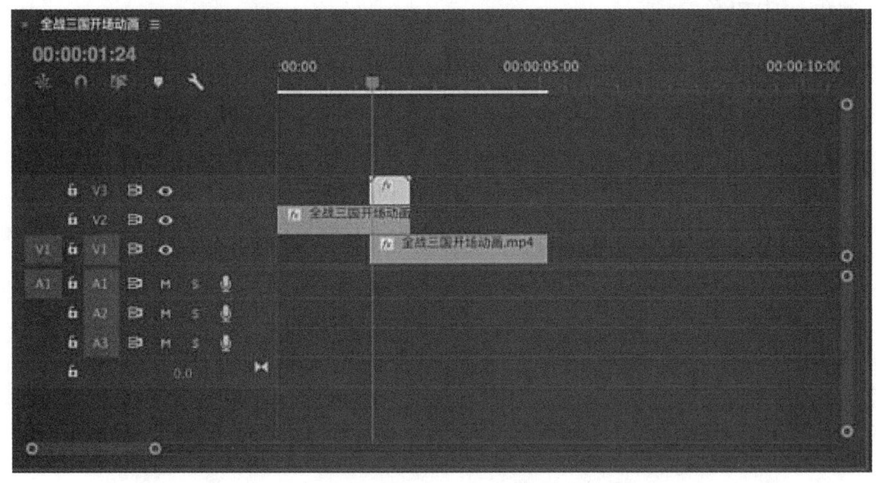

图 5－36 将转场素材与水墨素材叠放在时间线上

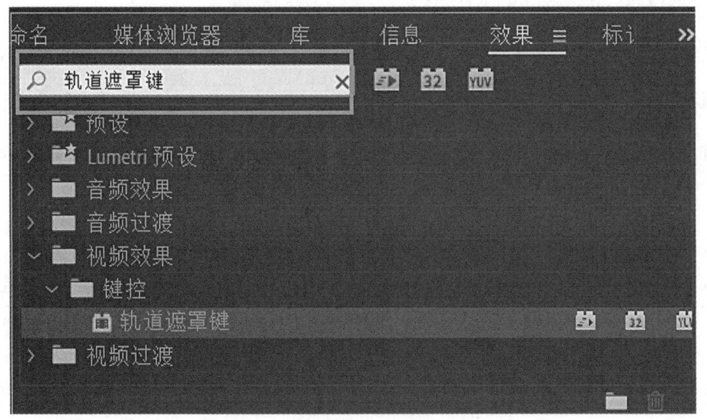

图 5－37 搜索〖轨道遮罩键〗

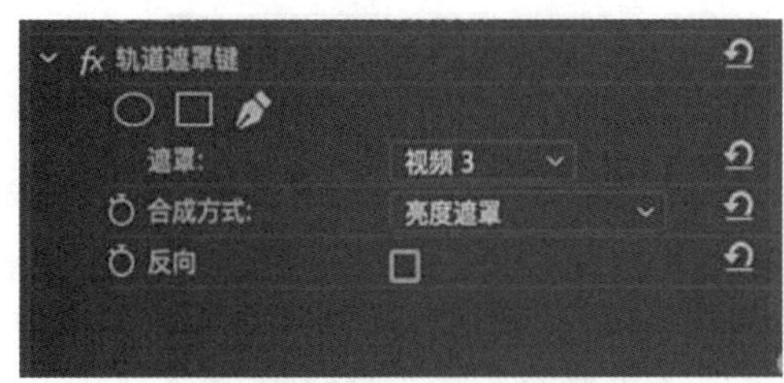

图 5 - 38　更改轨道遮罩键参数（1）

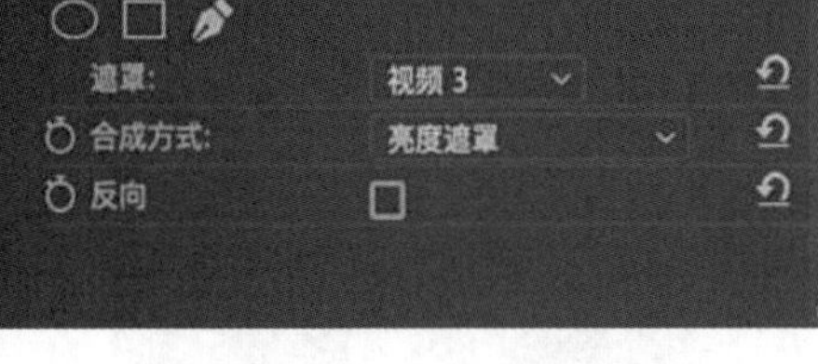

图 5 - 39　更改轨道遮罩键参数（2）

（5）将滴水声音的素材拖拽到音频轨道上，调整其位置，使其匹配水墨转场效果，如图 5 - 40 和图 5 - 41 所示。

图 5 - 40　拖拽滴水的声音素材到音频轨道

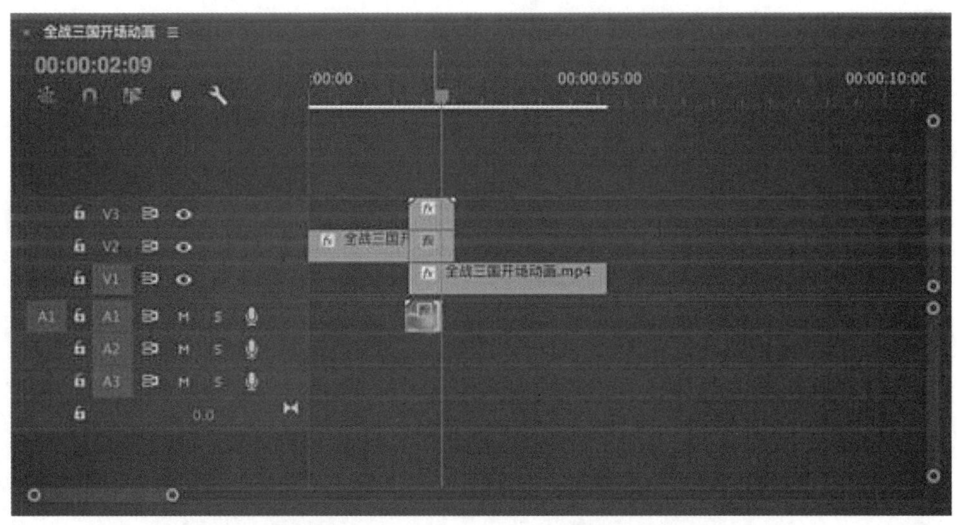

图 5 - 41　匹配水墨转场效果

水墨转场的最终效果如图 5－42 所示。

图 5－42　最终效果

第6章

视频综合创作

一 本章导读

本章为视频综合创作，首先讲解不同类型视频的特点，如纪录片、专题片、宣传片、广告片、公益片、短视频等的特点，然后顺应时代发展，讲解虚拟现实技术的特点，让读者感受科技的魅力。

一 知识目标

掌握不同类型视频的特点、分类等相关知识。

一 能力目标

能根据视频特点制订和实施拍摄计划；能根据拍摄计划确定画面内容，进行镜头的设计；能克服拍摄中出现的技术问题，并找出解决方案。

一 素养目标

培养学生的抽象思维能力和形象思维能力，激发学生创作意识和创新欲望，培养学生的影视设计及制作能力。

一 思政目标

指引双创教育从课堂到社会实践运用。激发学生的爱国主义热情，培养学生的创新思维，引导学生创作优质的视频内容，严格遵守法律法规，提升学生的职业道德修养。

6.1 视频类型

6.1.1 纪录片

纪录片是以真实生活为创作素材，以真人真事为表现对象，以展现真实为本质，进行艺术加工与展现，并用真实引发人们思考的电影或电视艺术形式。纪录片的核心是真实。

1. 纪录片的分类

纪录片没有固定的统一分类标准，依照题材与表现方法的不同，一般分为以下几类：政论纪录片、时事报道片、历史纪录片、传记纪录片、生活纪录片、人文地理片、舞台纪录片、专题系列片等。纪录片要求具有社会价值、故事性与真实性。

2. 纪录片的叙事方式

纪录片常见的叙事方式有画面加解说式、访谈加解说式和客观记录式。

3. 纪录片镜头语言

1）表现内容

纪录片镜头语言从其表现内容上来看，通过镜头的造型作用大致可分为刻画人物形象、描绘环境空间、展现动作过程、突出事物细节和把握时间节奏几个方面。

（1）纪录片和话剧在刻画人物形象的时候，我们会发现一个重要的不同点，那就是我们看话剧的时候很难看清楚演员的细微表情，为了使远处的观众能看清楚这些，演员则需要借助形体动作来表达自己的情感和情绪，表演也势必夸张。而纪录片则不同，人物的刻画可以很方便地通过长焦镜头的特写来完成，记录下人物细腻的表情和微笑的动作变化。这种细微的情绪表露贴近生活，更能引起观众的共鸣。例如，纪录片《船工》中，导演在拍摄父亲和儿子们为造船起争论的段落时，用长焦镜头突出了父亲的那种期待的表情，深深地触动了观众的内心。

（2）在描绘环境空间方面，广角镜头利用其视角广、景深大、视野范围广、前后景物大小对比鲜明的优点夸张了现实空间中纵深方向的物与物之间的距离，增强了画面的空间感和透视感，使其更加生动真实。例如，纪录片《望长城》中大量使用的广角镜头就强化了长城绵延不断的宏伟气势。

（3）在展现动作过程、突出事物细节和把握时间节奏方面，小景深的长焦镜头和广角镜头同样能表现得淋漓尽致。

2）表现形式

纪录片镜头语言从其表现形式上来看，镜头的叙事视角又分为客观性角度和主观性角度。

客观性角度是为了保证纪录片记录的真实可靠，降低被拍摄主体在摄像机前作秀的可能性，摄像师要尽可能记录特定情景下的人物活动。例如，当人物的情感达到了一定的情绪时，他们往往会忘记摄像机的存在，展现自己最本真的一面。为了强调客观性，对摄影构图的高度、方向、距离的选择都要力求合理，把平视角度和正面方向展开内容情节作为基本的表现方法。即使使用俯角度、仰角度和反方向也尽可能有理有据。例如，纪录片《老头》中大量使用客观视角来表现这群老人的晚年生活，慢慢地摄像师和摄像机的介入也被同化在其中，使得整个片子显得冷静犀利而真实。

主观性角度是指模拟画面主体人或物等被拍摄主体的视点进行拍摄的方式。与客观性角度相比，主观性角度强调模拟主体的视觉反映，即内容和形式不仅和日常平时所见不同，还追求超乎意料的形象内容和新颖奇特的视觉效果。例如，纪录片《英和白》中以大量运用主观镜头构成一种鲜明风格。作者对驯养员和熊猫的生活记录基调是写实的，对英和白同住在饲养房的寂静冷清、周而复始的单调生活、人和动物之间鲜为人知的微妙关系的记录，都达到了一种亲近自然主义的客观。虽然这种主观性角度的纪录片一度被认为丧失了纪录片对客观真实的追求，但我们换一个角度去思考会发现，内心独白这种主观性很强的东西恰恰是对被拍摄主体思想和情感的最客观的反映，更容易感染观众的情绪而获得成功。

4. 纪录片的拍摄手法

不同的主题和内容决定了纪录片在拍摄时的不同拍摄手法、技巧的选择和使用。在这些总的拍摄风格确立之后，在拍摄现场还应该学会用摄像机的“眼睛”和录音机的“耳朵”去观察世界，在拍摄过程中遵循既真实又艺术的摄影创作原则。从导演架构影片的方式来看，纪录片的拍摄手法大致可以分为以下七种类型。

（1）解释式手法。导演通过解说词对影片中的内容做出直接的解释，或直截了当地对自己的主张进行宣传。这种拍摄手法能在单位时间内传播较大量的声音和图像信息，易于表现一些抽象的思想和观念，具有较强的宣传教育性，适合用来制作一些意识形态指向比较明确的影片。

（2）观察式手法。摄像机永远是旁观者，不干涉、不影响事件的进程，永远只作静观默查式的记录，其真实性较为可靠。目前，国内的很多影片都推崇这种手法，但是它表现抽象的东西难度较大，遇到不合适的题材也会显得特别枯燥。

（3）参与式手法。参与式手法即“参与的摄像机”。拍摄者不仅期望被拍摄主体以自然本有的态度来活动，并且期望因拍摄者的共同参与而激发出一种共同创作的效果。这种拍摄手法被称作“真实电影”，它较易于表现人物的内心世界。

（4）抒情诗式手法。抒情诗式手法运用在纪录片中会使片子看起来比较流畅、明晰、美感强烈。例如，纪录片《藏北人家》运用这种手法将主人公及其家人一天的生活表现得诗意盎然。

（5）宣教式手法。导演意图极其明确，主观色彩强烈，被拍摄主体、蒙太奇语言等均要为导演述说的主题服务，整个片子表现的不是事件，不是人物，而是思想。例如，纪录片《失去平衡的生活》中每个镜头都没有特定的意义，经过导演的升降格处理和蒙太奇组合，便成为用来阐述宗教理念的语言，看后令人受到强烈震撼。

(6) 哲理思辨手法。哲理思辨手法运用在纪录片中显得冷峻、旁观，给观众留下更大的思考空间。

(7) 戏剧冲突手法。戏剧冲突是结构故事片不可缺少的因素，也被借用到纪录片的拍摄手法中，这种手法一般都是现在进行时拍摄，围绕事件的矛盾展开情节。

以上这些拍摄手法的划分都是较为笼统的归纳。在实际创作中，只用一种手法的情况并不多见，往往是各种手法互有覆盖、彼此渗透地综合运用，根据不同的题材、主题和内容来确定。

6.1.2 专题片

专题片是围绕一个主题进行阐述的片子，经常用来说明某项事物或讲明某种科学。专题片是运用现在时或过去时的纪实，对社会生活的某一领域或某一方面，给予集中的、深入的报道，内容较为专一，形式多样，允许采用多种艺术手段表现社会生活，允许创作者直接阐明观点的纪实性影片。它是介于新闻和电视艺术之间的一种电视文化形态，既要有新闻的真实性，又要具备艺术的审美性。

1. 专题片的分类

1) 政论专题片

政论专题片往往就政治、经济、军事、文化等领域中的某一现象、某一观点、某一热点作为探讨的内容，期中不少属于重大题材，所记录的往往是重要事件、人物或重大节日。

政论专题片有明确的观点与见解，并将此集中体现于相对完整的解说中，画面多为相应内容的形象展示。这类片子中解说词的作用大多重于画面语言，解说是主导，主要是议论，形成“议论型”的解说样式。

观众在观看政论专题片时，对语言的注意要大于对图像的注意。离开解说词，画面就显得杂乱无章。在解说政论专题片时，不应压制声音和感情，不要怕喧宾夺主。有的政论专题片因为特殊的风格又需要相对平实、舒缓、客观的解说。如何解说需要在具体实践中灵活把握。

2) 人物专题片

人物专题片往往将各行各业有代表性或有特点的人物作为反映的对象，以表现一个主题、一种立意。在人物专题片中，解说与画面多呈互补状态——解说词表现人物的内心活动或人物的经历、背景、事件过程等，画面则对人物形象、人物活动、工作环境及人际关系给予形象化、直观的展示。

人物专题片的解说词一般是叙述型，表达极为自然、流畅，语言亲切、自然，较平缓。人物专题片的表现形式灵活多样。人物有以第一人称出现的；也有第一、第三人称交替出现的，时而是叙述者，时而是人物自己的对话；也有的是对话形式；还有男女对播的。解说者既是叙述者，又是节目中人物的代言人。因此，一方面解说者要把握好自己解说的角度，进入人物的视野来说话；另一方面解说者要以主人公的口吻述说，表现主人公的内心情感。

3）风情专题片

风情专题片的解说词往往把某一地域的风土人情、名胜古迹或风光美景等给予展示，以满足人们猎奇、欣赏与拓宽视野的需求，兼有欣赏性和知识性。

风情专题片以展现景物的画面语言为主，解说大多处于辅助地位。有人称风情专题片的表达样式为“抒描型”，即很多时候以描绘事情为主。它的语言亲切、甜美、柔和、真挚、咬字柔长，节奏轻快、舒缓。解说语言应有兴致、有情趣，要切合画面和音乐细致地描绘，真挚地抒情，体现对自然、对生灵由衷的关爱与珍惜，形成浑然一体的意境美和整体和谐的诗意美。

4）科教专题片

科教专题片包括科技、卫生、文体、生活等各个领域的知识与教育。这类专题片往往将各种需要讲解、表现的事物和需要阐明的道理清楚地展现出来，画面与解说也是互补性的。科教片解说词以讲解说明为主，因而它的表达样式为“讲解型”。

5）其他类型

电视专题片，因为有画面的同步，要求配音员根据不同的情景交融，控制语速、控制情感。既不能像讲故事，也不能像播新闻。电视专题片从风格上可分为纪实性电视专题片、写意性电视专题片和写意与写实综合的电视专题片；从内容上可分为城市形象电视专题片、企业形象电视专题片和产品形象电视专题片；从文体上可分为新闻性电视专题片、纪实性电视专题片、科普性电视专题片和广告性电视专题片。

历史性专题片，要求有历史的厚重，但不是简单的回忆过去，更多的是借鉴过去的精神，鼓舞现在的人们，唤醒人们的良知。所以，历史性专题片的基调在回顾的部分不能太高，要稳重、要有回忆感。

2. 专题片素材的获取要点

要制作出一部好的专题片需要很多的条件，比如好的选题、精彩的拍摄、感人的细节、准确的解说、优美的配音、流畅的剪辑等。下面我们从拍摄的角度探讨一下如何为一部好的专题片获得素材。

（1）注重真实。专题片要求“真实地再现真人真事”，真实性是它的本质特性。在专题片的拍摄中，拍摄者应该根据事先确定的主线进行取舍；选择一些与主题密切相关的事件，抓住富有揭示意义和价值的镜头，对一些必要的事件进行深入的拍摄；用画面反映拍摄对象的内部世界，表现事物的独特个性。从拍摄角度出发，我们应该注重两个方面的真实，即主观真实和客观真实。

（2）注意细节。所谓细节是指在电视屏幕上构成人物性格、事件发展、社会情境、自然景观的最小组成单位。社会情境和人物性格的完整屏幕体现，往往是由许多富有生命力的细节组成的。细节在叙事、写人、描景、状物等方面都有不凡的表现力。专题片的创作，应该调动电视的一切技术和艺术手段，通过富有生命力的细节，竭力渲染情绪，追索生活底蕴；以充满诗情画意的、深沉含蓄的生活细节，震撼观众的心灵。

提示

专题片在拍摄过程中要格外注意以下两个方面。

（1）注重选择典型具有感染力的细节。典型细节，就是最有代表性、最能说明问题本质的细节。典型细节一般有蕴藏力和折射力，具有普遍性和代表性，一经运用，就能使作品的内容更突出、更鲜明、更深刻。此外，要围绕主题选择细节。细节刻画是专题片中纪实美的重要体现。一个细节能否运用，先要放在主题背景下加以考察，要选择那些能说明主题、深化主题的细节。

（2）重视过程及偶发事件。专题片中最重要、最生动的部分就是事件的过程，没有过程，就没有了魅力。观众想要看到的是一个完整的过程而不只是一个简单的结果。

3. 专题片拍摄的注意要点

（1）对拍摄的内容要十分熟悉，拍摄者在开机前一定要对拍摄什么、如何去拍摄做到心中有数，只有这样才能向观众交代清楚你所要表现的东西，才能够让观众看得清、看得懂。

（2）对过程的拍摄要打好提前量，拍摄过程的关键是要赶在事件发生的前面，而不要等事情发生过了再去拍。拍摄时要做到提前开机，延后关机，特殊情况不关机。

（3）对过程的展现要条理清楚，拍摄时要交代好因果关系；对事件的讲述要条理清楚、符合逻辑，要让观众能够看得懂。

（4）合理使用长镜头。长镜头是现代电视纪实的一种拍摄方法。它是指在一个统一的时空里不间断地展现一个完整的动作或事件。长镜头记录的是现实生活的原形，平实质朴，让观众有一种生活的亲近和参与感。长镜头保持了时间和空间上的连续，在这一过程中，人物的行为、动作、交流能形成一定的环境氛围，能够展示人物的生存状态。因为镜头不中断，所以长镜头有比较强的真实感。同时因为延续时间较长，所以能够比较完整地记录生活的原生态。因此，在拍摄过程中合理的使用长镜头，对专题片的创作有很大的帮助。

（5）在保证过程完整的情况下要力求简洁。我们强调拍摄过程并不是说无论什么素材都去拍摄，而应当在保证全面的情况下最大限度地减少拍摄时间。这样既省时、省力，又节约成本，同时也为后期的工作减轻了不少的压力。

6.1.3　宣传片

宣传片是制作电视、电影的表现手法，是对企业内部的各个层面有重点、有针对、有秩序地进行策划、拍摄、录音、剪辑、配音、配乐、合成输出制作成片。制作宣传片的目的是声色并茂地凸现企业独特的风格面貌、彰显企业实力，让社会不同层面的人士对企业产生正面、良好的印象，从而建立对该企业的好感和信任度，并信赖该企业的产品或服务。

宣传片从制作目的和宣传方式的角度划分，可以分为企业宣传片、产品宣传片、公益宣传片、电视宣传片、招商宣传片。

在一部宣传片的制作过程中，策划与创意是第一步要做的事情。精心的策划与优秀的创意是专题片的灵魂。要想作品引人入胜，具有很强的观赏性，独特的创意是关键。例如，触目惊心的印度洋海啸，给人以强烈的视觉冲击。独具匠心的表现形式让人们对一个陌生的产品从一无所知到信赖不已，这就是创意的魅力。

宣传片从内容上划分，主要分为两种：一种是企业形象片，另一种是产品直销片。前者主要用于项目洽谈、会展活动、竞标、招商、产品发布会等场合。后者直观生动地展示产品的生产过程、突出产品的功能特点和使用方法，从而让消费者或者经销商能够比较深入地了解产品，营造良好的销售环境。

1. 宣传片的制作要点

（1）要注意解说词写作。解说词应叙事干净利落，语言通畅明白，词句短小简洁，语言力求口语化、形象化。

（2）要注意表现细节。宣传片所记录的人和事，只有通过栩栩如生的人物形象、色彩鲜明的画面、生动感人的生活场景才能达到表现情、蕴合理的效果。细节是表现人物、事件、社会环境和自然景物的最小单位，典型的细节能以少胜多、以小见大，起到画龙点睛的作用，从而给观众留下深刻的印象。

（3）要注意表现背景。背景又称为环境，是宣传片的基本构成要素，也是专题片所反映的人物的性格、命运和事件赖以发生、发展和变化的根据和基础。

（4）要注意构思。宣传片的构思要完整、要新颖、要科学，这是最基本的要求。只有构思精巧、制作精良，才能制作出内容、形式俱佳的宣传片。

2. 宣传片的拍摄方法

在大多数情况下，拍摄录像带要以平摄为主。但是一部片子全篇一律地使用平摄，会使观看的人感到平淡乏味。偶尔变换一下拍摄的角度，会使影片增色不少。

拍摄角度大致分为四种：平摄（水平方向拍摄）、仰摄（由下往上拍摄）、俯摄（由上往下拍摄）和物视角的拍摄。

1）水平方向拍摄

大多数画面应该在摄像机保持水平方向时拍摄，这样比较符合人们的视觉习惯，画面效果显得比较平和、稳定。

如果被拍摄主体的高度与摄像者的身高相当，那么摄像者的身体站直，把摄像机放在胸部到头部之间的高度拍摄是最正确的做法，也是握着录像机最舒适的位置。

如果被拍摄主体的高度高于摄像者的身高，那么摄像者就应该根据被拍摄主体的高度随时调整摄像机高度和身体姿势。例如，拍摄坐在沙发上的主角或在地板上玩耍的小孩时，就应该采用跪姿甚至趴在地上拍摄，使摄像机与被拍摄主体始终处于同一水平线上。

2）由下往上拍摄

不同的角度拍摄的画面传达的信息不同。同一种事物，因观看的角度不同会产生不同的心理感受。仰望一个目标，观看者会觉得这个目标好像显得特别高大，不管这个目标是人还是景物。如果想使被拍摄主体的形象显得高大一些，那么就可以降低摄像机的拍摄角度倾斜向上去拍摄。用这种方法去拍摄，可以使主体地位得到强化，被拍摄主体显得更雄伟高大。

拍摄人物的近距离特写画面时，不同的拍摄角度，可以给人物神情带来巨大的变化。如果用低方位向上拍摄，可以提高此人威武、高大的形象，使主角的地位更好地突现出来。如果把摄像机架得够低，镜头更为朝上，会使此人更具威慑力，甚至主角人物说的话也会增加分量。观众看到这样的画面，就会有压迫感，特别是近距离镜头，表现得尤为强烈。

在采用由下往上拍摄时要注意，这种角度所拍出来的效果通常并不理想，因为面部表情会太过于夸张，时常会出现明显的变形，在不合适的场合使用这种视角可能会扭曲或丑化被拍摄主体。这种效果切记不要滥用，偶尔的运用，可以渲染气氛、增强影片的视觉效果。如果运用过多、过滥，那么效果会适得其反。但有时拍摄者就是利用这种变形夸张手法达到不凡的视觉效果。

3）由上往下拍摄

摄像机所处的位置高于被拍摄主体，镜头偏向下方拍摄。超高角度通常配合超远画面，用来显示某个场景，可以用于拍摄大场面，如街景、球赛等。以全景和中镜头拍摄，容易表现画面的层次感、纵深感。

同仰摄的效果相反，从高角度拍摄人物特写，会削弱人物的气势，使观众对画面中的人物产生居高临下的优越感。画面中的人物看起来会显得矮一点，也会看起来比实际更胖。

如果从比被拍摄主体的视线略高一点的上方近距离拍摄特写，那么会带点藐视的感觉，这一点要特别注意。如果你从上方角度拍摄，并在画面人物的四周留下很多空间，那么这个人物就会显得孤单。

从较高的地方向下俯摄，可以完整地展现从近景到远景的所有画面，给人以辽阔宽广的感觉。采用高机位、大俯视角度拍摄可以增加画面的立体感。

4）物视角的拍摄

视角的反映要符合正常人看事物的习惯。有些时候，可能需要表现出被拍摄主体的视角，在这种情况下，不管拍摄的高度是高是低，都应该从被拍摄主体眼睛的高度去拍摄。例如，一个站着的大人观看小孩，就应把摄像机架在头部的高度对准小孩俯摄，这就是大人眼中看到的小孩子。同样，小孩仰视大人就要降低摄像机高度去仰摄。

直接向下俯视的画面通常被用来显示某人向下看的视角。用远摄或广角的拍摄方式从高处以高角度进行拍摄，可以增加片中观看者与下面场景的距离。

3. 宣传片的镜头组接注意事项

（1）主体物在进出宣传片画面时，我们拍摄需要注意拍摄的总方向，要从轴线一侧拍摄，否则两个画面接在一起主体物就要“撞车”。在拍摄的时候，如果摄像机的位置始终在主体运动轴线的同一侧，那么构成画面的运动方向、放置方向都应该是一致的。

（2）拍摄一个场面的时候，“景”的发展不宜过分剧烈，否则就不容易连接起来。相反，“景”的变化不大，同时拍摄角度变换亦不大，拍出的镜头也不容易组接。由于以上原因我们在拍摄的时候“景”的发展变化需要采取循序渐进的方法。

（3）镜头组接的时间长度的把握非常重要。每个镜头的停止时间长短不一，主要由表达的内容、观众的接受能力决定。镜头组接的时间长度要考虑画面构图等因素。远景、中景等镜头大画面包含的内容较多，观众需要看清楚这些宣传片画面上的内容，所以需要的时间就相对长些。近景、特写等镜头小的画面，所包含的内容较少，观众无须很长的时间来读，所以需要的时间要短。

（4）镜头组接的节奏把握是很难控制的，宣传片节奏除了通过演员精彩到位的表演、镜头恰到好处的转换和运动、音乐的配合、场景的时间空间变化等因素体现外，组接手段的运用也是非常重要的，因此在镜头组接时应该严格掌握镜头的尺寸和数量，调整镜头顺序，去除冗杂的枝节。

6.1.4　广告片

广告片是一种为了特定商业需要，通过传播媒介，公开而广泛地向公众传递商业信息的影片，也是电影的特定种类。其是信息高度集中、高度浓缩的节目，是视听兼备、声画统一的一种广告形式。广告片兼有报纸、广播和电影的视听特色，以声、像、色兼备，听、视、读并举，生动活泼等特点成为引人注目的广告形式。广告片发展速度极快，并具有惊人的发展潜力。

1. 广告片的分类

（1）公益广告。公益广告是一种免费的广告，主要是由电视台依据各个时期的中心任务，制作播出一些具有宣扬社会公德、树立良好社会风尚的广告片。

（2）一般广告。一般广告是指电视台在每天的播出时间里划定的几个时间段，供客户播放广告的一种广告宣扬方式。

（3）销售广告。销售广告是指电视台为客户特地设置的广告时间段。利用这个时间段特地为某一个厂家或企业，向观众介绍自己生产或销售的产品。

（4）文字广告。文字广告是指在电视屏幕上打出文字并配上声音的一种最简洁的广告播放方式。

2. 广告创意的分类

广告创意可以分为抽象创意和形象创意两种形式。抽象创意是指通过对抽象概念的创建性重新组合，以表现广告的内容。形象创意是指通过对详细形象的创建性重新组合，以表现广告内容。这种类型的广告创意是以形象的呈现来反映出广告主题，从而直观地吸引公众。但是，在采纳形象创意时，过于简洁化或过于形象化会使观众产生反感情绪。

广告创意可以分为以下几类。

（1）信息型。信息型广告创意亦称为商品情报型广告创意，是常用的广告创意类型。其以叙述广告品牌产品的客观状况为核心，表现产品的现实性和真实性本质，以达到突出产品优势的目的。

（2）比较型。比较型广告创意是将自己的品牌产品与同类产品进行优劣比较，从而引起消费者留意和认牌选购。在进行比较时，所比较的内容最好是消费者所关切的，而且要在相同的基础或条件下比较。这样才能更简单地刺激起消费者的留意和认同。

（3）戏剧型。戏剧型广告创意既可以是通过戏剧表演形式来推出广告品牌产品，又可以在广告表现上戏剧化和情节化。在采纳戏剧型广告创意时，要留意和把握戏剧化程度，否则会使人仅记住广告创意中的戏剧情节而忽视了广告主题。

（4）故事型。故事型广告创意是借助生活、传闻、神话等故事内容的展开，在其中贯穿有关品牌产品的特征或信息，借以加深观众的印象。故事本身就具有自我说明的特性，易于让观众了解，使观众与广告内容发生连带关系。在采纳这种类型的广告创意时对于人物择定、事务起始、情节跌宕都要做全面的统筹，以使在短暂的时间里和特定的故事中，宣扬出有效的广告主题。

（5）证言型。证言型广告创意有如下两层含义。一是援引有关专家学者、名人、权威人士的证言来证明广告商品的特点、功能以及其他事实，以此产生权威效应。肖·阿·纳奇拉什维里在《宣传心理学》中说过："人们一般信以为真地、毫无批判地接受来自权威的信息。"这揭示了这样一个事实：在其他条件相同的情况下，权威效应更具影响力。二是援引社会大众（消费者）的证言，也就是社会大众通过自己的感受来证明广告商品的优点以及其他事实，以此来产生良好的真实效应。很多国家对证言型广告都有严格的限制，以防止虚假证言对消费者的误导。其一，权威人士的证言必须真实，必须建立在严格的科学探讨基础之上；其二，社会大众的证言必须基于自己的客观实践和阅历，不能想当然或枉加评价。

（6）拟人型。拟人型广告创意以一种形象表现广告商品，使其带有某些人格化特征，即以人物的某些特征来形象地说明商品。拟人型广告创意，可以使商品生动、详细，给观众以明显、深刻的印象，同时可以用浅显常见的事物对深邃的道理加以说明，帮助观众深入理解。

（7）类推型。类推型广告创意是以一种事物来类推另一事物，以显示出广告产品的特点。采纳这种创意，必须使所诉求的信息具有相应的类推性。

（8）比方型。比方型广告创意是指采纳比方的手法，对广告产品或劳务的特征进行描绘或渲染，或利用甲事物说明乙事物，表现事物的特征，使事物生动详细、给人以深刻的印象。比方型广告创意又分为明喻、暗喻和借喻三种形式。

（9）夸张型。夸张是为了表达上的需要，有意言过其实，对客观的人、事物尽力作扩大或缩小的描述。夸张型广告创意是基于客观真实的基础，对商品或劳务的特征加以合情合理的渲染，以达到突出商品或劳务本质与特征的目的。采用夸张型广告创意，不仅可以吸引观众的留意，还可以取得较好的艺术效果。

（10）幽默型。幽默是借助多种修辞手法，运用机灵、风趣、精练的语言所进行的一种艺术表达。采纳幽默型广告创意，要留意：语言应当是健康的、愉悦的、机灵的和含蓄的，切忌运用粗俗的、生厌的、油滑的和尖酸的语言；要以高雅风趣表现广告主题，而不是一般的俏皮话和耍贫嘴。

（11）悬念式。悬念式广告创意是以悬疑的手法或猜谜的方式调动和刺激观众的心理活动，使其产生怀疑、惊慌、渴望、揣测、担忧、期盼、快乐等一系列心理，并持续和延长，以达到释疑团而寻根究底的效果。

（12）意象型。意象即意中之象，它是有一些主观的、理智的、带有肯定意向的精神状态的凝聚物与客观的、真实的、可见的、可感知的感性征象的融合，它是一种渗透了主观心情、意向和心愿的感性形象。意象型广告创意是人的心境与客观事物有机融合的产物。在采纳意象型广告创意时，有时花许多的笔墨去反映精神表现，即“象”，但在最终主题的申明上仿佛都弱化了。其实对观众来说，自己可以理解其内涵，即“意”。在意与象的关系上，两者具有内在的逻辑关系，但是在广告中并不详叙，给观众自己去品尝“象”而明晓内在的“意”。可见，意象型广告创意实际采用的是超现实的手法去表现主题。

（13）联想型。联想是指客观事物的不同联系反映在人的大脑里而形成了心理现象的联系，它是由一事物的阅历引起回忆另一看似不相关联的事物的阅历的过程。联想出现的途径多种多样，可以在时间或空间上接近的事物之间产生联想，可以在性质上或特点上相反的事物之间产生联想，可以在形态或内容上相像的事物之间产生联想，可以在逻辑上有某种因果关系的事物之间产生联想。

6.1.5 公益片

公益片的主题具有社会性，其主题内容存在深厚的社会现象。它取材于老百姓日常生活中的酸甜苦辣和喜怒哀乐，并运用独特的创意、深刻的内涵、鲜明的立场及健康的方法来正确引导公众。

1. 公益电影

公益电影是为维护公众利益、提高社会道德水平而摄制的电影，她提醒公众应该对社会富有责任，进而为社会贡献自己的力量。公益电影的诉求对象广泛，它是面向全体社会公众的一种信息传播方式。它是社会性的，是整个人类的。从内容上来看，公益电影大都是社会性题材，解决的是社会问题，这就更容易引起公众的共鸣。因此，公益电影容易深入人心，具有很强的社会意义和教育意义。

2. 公益广告

1）公益广告的创意

在公益广告的设计中，创意是第一位的。没有巧妙的创意，就不会成就好的公益广告。优秀的创意来源于设计者对产品内容的充分理解和深刻感受，来源于对生活的丰富积累和细心观察，来源于自身的阅历和修养。在创意构思时，可以根据企业提供的产品资料进行联想，但必须把握产品的主题，将设计意图浓缩到最有典型意义的一点上，这样的创意才是可取的。

2）公益广告的色调和气氛

色调和光线是创造气氛的主要因素，是视觉艺术中传递和影响观众情绪和情感最迅捷、最富冲击力的要素。心理学实验表明，人对色彩有着本能的情绪反应，它能直接影响人的心理。

3）公益广告的寓意

想象是艺术创造的特征，它存在于艺术形象的创作之中，同样也存在于艺术形象的欣赏之中。没有想象就没有创作，不能引起想象的作品也满足不了观众在审美过程中的想象和联想要求。激发想象和联想最有效的手法就是寓意于景。

4）公益广告的中国特色

公益广告作为产品的宣传媒介，其所拥有的文化内涵应该具有自己的特色。要使广告创意者从单纯的产品广告创意中摆脱出来，就应逐步向形象广告创意过渡，从而创造出具有中国特色的公益广告来。所谓“具有中国特色的公益广告”是指这种公益广告的创意与几千年来中华民族传统文化相一致，具有崇尚温柔敦厚、委婉含蓄的品性。

我们知道，电视技术的运动特性，使公益广告拍摄可以按一定的逻辑线索进行历时性的叙述。而在这其中，设计者的广告创意及对色调、寓意和特色的理解、运用，就显得尤为重要。否则，历时性的叙述，只能是逻辑性的、单线条的语言链，使公益广告历时性的煽情、渲染、对比、比喻等多方位的宣传和表意功能大为降低。所以，公益广告设计理应为创作实践和理论所重视。

6.1.6　短视频

短视频是指在各种新媒体平台上播放的、适合在移动状态和短时休闲状态下观看的、高频推送的视频内容。其时长从几秒到几分钟不等，内容包含技能分享、时尚潮流、社会热点、街头采访、公益教育、广告创意、商业定制等主题。由于内容较短，可以单独成片，也可以成为系列栏目。

随着网红经济的出现，视频行业逐渐崛起一批优质用户原创内容（User Generated Content，UGC）制作者，微博、秒拍、快手、今日头条纷纷入局短视频行业，募集一批优秀的内容制作团队入驻。到了 2017 年，短视频行业竞争进入白热化阶段，内容制作者也偏向专业生产内容（Professionally Generated Content，PGC）专业化运作。

短视频具有生产流程简单、制作门槛低、参与性强等特点。其超短的制作周期和趣味化的内容对短视频制作团队的文案和策划功底具有一定的挑战。优秀的短视频制作团队通常依托于成熟运营的自媒体或知识产权（Intellectual Property，IP)，除了高频稳定的内容输出外，也有强大的粉丝渠道。短视频的出现丰富了新媒体原生广告的形式。

短视频是继文字、图片、传统视频之后新兴的一种内容传播媒体。它融合了文字、语音和视频，可以更加直观、立体地满足用户的表达、沟通需求，满足人们之间展示与分享的诉求。

1. 短视频的特点

相较于传统视频，短视频主要有以下四个特点。

（1）生产流程简单化，制作门槛更低。传统视频生产与传播成本较高，不利于信息的传播。短视频大大降低了生产传播门槛，即拍即传，随时分享。短视频的制作方式简单，一部手机就可以完成拍摄、制作、上传、分享。目前，主流的短视频软件中添加了现成的滤镜、特效等功能，使短视频制作过程更加简单。

（2）符合快餐化的生活需求。短视频的时长一般控制在 5 分钟之内，内容简单明了。现在快节奏的生活使得用户在单个娱乐内容所分配的时间越来越短，短视频更符合碎片化的浏览趋势。短视频充分利用用户的零碎时间，让用户更直观、便捷的获取信息，主动抓取更有吸引力、更有创意的视频，加快信息的传播速度。

（3）内容更具个性化和创意。相比文字，视频能传达更多更直观的信息，表现形式也更加丰富，这符合当前“90 后”“00 后”个性化、多元化的内容需求。短视频软件自带的滤镜、美颜等特效可以使用户自由的表达个人想法和创意，视频内容更加多样。

(4) 社交属性强。短视频不是视频软件的缩小版，而是社交的延续，是一种信息传递的方式。用户通过短视频拍摄生活片段，并分享至社交平台。短视频信息传播力度强、范围广、交互性强，为用户的创造和分享提供了一个便捷的传播通道。

2. 短视频的分类

近年来，越来越多的人投入短视频行业，短视频市场持续扩大，但市场的同质化也越来越严重。在这种行业趋势下，短视频软件只有找准自己的定位，发展优质的内容，才可能在众多短视频 App 中脱颖而出。

短视频目前的类型有很多，主流类型有以下几种。

(1) 短纪录片。“一条”“二更”是国内较早出现的短视频制作团队，其内容形式多以纪录片的形式呈现，内容制作精良，其成功的渠道运营优先开启了短视频变现的商业模式。

(2) 网红 IP 型。“papi 酱”“回忆专用小马甲”“艾克里里”等网红形象在互联网上具有较高的认知度，其内容制作贴近生活。庞大的粉丝基数和用户黏性背后潜藏着巨大的商业价值。

(3) 草根恶搞型。以快手为代表，大量草根借助短视频风口在新媒体上输出搞笑内容，这类短视频虽然存在一定争议性，但是在碎片化传播的今天也为网民提供了不少娱乐谈资。

(4) 情景短剧。“套路砖家”“陈翔六点半”“报告老板”“万万没想到”等团队制作内容大多偏向此类表现形式，该类视频短剧多以搞笑创意为主，在互联网上有非常广泛的传播。

(5) 技能分享。随着短视频热度的不断提高，技能分享类短视频也在网络上有着非常广泛的传播。

(6) 街头采访型。街头采访也是目前短视频的热门表现形式之一，其制作流程简单，话题性强，深受都市年轻群体的喜爱。

(7) 创意剪辑。利用剪辑技巧和创意，制作或精美，或搞笑的短视频。有的还加入解说、评论等元素。也是不少广告主利用新媒体短视频热潮植入新媒体原生广告的一种方式。

3. 自媒体短视频

自媒体短视频集中体现生活化特点。自媒体短视频包括生活类、情感类、艺术类、营销类等题材，其中生活类题材运用及关注最广泛。以抖音为例，在其点赞排行前 100 的视频中，生活类占 40%，好玩类占 32%，猎奇类占 23%，技巧类占 5%。

自媒体短视频的制作主要依靠移动终端设备和相关软件。其制作时间短、流程简便。抖音视频时长一般不超过 15 秒，快手视频时长一般不超过 17 秒，秒拍视频时长一般不超过 10 秒，时长都较短。如果用户想上传视频，那么使用随身携带的智能手机等移动终端设备录制，用图片视频编辑软件快速处理即可。此外，一键美拍等功能可以降低视频处理的难度，同时增加视频的趣味性。对用户来说，拍摄场地是身边随处可见的场景（如家等），与传统摄像相比这样的拍摄更轻松。以上特点，促使更多的用户上传和分享视频。

与传统 PGC 制作的专业视频相比，自媒体短视频缺乏专业化团队制作和相关资源设备，所以在清晰度、叙事框架、色彩内容等许多方面都无法与专业视频相比，但自媒体短视频的短、便、快，使得短视频在许多紧急或不便的场合下，可以第一时间发布重大报道或记录难得的瞬间。总之，从内容制作的角度来看，自媒体短视频拥有生产高效、传播高速的特点。

实 例

典型案例分析——抖音

抖音 2016 年 9 月上线，2017 年春节成为短视频领域的黑马，2018 年 6 月超越其他短视频在流量上达到排名第一。抖音的成功不只是因为短视频的外在形式，更多的是依赖其独特的内容和经营方式。

从内容上看，抖音在分享短视频的同时，更注重对音乐的营销，其本质是一款音乐创意社交软件。首先，抖音与其他短视频软件不同，它可以单纯致力于音乐的分享，而不拘泥于视频的内容表现。换言之，可以把抖音当作全民唱片分享平台。其次，抖音通过发起原创的＃抖音挑战＃话题，激发了用户的创作热情，吸引了更多用户的注意力，提高了抖音的传播效力。据统计，抖音发布的短视频中，16％的作品出自用户参与的抖音的多样话题。

从用户定位上看，相较于其他短视频“全民”的定位，抖音致力于服务年轻人。为吸引年轻人的目光，抖音采用大牌驻站的策略，利用年轻人喜欢的明星去宣传抖音，这一策略不仅留住了年轻人，而且吸引来一大批其他群体。

从技术层面上看，值得一提的是抖音的推荐算法。抖音推荐算法中有一种基于用户基本信息的协同过滤，即将相似信息推荐或过滤给具有相同信息特征的用户。这一算法极大地体现了互联网交流中的“社区”职能，能够聚拢相似群体，为用户提供更优质的信息推荐。

抖音是自媒体短视频平台中极具个性的一类，但本质上依然保有自媒体短视频的共性传播特点：选材多样且生活化、生产高效、传播迅速、打破传者与受者的界限等。

6.2 虚拟现实技术

虚拟现实技术与电影的结合成为虚拟现实内容创作领域的一个重要突破口，并预示着电影创作一个新时代的开启。虚拟现实电影（又名 VR 电影）给人们带来全新观影体验的同时，颠覆着传统电影的创作观念和叙事逻辑。

VR 电影将观众置于故事场景中，观众具有全视角的自主选择，不再受限于导演设定的视角和画面，可以像在现实世界一样随心所欲地主动探索，并最终与导演共同完成画面意义。

VR 电影也正在改变传统电影的叙事方式和创作思维。VR 电影的特点具体表现在如下几个方面。

（1）剧情设计简短完整。与常规电影相似，叙事依旧是 VR 电影的主要任务，完整的故事、有趣的情节、饱满的情感、张弛有度的冲突和节奏，这些要素同样适用于 VR 电影。作为一种新媒介，VR 电影还呈现出新的叙事特征。

首先，由于 VR 电影制作难度高且制作成本高，头显设备的重量和佩戴舒适性仍不尽人意，因此近年来 VR 电影多为 5～10 分钟的短片。

其次，VR 电影不仅要讲述故事，还要呈现 360 度的场景。与常规电影相比，VR 电影的场景渲染和场面调度要复杂得多，向观众传递的信息量更大，创作者要权衡观众跟随故事主线和自主探索两种不同体验，创作上存在更多的难度和挑战。

（2）场景设计元素丰富。首先，相对于传统电影的场景搭建，VR 电影需要呈现一个完整的世界。单一场景的表现被 360 度沉浸所代替，这就要求场景设计丰富充实而层次分明，不经过镜头剪切就能向观众传达丰富充实而层次分明的信息。其次，在一部 VR 电影中，场景数量通常为 1～3 个，因为丰富的场景会占据观众更多的观赏时间，而 VR 电影时长有限，且 VR 电影更看重的是体验，过多的场景对应的是较为复杂的剧情，体验者在短时间内被动接受的信息过多或过于复杂，会降低其主动探索性。

现有的 VR 技术及呈现方式都不适合快速切换场景，在单一场景中讲故事成为当下 VR 电影的重要特征。在过去，专业的导演总能巧妙操控观众的视点，不仅选择了给观众看什么，还决定了观众以什么方式观看。

VR 场景观看视角的选择给创作者带来了极大的挑战，主要有以下几种常用的视线引导方式：运动、光线和色彩对比、声音先导等。

① 运动是最常用的一种吸引观众注意力的方式，VR 电影中的运动物体可引导观众视线到特定视角。例如，在《Invasion》的开篇，外星飞船从静止的地球后出现并高速飞行，在冰湖上围绕小山飞行一圈降落，有效引导了观众转动头部或身体去追随飞船。

② 光线和色彩对比也是 VR 电影中常用的一种视线引导方式。这种方式类似于舞台剧

中的追灯效果。例如，《Back To The Moon》中，黑暗的池塘上青蛙和小虫子出现在聚光灯下。

③ 声音先导对观众注意力的引导起着非常重要的作用。例如，在《Lost》中，观众在黑暗森林中听到震耳欲聋的踏步声，声音越来越大，随之机器人出现。

④ 有些短片采用场景虚化的方式引导观众注意主要剧情。

（3）空间声音定位。VR 电影的声场应是一种真正的空间立体定位声，尽量接近于原声场。头显设备可以帮助我们定位声音的方向，这种技术能够计算并模拟出声音从某一方向传来以及移动变化的实时效果。

（4）角色互动设计。传统电影中，观众永远是旁观者的视角，无法真正成为故事中的角色。而 VR 电影中，观众成为故事的参与者。从 2D 到 3D，再到 VR，每次电影技术的革新都为电影的创作手法开启新的疆域，给观众带来全新的观影体验。VR 技术在给人们带来全新观影体验的同时，也正在改变传统电影的叙事方式和创作思维，对电影的视听语法、拍摄手段和制作工序提出了很多新的挑战。

参考文献

[1] 谭思阁，刘海英．剪辑方法与其在影视作品中的作用 [J]．中国民族博览，2019 (5)：243-244.

[2] 高宇巍．试论音乐节奏的处理在影视剪辑中的核心作用 [J]．北方音乐，2019，39 (4)：239+241.

[3] 王蕊．影视剪辑节奏的表现形式探究 [J]．戏剧之家，2019 (8)：89.

[4] 荆咪，马毓．浅论视听语言的形式美感 [J]．明日风尚，2021 (10)：165-166.

[5] 宋紫琦，栾茜．数字时代镜头语言剪辑艺术探析 [J]．时代报告（奔流），2021 (11)：38-39.

[6] 刘馨洋．剪辑在影视艺术中的运用研究 [J]．艺术评鉴，2021 (20)：152-154.

[7] 孟庆杰．剪辑的艺术表达 [J]．电视技术，2023，47 (7)：53-55.

[8] 魏陆．论声画关系对电影意境的建构作用 [J]．大众文艺，2020 (14)：148-149.

[9] 李子贤．试析现代电影中视听语言的艺术表现 [J]．明日风尚，2021 (23)：9-12.

[10] 许亚．浅析蒙太奇思维在影视中的表现功能 [J]．今古文创，2021 (36)：95-96.